国家“十二五”重点图书
健康养殖致富技术丛书

肉羊健康养殖技术

王金文　崔绪奎　编著

中国农业大学出版社
·北京·

内 容 简 介

肉羊健康养殖是一种以安全、优质、高效、无公害为主要内涵的可持续发展的生产方式。肉羊健康养殖的目的是既获得安全、优质的羊肉产品，又获得良好的经济、社会和生态效益。编者从我国肉羊生产的实际出发，编写了本书，重点向读者介绍肉羊健康养殖与效益分析、肉羊品种与杂交组合、肉羊繁殖与配种技术、肉羊营养需要与饲料配制、肉羊健康养殖与调控、羊舍建设及卫生防疫等方面的技术知识。本书内容丰富，重点突出，通俗易懂，适合肉羊养殖场技术人员及畜牧兽医工作者参考使用。

图书在版编目(CIP)数据

肉羊健康养殖技术/王金文，崔绪奎编著．—北京：中国农业大学出版社，2013.1

ISBN 978-7-5655-0662-8

Ⅰ.①肉…　Ⅱ.①王…②崔…　Ⅲ.①肉用羊-饲养管理　Ⅳ.①S826.3

中国版本图书馆 CIP 数据核字(2013)第 005256 号

书　　名　肉羊健康养殖技术

作　　者　王金文　崔绪奎　编著

策划编辑　赵　中　　**责任编辑**　刘耀华

封面设计　郑　川　　**责任校对**　陈　莹　王晓凤

出版发行　中国农业大学出版社

社　　址　北京市海淀区圆明园西路 2 号　　**邮政编码**　100193

电　　话　发行部 010-62818525，8625　　读者服务部 010-62732336

编辑部 010-62732617，2618　　出　版　部 010-62733440

网　　址　http://www.cau.edu.cn/caup　　**E-mail** cbsszs@cau.edu.cn

经　　销　新华书店

印　　刷　北京时代华都印刷有限公司

版　　次　2013 年 3 月第 1 版　　2014 年 2 月第 2 次印刷

规　　格　880×1 230　　32 开本　　10.875 印张　　300 千字

印　　数　5 501～10 500

定　　价　19.00 元

发展健康养殖　造福城乡居民

近年来，我国养殖业得到了长足发展，同时也极大地丰富了人们的膳食结构。但从业者对养殖业可持续发展的意识不足，在发展的同时，也面临诸多问题，例如养殖生态环境恶化，病害、污染事故频繁发生，产品质量下降引发消费者健康问题等。这些问题已成为养殖业健康持续发展的巨大障碍，同时也给一切违背自然规律的生产活动敲响了警钟。那么，如何改变这一现状？健康养殖是养殖业的发展方向，发展健康养殖势在必行。作为新时代的养殖从业者，必须提高对健康养殖的认识，在养殖生产过程中选择优质种畜禽和优良鱼种，规范管理，不要滥用药物，保证产品质量，共同维护养殖业的健康发展！

健康养殖的概念最早是在20世纪90年代中后期我国海水养殖界提出的，以后陆续向淡水养殖、生猪养殖和家禽养殖领域渗透并完善。健康养殖概念的提出，目的是使养殖行为更加符合客观规律，使人与自然和谐发展。专家认为：健康养殖是根据养殖对象的生物学特性，运用生态学、营养学原理来指导生产，为养殖对象营造一个良好的、有利于快速生长的生态环境，提供充足的全价营养饲料，使其在生长发育期间，最大限度地减少疾病发生，使生产的食用商品无污染，个体健康，产品营养丰富、与天然鲜品相当；并对养殖环境无污染，实现养殖生态体系平衡，人与自然和谐发展。

健康养殖业是以安全、优质、高效、无公害为主要内涵的可持续发展的养殖业，是在以主要追求数量增长为主的传统养殖业的基础上实现数量、质量和生态效益并重发展的现代养殖业。推进动物健康养殖，实现养殖业安全、优质、高效、无公害健康生产，保障畜产品安全，是养殖业发展的必由之路。

健康养殖跟传统养殖有很大的区别，健康养殖业提出了生产的规模化、产业化、良种化和标准化。健康养殖要靠规模化转变养殖方式，靠产业化转变经营方式，靠良种化提高生产水平，靠标准化提高畜产品和水产品的质量安全。养殖方式要从散养户发展到养殖小区和养殖场；在生产过程中，要有档案记录和标识，抓好监督和监控，达到生态生产、清洁生产，实现资源再利用；产品要达到无公害标准等。

近年来，我国对健康养殖非常重视，陆续出台了一系列重要方针政策，健康养殖得到快速发展。例如，2004 年提出“积极发展农区畜牧业”，2005 年提出“加快发展畜牧业，增强农业综合生产能力必须培育发达的畜牧业”，2006 年提出“大力发展畜牧业”，2007 年又提出了“做大做强畜牧产业，发展健康养殖业”。同时，我国把发展养殖业作为农村经济结构调整的重要举措和建设现代农业的重要任务，采取了一系列促进养殖业发展的措施，实施健康养殖业推进行动，加快养殖业增长方式转变，优化产品区域布局，实施良种工程，加强饲料质量监管，提高畜牧业产业化水平，努力做好重大动物疫病防控工作，等等。

但是，我国健康养殖研究的广度与深度还十分有限，加上对健康养殖概念理解和认识上存在一定的片面性与分歧，许多具体的“健康养殖模式”尚处于尝试探索阶段。

这套丛书的专家们对健康养殖技术进行系统的分析与总结，从养殖场的选址、投资建设、环境控制以及饲养管理、疫病防控等环节，对健康养殖进行了详细的剖析，为我国健康养殖的快速发展提供理论参考和技术支持，以促进我国健康养殖快速、有序、健康的发展。

有感于专家们对畜禽水产养殖技术的精心设计与打造，是为序。

山东省畜牧协会会长 张洪本

2012 年 10 月 20 日于泉城

前　言

随着经济发展和人们生活水平不断提高，对羊肉的需求日益增加。同时，消费者的观念也正在发生变化，不仅追求羊肉鲜美、风味独特，而且更加崇尚天然、绿色和有机的羊肉产品。长期以来，由于人们对健康养殖肉羊的认识不足、措施不力，致使肉羊生产过程中仍存在一些安全隐患，如养殖环境恶化、饲料中使用违禁添加剂等，从而导致了产品安全问题频发，甚至成为社会关注的焦点。为此，肉羊产业必须转变养殖方式，积极倡导健康养殖，以促进肉羊生产向优质、高效和安全方向发展。

肉羊健康养殖是一项系统工程，包括环境调控、遗传育种、饲料营养、养殖技术、疾病防治等方面。实施肉羊健康养殖的目的在于促进人与自然、人与社会、人与动物关系的和谐。通过实施健康养殖，既可获得安全、优质的羊肉产品，又可获得显著的经济效益和生态效益。了解肉羊健康养殖的理念，全面掌握肉羊健康养殖支撑技术和相关条件，已成为保障肉羊产业可持续发展的关键环节。

编者根据肉羊的生物学特性、种质特性、繁殖性能以及不同生理和生产阶段的营养需要，借鉴肉羊生产中取得的新成果、新进展，将健康养殖的理念和相关技术组装配套、融会贯通，形成一个技术体系并整理成册。其目的在于向人们全面、系统、深入地介绍发展健康、无公害肉羊生产的重要性、必要性和可行性，普及和推广健康养羊的新技术和新方法，以提高健康养羊的技术水平，适应现代肉羊生产尤其是优质肥羔生产发展的需要，从而加快肉羊产业化发展进程，增加农牧民养羊的收入。

编　者

2012 年 6 月 6 日

目　录

第一章

肉羊健康养殖与效益分析

导　　读　肉羊健康养殖是以安全、优质、高效、无公害为主要内涵的可持续发展的养殖业，是在以追求数量增长为主的传统肉羊养殖的基础上，实现数量、质量和生态效益并重发展的现代肉羊产业。肉羊健康养殖生产的目的是既获得安全、优质的羊肉产品，又使得经济和生态效益双增。进行肉羊健康养殖，养殖户需了解肉羊健康养殖理念，掌握肉羊健康养殖应具备的技术和支撑条件，熟悉如何分析肉羊健康养殖生产成本和经济效益，以促进肉羊产业健康、和谐及可持续发展。

第一节　肉羊健康养殖理念

一、肉羊健康养殖概念

肉羊健康养殖是根据肉羊生长、繁殖和生理需求，选择科学的养殖模式，通过实施系统、规范的管理技术，使其在可控制的环境中健康成长，其优势在于：一是健康养殖生产的羊肉产品质量好且安全。二是健康养殖是具有较高经济效益的生产模式。三是健康养殖对于资源的开发利用是良性的，其生产模式是可持续的。这充分体现了现代肉羊产业经济、生态环境和社会效益的有机统一。

二、发展肉羊健康养殖的必要性

(一)国内形势发展需要健康养殖

自 20 世纪 80 年代末以来，我国已成为世界上绵羊、山羊饲养量、出栏量以及羊肉产量最多的国家。羊肉产量由 1980 年的 45.1 万吨迅速增加到 2008 年的 380.3 万吨，占世界的比重由 1980 年的 6.10％增加到 2007 年的 34.60％，年均增长速度为 9.30％。羊肉在我国肉类产量中的比重不断提高，由 1980 年的 3.70％提高到 2008 年的 5.22％，占畜牧业总产值的比重达到 6.13％。肉羊养殖业已成为畜牧业中最具活力的支柱产业之一。由于肉羊养殖业传统养殖方式的缺陷，使得大部分养殖户存在着亟待解决的问题：一是肉羊产品安全问题突出。部分养殖场为了片面追求利润，超量或违禁使用矿物质、抗生素、类激素等，导致产品中激素、抗生素、重金属等有害物质残留超标，不仅严重危害人体健康，而且制约了肉羊产品的出口。二是养殖造成的环境压力越来越大。2000 年底国家环境保护总局启动的对全国 23 个省、自治区、直辖市进行的规模化畜禽养殖业污染情况的调查结果显示，畜禽养殖产生的污染已经成为我国农村污染的主要来源。三是重大动物疫情日益严峻，进而严重制约肉羊业的发展。随着国民经济的发展和人民生活水平的提高，肉羊产品在人们日常膳食结构中的比例愈来愈大，肉羊产品的安全和卫生问题已成为社会共同关注的焦点，肉羊健康养殖势在必行。

（二）国际发展趋势呼唤健康养殖

随着经济全球化，世界各国普遍关注环境保护、食品安全和动物福利。发展健康养殖、杜绝餐桌污染是全人类的共同目标，制订和实施以食品安全为核心的质量保证体系已经成为世界各国政府、商业界和学术界关注的焦点。同时，世界贸易组织（WTO）各成员国纷纷制定了针对动物产品贸易的法律法规和标准，实施绿色贸易壁垒。我国作为肉羊产品生产和消费大国，并没有成为出口创汇大国，出口欧美的肉羊产品屡屡受阻，肉羊产品的质量和安全性问题已成为影响出口的主要障碍。在此背景下，世界各国争相开展健康养殖技术研究，以争取在未来国际竞争中的主导地位。由此可见，如果不解决好我国羊肉产品的安全性问题，将出现国内产品出不去而又被国人所排斥，国外产品大量涌入的被动局面。因此，当前我国的肉羊业必须大力推进健康养殖，尽快建立起一套完整的、与国际接轨的标准体系，改变目前的饲养方式，生产出质量安全的肉羊产品来提升我国产品在国内、国际市场上的竞争力。

总之，加快推进发展肉羊健康养殖，有利于稳定肉羊养殖总量，保障产品的有效供给；有利于促进肉羊良种和实用技术的推广，提高生产水平；有利于肉羊粪便污染的综合治理，改善农村生态环境；有利于提高肉羊疫病的防控能力，防范公共卫生安全风险。因此，推进肉羊健康养殖，实现养殖业安全、优质、高效、无公害生产，保障产品安全是肉羊养殖业发展的必由之路。

第二节　肉羊健康养殖支撑技术

现代肉羊业就是用科学发展观指导产业发展，用现代工业装备肉羊业，用现代科技改造肉羊业，用现代管理方式管理肉羊业，构建开放式的联合育种体系、优质安全的饲料生产体系、建设规范的健康养殖体系、健全高效的防疫体系。现代肉羊业是标准化生产的更高层次，其主要特征是：布局区域化、养殖规模化、生产标准化、发展专业化、经营产业化、服务社会化。发展肉羊健康养殖不仅需要较高的技术水平和管理规范，而且从产地环境、质量控制、饲料加工和卫生要求，到肉羊的饲养管理、疾病防治以及肉羊产品加工等，都要遵循国家标准和有关行业标准。

一、产地环境条件好

要求肉羊饲养场必须达到无公害羊肉生产环境质量标准，同时产业基地有可持续发展的生产能力，有广泛的种植业结构，以保护产地环境来推动生产向规模化、产业化方向发展。

养殖场选址应执行国家标准或相关行业标准的规定，符合卫生防疫要求，远离交通要道、工业区、居住区和污染区，避开风景名胜区，尽量选用荒山、荒坡地，应距离主干线公路、铁路、城镇、居民区和公共场所 1 000 米以上，远离高压电线，3 000 米范围内无采矿地、大型化工厂、造纸厂、皮革厂、肉品加工厂、屠宰厂或畜牧场等。

羊场土壤卫生条件必须符合安全食品生产条件，重金属和农药等有害物质及病原体不超标，不属于地方病高发区。土壤环境质量应达到农业部制定的无公害标准。以选择透水性强、吸湿性和导热性均匀和坚实的沙质土壤为宜。

肉羊饲养环境空气质量应符合《农产品安全质量　无公害畜禽肉产地环境要求》中规定的空气质量标准。

羊场附近应有清洁而充足的水源。水源附近无肉品加工厂、化工厂、农药厂、医院等污染源，离居民区不能太近，尽可能在工厂及居民区的上游取水，并且要求四季供水均衡、水质良好、取用方便。水质必须符合无公害畜禽生产的要求，不含病原微生物、寄生虫卵、重金属、有机腐败产物。

二、种群生产性能好

肉羊健康养殖是一种高投入、高产出、高效益的养殖模式，受各方面条件制约，具有一定的投资风险。没有良好的种群和一定的养殖规模，难以取得较好的经济效益。为此，应选择引进适应当地生产环境条件的肉羊品种。种羊必须从获得生产经营许可证的肉羊场引种，不得从疫区引种。引进的种羊须隔离观察 15～30 天，经兽医检查确定为健康后，方可供繁殖使用。运用同期发情和人工授精技术，实现批量繁育与规模化养殖。

加强新品种(品系)的培育，建立优质种羊扩繁与推广体系，进一步提高肉羊品种良种化水平。利用杂交优势，发展肥羔生产。引进商品肉羊育肥，必须从非疫区引进，经过严格检疫，并隔离观察 7 天后才能进入饲养圈舍。

发展健康养殖羊群规模，应根据各地实际情况确定。如独立的养殖企业，适繁母羊存栏规模应在 3 000 只以上；以公司加农户饲养模式发展健康养殖，联合体内应有 2～3 个核心群养殖场，每个场基础母羊存栏量应达到 300 只，参加联合体的农户基础母羊饲养规模的大小应根据家庭的综合条件，如经济状况、现有劳动力及耕地、饲草饲料数量等情况来决定，一般每个劳动力养羊应在 50 只以上。

三、生产设施和设备完善

建设羊场的目的在于给羊只提供适宜的生存环境，便于生产管理，以达到优质、高产、高效的目标。因此，在建设实施过程中，既要考虑羊只的生物学特性、羊群规模大小和生产管理方式，又要符合科学合理、因地制宜、经济实用的基本原则。在规划设计方面合理布局，羊群、饲养管理人员、饲料、粪便等进出分道；有与养殖规模相配套的粪便、污水处理设施、动物隔离观察场地等；羊场周围设立围墙或防疫沟，并应建立绿化隔离带。

肉羊健康养殖是一种集约化的繁殖生产模式，特别是肉羊育肥阶段，应以舍饲育肥为主。实行舍饲肉羊生产机械化，可使生产效率与效益大幅度提升，同时能降低生产成本，保护生态环境，促进肉羊生产的发展。为此，应根据实际情况合理建设羊舍及配置生产基础设施设备，做到因地制宜，以适应肉羊健康养殖生产和管理需要。条件许可的地方，可按照工厂化肉羊养殖的要求，建设标准化的羊舍、运动场地，配套饮水、喂料及自动清粪设施，以降低工人劳动强度，提高生产效率。

四、饲料安全营养平衡

严格掌握所选饲料原料的质量，要求品质优良，无污染、无霉变。牧草和饲料产地土壤环境质量应符合《土壤环境质量标准》(GB 15618—2008)二级标准的要求。对于有不良特性和适口性差的原料要先进行加工处理，并限制其在饲料中的使用量。对于含有天然毒素的饲料，必须经过脱毒处理。剩料要及时清理，防止腐败变质。禁止用各种生活泔水、生活垃圾饲喂肉羊。饲料中严禁使用各种违禁药物和添加剂，防止药物残留对人体造成危害。

根据肉羊的品种、年龄、用途等合理选择饲料，日粮组成要多样。根据不同条件下肉羊的营养需要，科学合理配制日粮，以满足能量、蛋白质、氨基酸、矿物质、维生素等营养需要，提高群体的抗病力。根据健康养殖标准使用绿色环保饲料添加剂，如益生素、促生素、酶制剂、中草药提取物等绿色添加剂，减少畜禽产品中有毒有害物质残留。

五、规章制度健全

1. 建立严格防疫制度

根据肉羊不同品种、生长阶段及当地疫病发生情况，制订科学的免疫计划和免疫程序。根据《动物防疫法》及其配套法规的要求，对口蹄疫等重大疫病实施强制免疫。疫苗必须选自具有《兽用生物制品经营许可证》的单位。规范操作程序，佩戴统一的免疫标识，建立免疫档案，定期开展免疫效果监测，定期做好肉羊药物驱虫工作。

强化树立“防重于治”的原则，坚持搞好产前、产中、产后的各项预防工作，变被动防疫为主动防疫。做好发病羊只的隔离饲养。实行全进全出的管理制度，及时消灭场内已有的疫源，努力阻止新的疫病传入。

2. 建立严格卫生消毒制度

经常对圈舍、场地、用具等进行严格消毒。定期更换消毒液。工作人员在进入生产区净道和圈舍之前，要经过洗澡、更衣、紫外线消毒。严格控制外来人员进入生产区，必须进入生产区时，经过紫外线消毒，更换场区工作服和工作鞋，并遵守场内防疫制度，按指定路线行走。

3. 制度规范

确立定期巡查制度，保证饲养员能按时观察肉羊并及时反馈信息；实施封闭管理制度，禁止无关人员随便进出养殖场；建立兽药档案制度，确保使用的兽药是正规厂家生产的合格产品，并确保按有关规定使用；落实健康体检制度，保证饲养管理人员身体健康，防止人畜共患传染病通过人体携带进场。

4. 定期评估检测

定期对羊群进行健康检测，对环境条件、管理制度进行安全检查和评估，认真查找安全隐患。检查出携带病原的羊只，必须进行隔离治疗。根据季节变化和肉羊生物学特点，及时调整饲养管理制度和免疫预防措施，给羊群创造一个健康、安全的绿色生活屏障。

六、技术队伍健全、管理人员稳定

肉羊健康养殖企业或联合体，应当拥有一定的技术和管理人才队伍，以满足肉羊健康养殖过程中对饲料加工生产、羊群饲养管理、配种繁育、疫病防治、卫生监控、原料和产品检验以及经营管理等方面的技术需求。根据企业发展的实际需要，建立和健全社会化科技服务体系，为肉羊健康养殖的全过程提供及时、有效的技术服务。

七、肉羊产品加工、贮运设施设备配套

肉羊健康养殖不仅对养殖过程的各个环节有严格要求，而且对肉羊的屠宰、加工、贮存运输等影响羊肉品质的产后环节也有严格标准。如《畜类屠宰加工通用技术条件》(GB/T 17237)、《肉类加工厂卫生规范》(GB 12694)、《食品企业通用卫生规范》(GB 14881)等。因此，建设相对配套的肉羊产品加工、贮运设施设备，做好屠宰加工、质量安全管理和市场流通体系建设，建立符合国际消费水平的卫生标准质量监测体系，同时建立监测与监督机制，利用现代食品加工技术，如真空技术、超高压灭菌技术、低温杀菌技术等，可显著提高羊肉及其产品质量，提升产品市场竞争力，增加肉羊生产的整体效益。

第三节　肉羊健康养殖效益分析

随着现代肉羊业的快速发展，肉羊产业的总体规模和质量都有了较大提高，已成为农牧民增收致富的重要支撑。由于养殖规模、饲喂标准、管理水平、出栏时间等存在差异，导致养殖户的经济效益也有很大的差距。如裴学义等对甘肃省安定区肉羊生态循环养殖进行了研究分析，结果表明：采用生态健康养殖技术饲养 4 只以上繁殖母羊的农户，较传统养殖方式每年户均增加 4 060.5 元以上的收入；每只繁殖母羊年均可多产活羔羊 0.6 只，增加收入 226.4 元；每只育肥羔羊可提前 20 天出栏，增加收入 30 元；在冬季前后 5 个月，每只存栏羊日均可节省饲料 0.06 千克。每户饲养 4 只母羊，存栏 15 只羊，为农区全舍饲方式最佳生态循环生产模式，不仅可有效增加农民经济收入，还可带来良

好的社会效益与生态效益。为进一步总结、推广肉羊适度规模健康养殖生产模式，促进规范化、标准化肉羊生产发展，对适度规模健康养殖生产模式进行概略的经济效益分析是非常必要的。

一、肉羊健康养殖效益分析（以饲养500只小尾寒羊基础母羊为例）

（一）成本

1. 基建总造价：82万元

（1）羊舍总造价　500只基础母羊舍500米^2，羔羊、育成羊周转羊舍1 250米^2，25只公羊舍50米^2，共计1 800米^2。

按开放式彩钢瓦双列棚设计：

$$1\,800\text{米}^2 \times 250\text{元/米}^2 = 45.00\text{万元}$$

（2）青贮窖总造价

$$500\text{米}^2 \times 100\text{元/米}^2 = 5.00\text{万元}$$

（3）饲料库及加工车间、兽医室、更衣消毒及储草间等总造价

$$300\text{米}^2 \times 600\text{元/米}^2 = 18.00\text{万元}$$

（4）办公室及宿舍等总造价

$$200\text{米}^2 \times 700\text{元/米}^2 = 14.00\text{万元}$$

以上为基建总造价，合计为82万元。

2. 机械设备及运输车辆投资：36万元

（1）青贮铡草机费用　2.00万元。

$$2\text{台} \times 1.00\text{万元/台} = 2.00\text{万元}$$

（2）兽医药械费用　2.00万元。

(3)饲料加工成套设备　12万元。

(4)变压器等机电设备费用+运输车辆费用 20万元。

以上为固定资产总投资,合计为118万元。

每年固定资产摊销(按10年计):

(基建总造价+机械设备及运输车辆投资)÷10年
=118万元÷10年=11.8万元

3.种羊投资(以小尾寒羊为例):69.0万元

(1)种羊总投资

500只母羊×1 000元/只+25只公羊×3 000元/只=57.5万元

(2)每年种羊总摊销

种羊总投资÷5年=57.5万元÷5年=11.5万元/年

4.饲草饲料成本:63.27万元

(1)种羊饲养总成本　36.94万元。

成年羊年消耗干草费用:

525只种羊×0.75千克/(天·只)×365天×
0.90元/千克(干草)=12.93万元

成年羊年消耗精料费用:

525只种羊×0.35千克/(天·只)×365天×
2.48元/千克(精料)=16.63万元

成年羊年消耗青贮料费用:

525只种羊×1.75千克/(天·只)×365天×
0.22元/千克(青贮料)=7.38万元

(2)育成羊饲养总成本(按90%配种率、250%产羔率、年产1.5胎、羔羊断奶成活率95%、育成率98%、7个月出售、5个月饲喂期)26.33万元。

育成羊年消耗干草费用：

1 570 只×0.3 千克/(天·只)×150 天×0.90 元/千克＝6.36 万元

育成羊年消耗精料费用：

1 570 只×0.25 千克/(天·只)×150 天×2.60 元/千克＝15.31 万元

育成羊年消耗青贮料费用：

1 570 只×0.9 千克/(天·只)×150 天×0.22 元/千克＝4.66 万元

(3)总饲养成本　63.27 万元。

种羊饲养总成本＋育成羊饲养总成本

＝36.94 万元＋26.33 万元＝63.27 万元

5.年医药、水电、运输、业务管理总摊销：3.14 万元

20 元/只×1 570 只＝3.14 万元

6.年工人工资：7.5 万元

1.5 万元×5 人＝7.5 万元

(二)收入：144.23 万元

1.年售羊收入：137.60 万元

育肥羊：1 070 只×40 千克/只×20 元/千克＝85.60 万元

育成母羊：500 只×40 千克/只×26 元/千克＝52.00 万元

2.羊粪收入：6.0 万元

1 000 米^3×60 元/米^3＝6.0 万元

3.羊毛收入：0.63 万元

525 只种羊×2.0 千克/只×6.00 元/千克＝0.63 万元

(三)年经济效益:47.02 万元

年总盈利为=年总收入-年种羊饲养总成本-年育成羊饲养总成本-年医药、水电、运输、业务管理总摊销费用-年工人工资-年种羊总摊销-年固定资产摊销=144.23 万元-36.94 万元-26.33 万元-3.14 万元-7.5 万元-11.5 万元-11.8 万元=47.02 万元

二、发展肉羊健康养殖的对策

(一)积极宣传,大力推广肉羊健康养殖生产模式

充分利用各种新闻媒体和舆论工具,采用多种形式宣传肉羊健康养殖的重要意义,积极推广各地发展肉羊健康养殖的成功经验,普及健康养殖生产知识,增强广大饲养场(户)的健康养殖意识,发挥各级畜牧兽医技术部门、科研院所、产业技术体系和行业协会的技术优势,广泛开展肉羊健康养殖生产培训与指导,通过培训学习,让养殖场(户)掌握健康养殖的基础知识和基本要求,提高健康养殖肉羊的技术水平。

发展肉羊健康养殖是加快肉羊业生产方式转变的突破口。因此要统一思想,提高认识,切实把发展健康养殖作为建设现代肉羊业的头等工作来抓,明确责任,制订具体工作措施,落实具体建设和考核指标。积极争取国家和各级政府政策和资金支持,加强对健康养殖规模场(小区)基础设施建设,提高粪污集约化处理和利用能力。

(二)加强肉羊良种繁育体系建设

肉羊良种繁育在肉羊健康养殖发展中具有重要作用,因此应制订本地区品种繁育的长远规划与目标,积极做好地方肉羊品种资源的保护与利用工作。利用现代繁育技术加快引进种羊的扩繁与推广速度,降低种羊成本,提高供种能力。通过引进国外优良品种,改良本地品

种，培育适合当地肉羊生产的新品种、新品系，逐步建立优质种羊扩繁与推广体系。利用杂交优势，广泛开展经济杂交，筛选推广相对稳定优良的杂交组合，推动肉羊健康养殖生产的发展，提高肉羊养殖的总体水平和经济效益。

（三）大力推动肉羊健康养殖生产

引导养殖户转变养殖观念，改善目前的饲养方式，积极推进肉羊健康养殖。大力推广舍饲或以舍饲为主的健康养殖技术，推行健康标准化生产规程，建立标准化生产体系。重点抓好品种、饲料、防疫、养殖技术和产品五个方面的标准化工作，逐步实现种羊良种化、饲养标准化、防疫制度化和产品规格化，促进产业向高产、优质、高效、生态、安全方向发展。扶持优势产区建立现代肉羊标准化生产示范基地，提高标准化圈舍建筑工艺及环境工程设计标准，提升养殖小区环境卫生与疫病控制水平，推动肉羊生产健康发展。同时要鼓励肉羊产品加工企业建立健康养殖基地，建立与畜牧专业合作组织、养殖户之间的利益联结机制，发展肉羊产业化经营。通过龙头企业带动，形成种养加、产加销更为紧密联结的产业链条。

（四）加强食品安全监督管理和监测体系建设

一是强化对涉及羊肉食品质量安全的各个环节，尤其是羊肉加工和流通环节的监管力度，实现对羊肉产品“从生产场到餐桌”的全程监管。严格执行肉羊屠宰加工标准，制订较为科学的羊肉分级标准，形成优质优价机制，促进优质羊肉产品转化增值。采用科技含量高的生产加工技术和冷链物流系统，提高产品质量，增强产品竞争力，提高肉羊产品附加值。二是逐步建立并完善监督抽检、信息发布、投诉举报、应急处置、产品召回等制度措施，加大食品安全违法处罚力度。三是在落实食品安全监督责任的同时，加强完善羊肉产品质量安全监测评估和多层次检验检疫等支撑体系建设。建立和完善肉羊标识及疫病溯源体系；建立羊肉产品质量安全市场准入机制，强制推行 HACCP 认证，确保只有获得质检认证的安全优质羊肉产品才能进入市场，逐步建立有序竞争的规范市场体系。

(五)加快高新技术推广和人才培养

大力推广快速繁育技术、经济杂交育肥技术、人工授精技术、舍饲或以舍饲为主的养殖技术等在肉羊健康养殖生产中的应用。在肉羊饲养管理中，推广建立基于RFID的质量安全追溯管理系统，实现肉羊从出生、屠宰到消费各个环节的一体化全程监控。加强饲草料生产基地建设，推广饲草料科学加工调制技术。加强舍饲半舍饲基础设施建设，研究推广科学有效的环境控制技术和粪污无害化处理技术。大力发展推广节约型肉羊生态健康养殖模式。加强畜牧兽医队伍建设，广泛开展疫病预防控制工作。采取优惠措施，鼓励科技人员下基层广泛开展多种形式的科技文化推广活动，提高基层专业技术人员和生产养殖人员的技术水平。

第二章

肉羊品种与杂交组合

导　读　我国地域辽阔，自然资源、气候和生态条件差别较大，历史上形成的绵羊、山羊品种资源较多，分布面也较广。随着社会发展和人类生活需求的变化，通过自然和人工双重选择，形成了我国今天特有的肉用绵羊、山羊品种。近年来，随着养羊业的发展，又先后从国外引进了专用肉羊品种，经与本地多羔品种杂交，利用杂种羊发展肉羊肥羔生产，经济与社会效益十分显著。全面了解肉羊品种资源及其特点，对开发本地资源、合理利用引进资源，促进肉羊健康和可持续发展具有十分重要的作用。

第一节　肉用绵羊品种

一、杜泊绵羊

(一)产地与分布

杜泊绵羊(Dorper sheep)原产于南非，是该国引进英国有角陶赛特与南非当地品种波斯黑头羊杂交培育而成，美国、英国、澳大利亚、新西兰、中国均有引进。

(二)外貌特征

杜泊绵羊分为白头和黑头两个类型，公、母羊均无角；被毛较短，头清秀；腿短粗，四肢健壮，蹄质结实；胸宽深，两肋开张，背腰平直；后躯丰满，体躯呈桶形结构。杜泊绵羊胸前毛短而稀疏，腹部干死毛是一个典型的品种特征。

(三)生长发育

羔羊平均初生重 4.76 千克，最大 6.30 千克。哺乳期 120 天，平均日增重 303 克，最高达 394 克。5 月龄平均体重 49.09 千克，最大公羔 71 千克，母羔 56.6 千克；6 月龄平均体重 54.85 千克，最大公羔 78.1 千克，母羔 62.6 千克；成年公羊体重 100～120 千克，母羊 90～100 千克。杜泊绵羊 0～12 月龄体重见表 2-1。

表 2-1　杜泊绵羊 0～12 月龄体重　　千克

项目	阶段			
	初生	1 月龄	3 月龄	12 月龄
公羔	4.69±1.21	14.73±2.84	33.11±6.05	73.90±5.32
母羔	4.84±1.15	14.36±2.91	31.17±5.87	59.60±9.93
平均	4.75±1.18	14.55±2.87	32.14±6.03	66.75±10.64

(四)肉用性能

据测定，杜泊绵羊 4 月龄羔羊体重可达 36.40 千克，胴体重 18～22 千克，屠宰率 55%以上。杜泊绵羊肉质鲜嫩、多汁，脂肪含量适中，其胴体品质无论在肉质或脂肪分布上均能达到优级标准，销售时被冠以“钻石级”肥羔肉品牌。在 1990 年召开的国际展销会上，杜泊肥羔胴体赢得了个体和群体竞赛中的 8 项第一。

(五)繁殖性能

母羊繁殖性能好，可常年发情配种，情期受胎率较高；在良好的饲养管理条件下，一年一胎或两年三胎，产羔率能达到150%左右。在较差的放牧条件下，母羊也能分娩并带好一只质量较好的羔羊。

(六)羊毛与羊皮

杜泊绵羊是一种容易管理的品种，部分个体被毛到春天会自行脱落，一般情况下无需剪毛。杜泊绵羊板皮质量好，皮较厚。在南非，杜泊绵羊板皮的销售价要高于其他品种绵羊板皮的价格。

(七)开发利用

杜泊绵羊适应性极强，对不同的气候和放牧条件均有良好的适应性。它采食性广、不挑食，能够很好地利用低品质牧草和秸秆，尤其在干旱或半干旱地区生长健壮，抗病力强。黑头杜泊绵羊和白头杜泊绵羊属于同一品种的两个类型，其生产性能没有差异。

山东省农业科学院畜牧兽医研究所从南非引进杜泊绵羊(黑头)冷冻胚胎200枚，于2001年6月和11月分两批以小尾寒羊为受体进行胚胎移植，移植受胎率平均达到46.6%。公羔出生重4.69千克，母羔4.84千克；4月龄公羔体重42.27千克，母羔40.81千克；周岁公羊体重73.9千克，母羊59.6千克。利用杜泊绵羊公羊与小尾寒羊母羊杂交，杜寒杂一代公、母羊5月龄平均体重48.9千克，平均日增重306克，料肉比4.25∶1。

二、萨福克羊

(一)产地与分布

萨福克羊产于英国英格兰东南的萨福克、诺福克、剑桥和艾赛克斯等地，现分布于北美、北欧、澳大利亚、新西兰、俄罗斯及中国。

(二)外貌特征

该品种个体大，公、母羊均无角，颈粗短，胸宽深，背腰平直，后躯发育丰满；成年羊头、耳及四肢为黑色，被毛含有色纤维，四肢粗壮结实。

(三)生长发育

成年公羊体重 100～120 千克，母羊 70～80 千克。萨福克羊各阶段体重见表 2-2。

表 2-2　萨福克羊各阶段体重　　千克

项目	阶段					
	出生	1 月龄	3 月龄	6 月龄	周岁	成年
公羊	5.0±1.1	17.5±3.2	44.0±5.2	61.8±4.7	114.2±6.0	138.5±4.4
母羊	4.7±0.6	15.3±2.7	37.6±3.6	61.6±6.6	74.8±5.6	96.8±7.2

(四)肉用性能

该品种生长发育快且早熟、产肉性能好，3 月龄羔羊胴体重达 17 千克，肉嫩脂少。公、母羔羊 4 月龄平均体重 47.7 千克，屠宰率 50.7%；7 月龄平均体重 70.4 千克，胴体重 38.7 千克，屠宰率 55%。

(五)繁殖性能

公、母羊 4～5 月龄就有性行为，通常情况下 12 月龄初配。33 只 1.5 岁母羊，平均妊娠期 144.2 天，母羊母性好。第一胎产羔率 173%，第二胎产羔率 195%。

(六)羊毛与羊皮

成年公羊剪毛量 5～6 千克，母羊 3～4 千克，净毛率 60%以上，毛长 7～8 厘米，细度 56～58 支。

（七）开发利用

萨福克羊是当今世界上体型最大的肉羊品种，具有生长发育快、繁殖率高、产肉性能好、肉质细嫩等特点，在英国、美国用作肥羔生产的终端品种。我国新疆和内蒙古等省、自治区从澳大利亚引入该品种羊，同当地粗毛羊及细毛杂种羊杂交生产肉羔。内蒙古自治区用萨福克同蒙古羊杂交，宁夏回族自治区用萨福克羊同滩羊杂交，山东省用萨福克与小尾寒羊杂交，均表现出明显的杂种优势。由于该品种羊的头和四肢为黑色，杂交后代多为杂色被毛，故在细毛羊产区应用时要慎重。

三、特克塞尔羊

（一）产地与分布

特克塞尔羊原产于荷兰，属肉毛兼用型品种。19 世纪中叶，由当地沿海低湿地区的一种晚熟但毛质好的马尔盛夫羊母羊同林肯羊和来斯特公羊杂交培育而成。特克赛尔羊已引入到德国、法国、英国、比利时、美国、捷克、印尼、秘鲁和中国，作为这些国家推荐饲养的优良品种和经济杂交生产肉羔的父本。

（二）外貌特征

特克赛尔羊头大小适中，鼻镜眼圈部位皮肤为黑色，眼大突出，无角，颈中等长粗，体格大，胸宽，背腰平直，后躯肌肉丰满。被毛全白，头部无前额毛，四肢无被毛，蹄质为黑色。

（三）生长发育

特克赛尔羊公羔平均初生重 5.0 千克，2 月龄平均体重 26 千克，平均日增重 350 克；4 月龄平均体重 45 千克，2～4 月龄平均日增重 317 克；6 月龄平均体重 59 千克。母羔初生重 4.0 千克，2 月龄平均体重22千克，平均日增重300克；4月龄平均体重38千克，2～4月龄日增重为267克；6月龄平均体重48千克。成年公羊体重110～130千克，母羊70～90千克。

(四)肉用性能

特克赛尔羊具有早熟、多胎、生长快、产肉与产毛性能均较好且适应性强的特点。4～5月龄体重可达40～50千克，平均屠宰率为55%～60%，瘦肉率、胴体出肉率高，肉质具有低脂肪、低胆固醇、高蛋白质“两低一高”特点。

(五)繁殖性能

特克赛尔母羊初配年龄为7～8月龄，发情时间长，80%的母羊产双羔，产羔率150%～180%。特克塞尔羊不同年龄阶段体重见表2-3。

表2-3 特克塞尔羊不同年龄阶段体重 千克

项目	阶段					
	出生	1月龄	3月龄	6月龄	周岁	成年
公羊	4.9±1.1	11.4±3.8	35.4±2.6	54.4±3.9	78.6±3.1	118.0±5.3
母羊	4.6±1.2	11.4±3.6	36.2±4.1	51.2±4.1	66.0±4.1	78.6±4.7

(六)羊毛与羊皮

特克赛尔羊成年羊剪毛量为5～6千克，毛长14.5厘米，细度为46～50支，净毛率为60%。

(七)开发利用

该品种羔羊生长快，体型大，眼肌面积大，瘦肉率和胴体分割率高；产毛性能好，产羔率高，耐寒等。20世纪60年代初法国曾赠送我国一对特克塞尔羊，饲养在中国农业科学院畜牧研究所。我国黑龙江大山种羊场1995年引进该品种公羊10只、母羊50只，用其与东北细毛羊杂交，屠宰率和净肉率均显著高于东北细毛羊。宁夏农业科学院畜牧兽医研究所用特克赛尔羊与小尾寒羊杂交、江苏省钱建功用其与湖羊杂交，均表现出杂交一代羔羊生长速度快、屠宰率高，杂交改良效果显著。特克赛尔羊较适宜在北方地区饲养。

四、无角陶赛特羊

(一)产地与分布

无角陶赛特羊产于澳大利亚和新西兰。我国新疆维吾尔自治区和内蒙古自治区曾从澳大利亚引入该品种。

(二)外貌特征

该品种羊具有早熟、生长发育快、全年发情和耐热及适应干燥气候等特点。公、母羊均无角，颈粗短，体躯长，胸宽深，背腰平直，体躯呈圆桶形；四肢粗短，后躯发育良好，全身被毛白色。

(三)生长发育

该品种羊具有早熟、生长发育快等特点，单羔出生重 5.5 千克，双羔 4.8 千克。周岁公羊体重 60 千克，母羊 50 千克；成年公羊体重 100～125 千克，母羊 75～90 千克。无角陶赛特羊不同年龄阶段体重见表 2-4。

表 2-4　无角陶赛特羊不同年龄阶段体重　　千克

项目	阶段				
	初生	断奶	周岁	2.5 岁	3.5 岁
公羊	5.5	31.5	60	120.21	125.6
母羊	4.8	29	50	78.27	82.46

(四)肉用性能

胴体品质和产肉性能好，经过育肥的4月龄羔羊，胴体重20～24千克，屠宰率在50%以上。

(五)繁殖性能

四季发情，可常年配种，妊娠期为147.5天，产羔率为130%～160%。无角陶赛特母羊繁殖性能见表2-5。

表2-5 无角陶赛特母羊繁殖性能

产羔母羊数/只	产羔数/只	断奶成活羔/只	产羔率/%	断奶成活率/%	繁殖成活率/%
150	216	197	144	91.2	131.3

(六)羊毛与羊皮

毛长7.5～10厘米，细度56～58支，剪毛量2.5～3.5千克。

(七)开发利用

20世纪80年代以来，我国新疆、内蒙古、甘肃、北京等省、自治区、直辖市先后引进无角陶赛特羊，其基本上能适应我国北方气候条件和草场条件，同时表现出耐热和抗干旱的特性。利用无角陶赛特羊为父本，开展杂交试验最多的是小尾寒羊。6月龄陶寒杂交一代羊比小尾寒羊增重提高16.34%。经与其他品种(哈萨克、蒙古、阿勒泰羊、藏羊以及甘肃与山西的本地绵羊)进行杂交，结果证实杂交一代羊具有明显的父本特征；肉用体型明显，胸宽而深，肋骨开张，背宽，后躯丰满，呈倒U形。在舍饲条件下，羔羊从出生到3月龄生长发育较快，最佳屠宰期在6月龄左右，是发展肉羊肥羔生产的理想父本品种之一。

五、夏洛莱羊

(一)产地与分布

夏洛莱羊产于法国中部的夏洛莱丘陵和谷地,是以英国来斯特羊、南丘羊为父本,以当地的细毛羊为母本杂交育成。

(二)外貌特征

夏洛莱羊公、母羊均无角,头部均无毛,脸部略带粉红色或灰色。被毛同质,白色。额宽,耳大,颈短粗,肩宽平,胸宽而深,肩宽而厚,肋骨开张,背部肌肉发达,体躯呈圆桶形,体躯长,四肢较短无毛,肢势端正,两后肢距离大,呈倒 U 形。

(三)生长发育

1～30 日龄双羔平均日增重 280～325 克,30～60 日龄 261～462 克;6 月龄公羔体重 48～53 千克,母羔 38～43 千克;周岁公羊 70～90 千克,母羊 50～70 千克;成年公羊体重 110～140 千克,母羊 80～100 千克。

(四)肉用性能

4～6 月龄育肥羔羊体重 35～45 千克,胴体重 18～23 千克,屠宰率在 50%以上。胴体质量好,瘦肉多,脂肪少,肉质鲜嫩,其中优质肉块占 55%以上。

(五)繁殖性能

母羊 7 月龄配种,1 岁产羔,季节性发情,一年一胎。初产母羊产羔率 135.32%,经产母羊 182.37%,最高可达 189%。

(六)羊毛与羊皮

羊毛长度7厘米以上,细度56～60支,剪毛量3～4千克。

(七)开发利用

夏洛莱羊具有早期生长发育快、耐粗饲和对寒冷气候适应性强等特点,但耐热性能较差,热应激反应剧烈。20世纪80年代以来,内蒙古、河北、河南、山西、黑龙江、江苏等省、自治区先后引入夏洛莱羊,同时选择本地羊、小尾寒羊、湖羊开展了杂交试验工作,杂交后代增重速度、屠宰率、净肉率得到显著提高。目前,以辽宁省朝阳地区存栏夏洛莱羊最多,杂交改良工作开展得最好。

六、小尾寒羊

(一)产地与分布

小尾寒羊源于蒙古羊。宋朝中期,我国北方少数民族迁移中原时,把蒙古羊带到自然生态环境和社会经济条件较好的黄河流域,经过劳动人民长期选择和精心培育,形成了生长发育快、繁殖率高,适合农区舍饲的地方优良绵羊品种。小尾寒羊主要分布在山东西南部、河南东北部、河北南部以及江苏和安徽北部一带。中心产区在山东省郓城县、鄄城县、巨野县、梁山县、嘉祥县、汶上县、东平县等。

(二)外貌特征

小尾寒羊体型结构匀称,侧视略呈正方形;鼻梁隆起,耳大下垂,脂尾短,呈圆扇形,尾尖上翻,尾长不超过飞节;胸部宽深,筋骨开张,背腰平直,体躯常呈圆桶形;四肢较高,健壮端正;被毛白色,异质。公羊头大颈粗,有螺旋形大角;前胸较深,鬐甲高。母羊头小颈长,有小角或无角，少数个体头部有色斑。

(三)生长发育

小尾寒羊具有体大、脂尾小、生长发育快的特点。3月龄公羔断奶体重达27千克以上，母羔达23千克以上；6月龄公羔达37千克以上，母羔达33千克以上；周岁公羊达63千克以上，母羊达50千克以上；成年公羊达80千克以上，母羊达57千克以上。小尾寒羊主要体重、体尺指标见表2-6。

(四)肉用性能

小尾寒羊屠宰率高，肉品质较好。6月龄胴体的皮下脂肪薄且分布均匀，肌间脂肪可见，呈明显大理石纹状结构。屠宰率和净肉率随羊的肥瘦和年龄而变化。6月龄公羊屠宰率平均为45.8%，8月龄平均为48.3%。小尾寒羊(公母各半)产肉性能见表2-7。

(五)繁殖性能

小尾寒羊具有早熟、繁殖力高、生产性能稳定、适应性强等优点。母羊初情期5～6个月，6～7个月可配种怀孕，母羊常年发情，平均产羔在2.50只以上。1～4胎为2.615只；1～5胎为2.619只；2～5胎为2.837只。小尾寒羊繁殖性能见表2-8。

(六)羊毛与羊皮

小尾寒羊剪毛量周岁公羊1.29千克，母羊1.40千克；成年公羊2.89千克，母羊1.94千克，净毛率61.0%～68.4%。小尾寒羊的皮革质量较好，且随着年龄的增长皮革的厚度和面积逐渐增加，小尾寒羊鲜皮指标见表2-9。

表 2-6　小尾寒羊主要体重、体尺指标

性别	阶段	只数	体重/千克	体高/厘米	体长/厘米	胸围/厘米	管围/厘米
公羊	初生	310	3.72±0.06	32.60±4.93	32.40±3.91	36.00±2.35	5.38±1.51
	3 月龄	118	27.07±0.71	63.29±0.36	62.97±0.39	66.42±0.48	7.30±0.07
	6 月龄	53	37.60±1.36	70.54±0.42	71.44±0.44	79.02±0.60	8.03±0.06
	周岁	25	63.92±1.65	82.25±0.38	84.00±0.62	98.00±0.63	9.70±0.08
	成年	3	80.50±2.18	90.33±2.33	94.33±2.40	110.33±0.88	10.50±0.56
母羊	初生	280	3.53±0.05	37.11±3.52	29.89±3.37	36.67±3.64	5.34±0.68
	3 月龄	124	23.62±0.56	60.82±0.40	60.95±0.48	67.32±0.47	7.01±0.05
	6 月龄	92	33.13±0.48	68.66±0.37	69.17±0.47	79.59±0.54	7.58±0.05
	周岁	114	50.10±0.96	75.80±0.32	77.13±0.38	90.82±0.70	8.37±0.05
	成年	23	57.30±2.09	80.00±0.03	82.96±0.68	100.35±16.58	9.04±0.10

表 2-7　小尾寒羊(公母各半)产肉性能

阶段	只数	宰前活重/千克	胴体重/千克	屠宰率/%	骨重/千克	净肉重/千克	净肉率/%	肉骨比
6 月龄	4	44.40	20.30	45.8	4.4	16.6	78.0	3.83
8 月龄	4	43.17	20.87	48.3	4.8	15.7	75.2	3.26

表 2-8　小尾寒羊繁殖性能

只

项目	1 胎次	2 胎次	3 胎次	4 胎次	5 胎次	1～5 胎次平均
母羊数	227	188	115	33	6	569
产羔数	2.29±0.74	2.73±0.86	2.96±1.14	3.00±1.17	3.00±0.89	2.619

表 2-9　小尾寒羊鲜皮指标

月龄	重量/千克	皮厚/毫米	面积/厘米^2
6 月龄	3.25±0.09	2.07±0.09	8 411.6
12 月龄	5.10±0.10	2.49±0.13	10 488.7

(七)开发利用

20 世纪 80 年代以来,全国先后有 20 多个省、市、自治区从产区引种。经适应性观察和生产实践已经证明,小尾寒羊体躯高大、生长发育快,性成熟早、常年发情,繁殖率高,比较适合农区半舍饲与舍饲圈养。但小尾寒羊四肢较高,前胸不发达,体躯狭窄,肋骨开张不够,后躯不丰满,肉用体型欠佳;羊肉颜色偏淡,口感和风味也不够理想。近几年经研究证实:小尾寒羊是一个比较理想的经济杂交母本,为肉羊产业化发展奠定了种质资源基础。小尾寒羊的中心产区处于农业部划定的中原肉羊优势区域的腹地,这将有利于小尾寒羊的进一步开发和利用。

七、鲁西黑头肉羊(多胎品系)

(一)产地与分布

该品系由山东省农科院畜牧兽医研究所,利用杜泊绵羊与小尾寒羊杂交育成,并于 2010 年通过专家鉴定,主产区在山东省聊城市,主要分布在东昌府区、茌平县和冠县等地。

(二)外貌特征

鲁西黑头肉羊多胎品系体型外貌趋向一致。头颈部被毛黑色,体躯被毛白色。体型大,结构匀称,背腰平直,后躯丰满,四肢较高且粗壮,全身呈桶形结构。

(三)生长发育

鲁西黑头肉羊成年公羊体重(107.33±5.43)千克,最大个体重132.5千克;成年母羊(60.10±4.52)千克,最大个体重100.5千克。鲁西黑头肉羊各生长发育阶段体重、体尺指标见表2-10。

(四)肉用性能

鲁西黑头肉羊具有早熟、生长发育快、肉质好等特点,3~6月龄育肥期平均日增重(307±71)克,屠宰率55.09%,不仅营养物质含量丰富,而且肉质细嫩、胆固醇含量低。

(五)繁殖性能

经测定,104只鲁西黑头肉羊母羊(2~5胎次)平均产羔率203%,其中60只经产母羊产羔率达到208.3%。鲁西黑头肉羊繁殖性能见表2-11。

(六) 羊毛与羊皮

该品种羊皮品质优良,鲜皮质量高,是生产高档皮革的理想原料。

(七)开发利用

鲁西黑头肉羊适合农区舍饲圈养和发展优质肥羔生产。项目实施期间,已向社会推广鲁西黑头良种羊5 364只,生产优质商品肉羊92.5万只,在同等条件下每只育肥羔羊比小尾寒羊多收入100元以上,经济和社会效益十分显著。

八、湖羊

(一)产地与分布

湖羊产于太湖流域,源于北方蒙古羊,有学者研究认为也可能来自黄河流域的小尾寒羊,分布在浙江省湖州市的桐乡、嘉兴、长兴、德清、

表 2-10　鲁西黑头肉羊各生长发育阶段体重、体尺指标

阶段	性别	只数	体重/千克	体高/厘米	体长/厘米	胸围/厘米	管围/厘米
初生	♂	159	3.77±1.15	34.10±3.62	29.12±3.36	35.16±3.82	6.50±0.69
	♀	127	3.39±0.96	33.04±3.18	28.23±3.28	34.25±3.50	6.33±0.62
3 月龄	♂	88	31.10±5.28	56.55±3.45	64.61±4.96	75.66±5.21	9.38±0.71
	♀	83	28.03±5.26	54.21±3.38	61.59±4.76	74.51±5.80	8.85±0.64
6 月龄	♂	23	50.77±8.60	63.70±3.70	77.17±7.91	85.87±7.60	10.59±0.69
	♀	30	43.26±7.23	60.77±2.99	71.64±5.19	85.82±5.72	9.50±0.51
18 月龄	♂	8	107.33±5.43	75.50±3.87	90.93±1.02	108.73±3.25	12.50±1.14
	♀	10	60.10±4.52	66.90±2.52	80.80±3.56	93.10±3.61	10.00±0.71

表 2-11　鲁西黑头肉羊繁殖性能

项目	1 胎次	2 胎次	3 胎次	4 胎次	5 胎次	2～5 胎次平均
母羊数	147	104	76	43	4	104
产羔数	1.58±0.70	1.91±0.79	2.16±0.82	2.07±0.71	2.00±0.00	2.03±0.50

余杭、海宁和杭州市郊，江苏省的吴江和上海市部分郊区县。

(二)外貌特征

湖羊头形狭长，鼻梁隆起，耳大下垂，公、母羊均无角；颈、躯干和四肢细长，肩胸不发达，体质纤细，全身被毛白色，少数个体的眼圈及四肢有黑色或褐色斑点。

(三)生长发育

单羔出生重3.5～4千克，双羔2.5～3千克，三羔1.5～2千克。湖羊生长发育快，成熟早，周岁公羊体重达35千克，母羊26千克；成年公羊体重达42～50千克，母羊32～45千克。

(四)肉用性能

湖羊的肉用性能良好，在一般舍饲条件下，经屠宰，公羔平均活重34.8千克(n=20)，胴体重16.9千克，屠宰率48.5%。

(五)繁殖性能

湖羊性成熟早，母羊4～5月龄性成熟，6月龄即可配种，年产两胎，或两年三胎。每胎一般产2羔，多的可产5～6羔，繁殖率可达229%，产单羔的占17.35%，产2～3羔的占79.56%，产4羔的占3.03%。湖羊母性好，泌乳力高，羔羊成活率在95%以上。

(六)羊毛与羊皮

羔皮品质以初生1～2日龄宰剥的为好，称“小湖羊皮”，皮板薄而轻柔，毛色洁白如丝，光耀夺目，具有波浪式花形，甚为美观，被誉为“软宝石”，在国际市场享有盛名，为我国传统出口商品。羔羊生后60天以内宰剥的皮称为“袍羔皮”，皮板薄而轻，毛细柔，光泽好。成年公、母羊平均剪毛量分别为2.0和1.2千克，净毛率约55%。

(七)开发利用

湖羊羔皮和裘皮质量高,是目前世界上唯一的白色羔皮品种,为我国宝贵的品种资源。它对炎热、多雨、潮湿、光暗的环境有良好的适应性,是我国其他绵羊品种所不及的。湖羊性成熟早,繁殖率高;肉质品质好,而且适合舍饲和圈养,是南方各省发展肥羔生产的理想品种,也是生产杂交肥羔的最佳母本之一。湖羊在新疆适应性良好,通过导入湖羊血液,能显著提高卡拉库尔羊的产羔率。

九、多浪羊

(一)产地与分布

多浪羊是由阿富汗的瓦尔吉尔肥羊与当地土种羊杂交,经过 70 年的选育培育而成,主要分布在新疆塔什拉玛干大沙漠的西南边沿,叶尔羌河流域的麦盖提、巴楚、岳普湖、莎车等县。因其中心产区在麦盖提县,故又称麦盖提羊。

(二)外貌特征

多浪羊头较长,鼻梁隆起,耳大下垂,眼大有神,公羊无角或有小角,母羊皆无角。颈部窄而细长,胸宽深,肋骨开张,背腰平直,体躯长,后躯肌肉发达,尾大而不下垂,尾沟深。四肢高而且有力,蹄质结实。出生羔羊多为褐色或棕黄色,也有黑色或深褐色,个别为白色,但剪毛后多变为灰白色或白色,但头部及四肢仍保持出生颜色。

(三)生长发育

多浪羊生长发育快,周岁公羊平均体重 66.70 千克,母羊 59.88 千克;成年公羊平均体重 118.92 千克,成年母羊 79.89 千克。

(四)肉用性能

多浪羊体型硕大,肉用性能良好。周岁公羊胴体重 32.71 千克,净肉重 22.69 千克,尾脂重 4.15 千克,屠宰率 56.1%,胴体净肉率 69.38%,尾脂占胴体重的 12.69%。

(五)繁殖性能

多浪羊性成熟早,在舍饲条件下长年发情,初配年龄一般为 8 月龄,大部分母羊可以两年产三胎。饲养条件好的一年两胎,双羔率可达 50%~60%,三羔率 5%~12%,并有产四羔者。据调查,80%以上的母羊能保持多胎特性,产羔率在 200%以上。

(六)羊毛与羊皮

可分为粗毛型和半粗毛型两种,是优良的地毯毛。成年公羊产毛量 3~3.5 千克,母羊 2~2.5 千克。

(七)开发利用

多浪羊饲养方式以舍饲为主,放牧为辅,小群饲养,繁殖率高,较适合发展肉羊肥羔生产。但其作为肉羊还有不足之处,肋骨开张不够,前胸和后躯不丰满,尾脂多。利用引进专用肉羊品种通过经济杂交或导入外血的方式,可进一步提高其肉用性能。

第二节 肉用山羊品种

一、波尔山羊

(一)产地与分布

波尔山羊原产于南非。已被非洲许多国家以及新西兰、澳大利亚、德国、美国、加拿大等国引进。我国 1995 年从德国首次引进波尔山羊，至 2000 年前后出现引种高峰，通过纯繁扩群逐步向全国各地扩展。

(二)外貌特征

波尔山羊头颈、面颊和两耳棕红色；额端至鼻梁有一条白带，体躯被毛白色，毛短而稀。头部粗壮，眼大，鼻呈鹰钩状；公、母羊均有角，角坚实，长度中等，公羊角基粗大，向后、向外弯曲；母羊角细而直立；耳长而大，宽阔下垂。颈粗壮，长度适中，且与体长相称；肩宽肉厚，胸深而宽，颈胸结合良好。前躯发达，肌肉丰满；体躯深而宽阔，呈圆桶形，肋骨开张与腰部相称，背部宽阔而平直；腹部紧凑；尻部宽而长，臀部和腿部肌肉丰满；尾根粗、尾平直且上翘。

(三)生长发育

在较好饲养条件下，波尔山羊生长发育快，初生至 3 月龄平均日增重公、母羔分别为 291 和 272 克；3～5 月龄公、母羊分别为 272 和 240 克；5～9 月龄公、母羊分别为 245 和 204 克；在一般饲养条件下，周岁以内平均日增重为 150～200 克。波尔山羊生长发育速度明显高于其他山羊品种，波尔山羊各阶段生长发育指标见表 2-12。

表 2-12　波尔山羊各阶段生长发育指标　　千克

性别	阶段					
	出生	3 月龄	5 月龄	7 月龄	9 月龄	周岁
公羊	4.1	28	42	53	69	74
母羊	3.4	26	37	45	51	56

(四)肉用性能

波尔山羊周岁公羊、母羊的体重分别为 74 和 56 千克。屠宰率较高，平均为 48.3%。

(五)繁殖性能

母羊 6 月龄成熟，秋季为性活动高峰期，而春、夏季性活动较少。

据 100 头母羊的产羔结果，平均窝产羔率为 193%。

(六)羊毛与羊皮

波尔山羊的板皮品质极佳，属上乘皮革原料。

(七)开发利用

波尔山羊适应性较强，在全国各地饲养无不良反应，表现为性情温驯、生长发育快、哺乳性能良好、觅食性强、不挑食、食量大。利用波尔山羊杂交鲁北白山羊，杂交一代羔羊体型外貌明显趋向父本。公羊多有角，全身被毛为白色。通过对 F_1 代的测试，其体尺、体重的增长比鲁北白山羊有明显提高，体高、体长、胸围、管围 4 项主要体尺指标的增幅在 20%以上，均有明显提高。

二、鲁北白山羊

(一)产地与分布

鲁北白山羊原产于山东省滨州、德州、聊城及毗邻的东营、济南等市。分布数量较大的区(县)有滨城区、无棣县、沾化县、阳信县、利津县、垦利县、平原县、在平县、冠县、高唐县等。

(二)外貌特征

体质结实，结构匀称，全身被毛白色，毛短而稀，皮薄而有弹性，绒毛甚少。头大小适中，清秀，上宽下窄，颌下有须，公母羊多数有角、有肉垂。公羊颈部粗短，母羊颈细长，头颈结合良好。胸背腰部发育和结合良好，公羊前躯发达，背平直，胸前腹下及四肢有长毛，侧视呈长方形。母羊前躯较窄，后躯发育好，四肢细致，被毛较公羊短，侧视呈楔形。公母羊蹄质均结实。

（三）生长发育

鲁北白山羊有角羊占59%，无角羊占41%，有肉垂的羊占80%。周岁公羊平均胴体重为10.06千克，屠宰率为44.24%。成年公羊体重为41.07千克，母羊为31千克。鲁北白山羊一级羊体重、体尺指标见表2-13。

表 2-13　鲁北白山羊一级羊体重、体尺指标

性别	阶段	体重/千克	体高/厘米	体长/厘米	胸围/厘米
公羊	3月龄	14	49	53	52
	6月龄	17	56	58	57
	12月龄	26	59	67	68
	成年	37	68	80	82
母羊	3月龄	10	44	48	48
	6月龄	15	50	54	54
	12月龄	22	55	63	64
	成年	30	62	72	72

（四）肉用性能

在放牧饲养条件下，未经育肥的公羔3月龄屠宰率为48%、净肉率为37%；6月龄屠宰率为46%、净肉率为37%；12月龄屠宰率为47%、净肉率为37%。

（五）繁殖性能

母羊初情期90天，初配年龄5～6月龄；母羊常年发情，发情周期17天，发情持续期31小时，产后50天第一次发情，妊娠期150天；初产母羊产羔率208%，经产母羊产羔率260%。

（六）毛皮品质

公羔3、6、12月龄鲜皮面积分别为3 050、4 100、5 120厘米^{2}左右。

板皮质密而细，折叠无白线，抗力强而柔软，韧性大而强力高。

（七）开发利用

鲁北白山羊耐粗饲、易管理，是优良的地方品种。沾化县是鲁北白山羊的中心产区之一，最近的品种资源调查显示，该县鲁北白山羊存栏数量锐减，纯种公羊已不足20只，种质资源状况甚忧。畜牧主管部门已采取有效措施，加大品种资源的保护和开发力度，使这一优良地方种质资源造福当地百姓。

三、济宁青山羊

（一）产地与分布

济宁青山羊原产区在山东菏泽、济宁两市。河南、江苏、安徽也有少量分布。因集散地在济宁，故名济宁青山羊。其主要分布在山东省西南部菏泽和济宁两市的20多个县，以曹县、单县、成武、定陶、郓城、牡丹、鄄城、金乡、嘉祥等区县数量多、质量好。现已推广到华南、东北、西北等10多个省、区，大部分地区饲养效果良好。

（二）外貌特征

济宁青山羊被毛、嘴唇、角和蹄均为青色，前膝黑色，毛色随年龄增长而变深。公、母羊均有角，角向上、向后上方生长。体躯结构紧凑，颈部较细长，背直，尻微斜，腹部较大，四肢短而结实。被毛由黑白二色毛混生而成青色，其角、蹄、唇也为青色，前膝为黑色，故有“四青一黑”的特征，因被毛中黑白二色毛的比例不同又可分为正青色（黑毛数量占30%～60%）、粉青色（黑毛数量在30%以下）、铁青色（黑毛数量在60%以上）3种。按照被毛的长短和粗细，可分为4个类型，即细长毛（毛长在10厘米以上者）、细短毛、粗长毛、粗短毛，其中以细长毛者为多数，且品质较好。

（三）生长发育

济宁青山羊体格较小，生长发育较快。成年公羊体重（28.76±2.84）千克，母羊（23.13±4.81）千克。济宁青山羊成年羊体重、体尺指标见表2-14。

表2-14　济宁青山羊成年羊体重、体尺指标

性别	体重/千克	体高/厘米	体长/厘米	胸围/厘米
公羊	28.76±2.84	59.14±0.01	60.79±0.60	74.86±0.01
母羊	23.13±4.81	54.26±2.48	59.52±4.02	71.09±4.56

（四）产肉性能

济宁青山羊22.3千克，胴体重12.41千克，屠宰率为42.5%～55.02%。

（五）繁殖性能

济宁青山羊3～4月龄性成熟，8～10月龄开始配种，全年发情，以春、秋两季发情较旺，繁殖率高。如羔羊留作种用，则两年三胎。每胎产羔2～4只。妊娠期平均146天。有的类群4月龄即可配种，母羊常年发情，年产两胎或两年产三胎，一胎多羔，平均产羔率为293.65%。一般山羊排卵数2～3个，而济宁青山羊可达5个以上。

（六）裘皮与绒、毛

刚出生的羔羊毛被具有波浪形花纹、流水形花纹、隐暗花纹和片花纹。夏、秋季节所产羔羊体重较大，被毛细密光亮，花纹清晰，皮质较优；春季所产的羔羊因母羊妊娠期营养条件限制，皮质较差。成年山羊皮板薄而致密，鞣制后厚度不超过0.55毫米，被毛呈丝光或银光光泽，制成女式大衣仅重0.85千克，为轻裘上品。羔羊生后3天以内宰剥取皮，羊毛黑白混生呈青色，花纹美观，皮张轻薄结实，称猾子皮，适于裁

制翻毛皮衣和皮帽，已有80余年出口历史，在国际上享有盛誉。

（七）开发与利用

20世纪80年代济宁青山羊板皮在世界上十分畅销，极大地调动了农民养殖济宁青山羊的积极性，存栏量逐年增加，质量不断提高，养殖济宁青山羊的经济效益越来越好。目前，国家已建立了济宁青山羊保种区和保种场，并将济宁青山羊列为国家级畜禽遗传资源保护品种。

四、黄淮山羊

（一）产地与分布

黄淮山羊产于我国黄淮海平原南部，主要分布在河南的周口、驻马店、许昌、信阳、商丘、开封等地；安徽的阜阳、宿州、滁州、六安、合肥、蚌埠、淮北、淮南等地；江苏的徐州、淮阴沿黄河故道各县。

（二）外貌特征

黄淮山羊结构匀称，骨骼较细。鼻梁平直，面部微凹，下颌有髯。分有角和无角两个类型，有角者，公羊角粗大，母羊角细小，向上向后伸展呈镰刀状；无角者，仅有0.5～1.5厘米的角基。颈中等长。胸较深，肋骨开张良好，背腰平直。种公羊体格高大，四肢强壮。母羊乳房发育良好、呈半圆形。被毛白色，毛短有丝光，绒毛稀少。

（三）生长发育

黄淮山羊生长发育快，当年春产公羔9月龄可达22千克，母羔可达16千克左右。黄淮山羊成年公羊平均体高、体长、胸围和体重分别为(65.98±8.16)厘米、(67.37±8.74)厘米、(77.66±9.99)厘米和33.9千克，成年母羊分别为(54.32±4.55)厘米、(58.09±6.08)厘米、(71.17±5.99)厘米和25.7千克。

(四)肉用性能

7～10 月龄羯羊宰前重 21.9 千克，胴体重 10.9 千克，屠宰率 49.29%；母羊宰前重 16.0 千克，胴体重 7.5 千克，屠宰率 47.13%。羊肉质细嫩、膻味轻。

(五)繁殖性能

黄淮山羊具有性成熟早、四季发情、繁殖率高的特性，一般 5 月龄母羔就能发情配种，部分母羊一年二胎或两年三胎，产羔率平均为 230%。

(六)板皮质量

黄淮山羊板质量优良，是黄淮平原优良山羊品种。黄淮山羊皮板呈蜡黄色，细致柔软，油润光亮，弹性好，是优良的制革原料。

(七)开发利用

黄淮山羊对不同生态环境有较强的适应性，性成熟早，繁殖力高，皮板质量好。其缺点是个体较小，通过与肉用山羊杂交，加强饲养管理，可提高黄淮山羊的产肉性能。

五、马头山羊

(一)产地与分布

马头山羊是一个大型肉用山羊品种，因头无角，似马头，故称马头羊。马头山羊主产于湖北省十堰、恩施和湖南省常德、黔阳等地区，是国内山羊地方品种中生长速度较快、体型较大、肉用性能较好的品种之一。

(二)外貌特征

马头山羊母羊均无角,头形似马,性情迟钝,俗称“懒羊”。公羊4月龄后额顶部长出长毛(雄性特征),并渐伸长,可遮至眼眶上缘,长久不脱,去势1个月后就全部脱光,不再复生。马头山羊体形呈长方形,结构匀称,骨骼结实,背腰平直,肋骨开张良好,臀部宽大,稍倾斜,尾短而上翘,四肢坚强有力,行走时步态如马,频频点头。马头山羊皮厚而松软,毛稀无绒,毛被以白色为主,有少量黑色和麻色。按毛短可分为长毛型和短毛型两种类型,按背脊可分为双脊和单脊两类,以双脊和长毛型品质较好。

(三)生长发育

马头山羊初生重:单胎公羊(1.95±0.19)千克,母羊(1.92±0.35)千克;双胎公羊(1.70±0.25)千克,母羊(1.65±0.24)千克。在主产区粗放饲养条件下,公羔3月龄重可达12.96千克,母羊可达12.82千克,6月龄阉羊体重21.68千克。

(四)肉用性能

马头山羊在主产区粗放饲养条件下,6月龄阉羊体重21.68千克,屠宰率48.99%;周岁阉羊体重可达36.45千克,屠宰率55.90%,出肉率43.79%。肉质细嫩,膻味轻。

(五)繁殖性能

马头山羊性成熟早,四季发情,在南方以春、秋、冬季配种较多。

母羔3～5月龄、公羔4～6月龄性成熟,一般在8～10月龄配种,妊娠期140～154天,哺乳期2～3个月。当地群众习惯一年两产或两年三产。产羔率为180%左右,每胎产羔1～3只。初产母羊多产单羔,经产母羊多产双羔或多羔。

（六）板皮与皮革

板皮质量柔软，皮质洁白，弹性强，张幅大，采用先进技术每张可削制 4～5 层。因此，在国际市场上很有竞争力。

（七）开发利用

马头山羊抗病力强、适应性广、合群、易管理，既可放牧饲养，也适于圈养，引入西南、云贵高原等地表现良好。1980 年以来，地方政府与有关部门在主要产区建立种羊场，并进行有计划有目的的选育工作，成效显著。

六、南江黄羊

（一）产地与分布

南江黄羊产于四川省南江县，是经过 7 年选育而成的肉用型山羊品种。除四川省外，全国 20 多个省、区也有少量引进。

（二）外貌特征

南江黄羊被毛黄色，毛短而富有光泽，面部毛色黄黑，鼻梁两侧有一对称的浅色条纹，公羊颈部及前胸着生黑黄色粗长被毛，自枕部沿背脊有一条黑色毛带，十字部后渐浅；头大小适中，鼻微拱，有角或无角；体躯略呈圆桶形，颈长度适中，前胸深广，肋骨开张，背腰平直，四肢粗壮。

（三）生长发育

南江黄羊公、母羔初生重为 2.28 千克，2 月龄体重公羔为 9～13.5 千克，母羔为 8～11.5 千克。南江黄羊初生至 2 月龄日增重公羔120～180 克，母羔 100～150 克；至 6 月龄日增重公羔 85～150 克，母羔 60～110 克；至周岁日增重公羔 35～80 克，母羔 21～36 克。

(四)产肉性能

南江黄羊8月龄羯羊胴体重10.78千克,周岁羯羊胴体重15千克,屠宰率49%,净肉率38%。成年公羊体重40～55千克,母羊34～46千克。

(五)繁殖性能

南江黄羊性成熟早,3～5月龄初次发情,母羊6～8月龄体重达25千克开始配种,公羊12～18月龄体重达35千克参加配种。成年母羊四季发情,妊娠期148天,产羔率200%左右。

(六)板皮质量

南江黄羊板皮面积宽大,厚度均匀,周岁羊皮为6 593.4厘米^2,抗张强度为42.05牛顿/毫米^2,延伸率16.4%,适合制作高档皮衣和皮革制品。

(七)开发利用

1995年10月13日经过南江黄羊新品种审定委员会审定,1996年11月14日通过国家畜禽遗传资源管理委员会羊品种审定委员会复审,1998年4月17日被农业部批准正式命名。南江黄羊不仅具有性成熟早、生长发育快、繁殖力高、产肉性能好、适应性强、耐粗饲、遗传性稳定的特点,而且肉质细嫩、适口性好。南江黄羊较适宜于在农区和山区饲养。

七、成都麻羊

(一)产地与分布

成都麻羊原产于成都郊区,分布于四川成都平原及其附近丘陵地区。

(二)外貌特征

成都麻羊头中等大小，两耳侧伸，额宽而微突，鼻梁平直，颈长短适中，背腰宽平，四肢粗壮，蹄质坚实。被毛棕黄而带黑麻，故称麻羊。两颊各具一浅灰色条纹，脊背有一条黑色线，肩部黑纹沿肩胛两侧下伸。公羊前躯发达，体形呈长方形，体态雄壮；母羊后躯深广。

(三)生长发育

成都麻羊生长发育较快，成年公羊平均体高、体长、胸围和体重分别为(65.5±1.2)厘米、(69.6±1.1)厘米、(79.3±1.0)厘米和(43.02±1.7)千克；成年母羊分别为(60.7±0.2)厘米、(65.8±0.2)厘米、(74.6±0.3)厘米和(32.6±0.2)千克。

(四)产肉性能

成都麻羊经过夏、秋放牧饲养，不喂精料，即可达到膘肥体壮，屠宰率46.9%～51.4%。羊肉色泽红润，脂肪分布均匀，肉细嫩多汁，膻味轻。

(五)繁殖性能

成都麻羊4～5月龄发情，妊娠期142～145天。每年产两胎，产羔率为215%。

(六)羊皮质量

成都麻羊的板皮致密、张幅大、弹性好、板皮薄，深受国际市场欢迎。乳头层占全皮厚度一半以上，网状层纤维粗壮。加工成的皮革弹性好，强度大，质地柔软。

(七)开发利用

成都麻羊具有适应性强、耐湿热、耐粗放饲养等特性，还具有肉、乳生产性能良好的特点，是南方亚热带湿润山区和丘陵地带优良的山羊品种，除四川省饲养外，还被引入湖北、河南等地。

八、陕南白山羊

(一)产地与分布

陕南白山羊产于陕西南部地区。分布于汉江两岸的安康、紫阳、旬阳、白河、西乡、镇巴、平利、洛南、山阳、镇安等县。

(二)外貌特征

陕南白山羊头大小适中，鼻梁平直。颈短而宽厚。胸部发达，肋骨开张良好，背腰长而平直，腹围大而紧凑。四肢粗壮，尾短小上翘。毛被以白色为主。陕南白山羊分短毛和长毛两个类型。短毛型又分为有角和无角两个类型。有角短毛型羊按角型又可分为细小的线角和较粗大的板角两种。角多呈扁刀状，向上向后弯曲呈倒“八”字形，性情较温驯。无角短毛型毛被短而稀粗，早熟易肥。

(三)生长发育

陕南白山羊成年公羊平均体高、体长、胸围和体重分别为(58.40±6.56)厘米、(63.60±7.35)厘米、(74.07±7.43)厘米和(33.0±10.1)千克，成年母羊分别(53.16±4.42)厘米、(57.98±5.08)厘米、(68.73±5.91)厘米和(27.3±6.0)千克。

(四)产肉性能

屠宰率：6月龄为45.5%，1.5岁为50%，2.5岁为52%。肉呈红色，细嫩。

(五)繁殖性能

陕南白山羊产羔率为250%左右。

(六)板皮质量

陕南白山羊板皮品质好,致密富弹性,拉力强,面积大,是良好的制革原料。陕南白山羊中的长毛型羊每年3～5月份和9～10月份各剪毛一次,不抓绒。成年公羊剪毛量平均为(320±60)克,成年母羊平均为(280±70)克。山羊胡须和羊毛粗刚洁白,是制毛笔和排刷的原料。

(七)开发利用

陕南白山羊是我国的地方优良山羊品种之一,产区属北亚热带湿润气候。陕南白山羊对当地湿热气候条件有良好的适应性,深受养羊户喜爱。目前陕南白山羊存栏数已达40多万只。

九、长江三角洲白山羊

(一)产地与分布

长江三角洲白山羊产于我国东海之滨的长江三角洲,主要分布于江苏省沿江地区,上海和浙江亦有分布。因其主产区集中在海门、启东、崇明一带,故习惯上称为"海门山羊"。

(二)外貌特征

长江三角洲白山羊体格中等,头呈倒三角形,公母羊均有须有角,公羊颈部粗短,背腰平直,前胸较发达,后躯较窄;母羊颈细长,背腰微凹,前胸较窄,后躯宽深。

(三)生长发育

长江三角洲白山羊初生重1.25千克;周岁公羊体重24千克,母羊17千克;成年公羊体重28.6千克,母羊18.4千克。

(四)产肉性能

长江三角洲白山羊肉质品质较好，带皮羊肉的屠宰率一般在49%以上。

(五)繁殖性能

平均产羔率230%以上。

(六)毛皮品质

板皮致密柔软，是鞣制皮革的优质原料。羊毛洁白，挺直有峰，具有光泽、弹性，是我国生产笔料毛的山羊品种。

(七)开发利用

长江三角洲白山羊是我国肉、皮、毛俱佳的地方山羊品种，开发利用前景广阔。

第三节 杂交组合与杂种优势利用

肉羊杂种优势是利用不同种群、品种、品系间的个体杂交产生的杂种，在生活力和生产性能等方面优于其双亲群体的现象。在同等饲养管理条件下，其杂交后代羊表现生命力强、生长发育快、饲料报酬高、肉质品质好的生产性能，所产生的经济效益远比纯种羊高，故在肉羊肥羔生产中广泛应用。

一、选择杂交父本

(一)选择经过培育的肉羊品种

通常情况下这些品种的生产性能比较好，而且遗传力比较高，种公羊能将优良性状稳定地遗传给杂种后代，如无角陶赛特、萨福克、特克塞尔、杜泊等肉羊品种。

(二)选择与计划杂种类型相似的品种

例如生产肥羔羊，就应选择早期生长发育快、肉质好、肉用体型好的品种作为父本。

(三)选择外来品种

我国肉羊品种资源虽然丰富，但符合肉羊肥羔生产要求的品种不多。国外不仅肉羊品种资源丰富，而且如前所述许多品种达到了生产性能和体型外貌俱佳的有机结合与统一。同时，国外品种本身所携带的遗传基因与国内品种差异较大，一般情况下杂交效果会更好。因此，有针对性地引进外来肉羊品种，与本地品种开展杂交生产肥羔，是一条既符合我国国情又多快好省的路子。

(四)选择纯度高的品种

父本的数量虽少，但影响面远比母本大，俗话说“母羊好，好一窝，公羊好，好一坡”。因此，对杂交父本的纯度要求标准更高，尤其是广泛采用人工授精技术后，更应注重和严格要求纯度。

(五)根据杂交方法与要求选择品种

在安排三元杂交的情况下，选择的第一父本要在繁育性能方面与母本有良好的配合力，选择的第二父本在生产性能上要符合和达到预期杂交效果与要求。

二、选择杂交母本

(一)选数量大的品种

应选择本地区饲养量较大，适应性强，在国家和地方区划上已定位朝肉羊方向发展的品种、品系为母本。我国的绵羊以地方品种居多，经过多年的自然和人工选择，都能较好地适应当地的饲料资源和生态条件。选择本地羊作母本将为杂交羔羊能更好地适应当地环境和资源条件奠定基础。根据研究资料介绍，我国大多数地方肉羊品种在划定的范围内，都曾用作母本与引进品种进行过杂交试验。

(二)选择繁殖力高的品种

我国肉用绵羊品种的繁殖率在110%～280%，高的类群和个体达到300%以上，差别较大。母羊的产羔数是直接影响肉羊生产经济效益的主要因素，对一只母羊来说，多产一只羔羊的经济效益至少要提高30%以上。因此，选择繁殖率高的母羊作为杂交母本，是决定杂交肥羔生产成败的关键，是重中之重的技术环节。

(三)选择泌乳力和母性好的品种

母羊泌乳力直接影响羔羊的生长发育、增重速度和断奶体重，接下来还会影响羔羊育肥期间的增重和出栏体重。因此，选择泌乳性能好的品种作为杂交母本是非常重要的一环。我国的小尾寒羊、洼地绵羊和湖羊都具备上述特点，适合做肉羊肥羔生产的杂交母本。

(四)选择中等以上体型的地方品种

只要不影响主要经济性状，有利于繁殖和杂种羔羊的生长发育，母羊的体型大小不要一概而论。国外引进品种除萨福克之外，普遍存在四肢短、个体矮的现象，这恰好与国内的小尾寒羊、洼地绵羊、湖羊、多浪羊具有互补性。

三、肉用绵羊杂种优势与利用

利用不同种群杂交产生的后代，在生活力、生长势和生产性能等方面往往表现出优于其亲本群的现象，称为杂种优势。充分利用具有遗传多样性和不同特点的品种开展杂交，不仅可以提高杂种后代的出生重、断奶重、成年体重等生长发育性状，而且还可以提高杂种后代的成活率、抗病力和繁殖率。

(一)杂种优势测定

不同杂交组合的杂种优势率不同，不同性状表现的杂种优势也有差异。因此，在利用肉羊的杂种优势时，最好通过杂交组合筛选和配合力测定。王金文(2003)利用杜泊绵羊与小尾寒羊杂交，杜寒杂交组合的生长速度快，平均日增重达到 306 克，饲料报酬 4.25∶1，分别比小尾寒羊提高 20%和 21.17%。

(二)杂交效果分析

近十年来，国内无论是科研还是生产上，应用最多的是二元杂交。用作父本最多的品种是无角陶赛特和杜泊羊，用作母本最多的品种是小尾寒羊，杂交效果最好的组合是萨福克与小尾寒羊，平均日增重达到了 376 克，其次是无角陶赛特羊与小尾寒羊(312 克)，以及杜泊绵羊与小尾寒羊(306 克)。肉用绵羊二元杂交育肥效果见表 2-15。

表 2-15　肉用绵羊二元杂交育肥效果

杂交父本	杂交母本	杂交一代	日龄	日增重/克	宰前体重/千克	屠宰率/%	净肉率/%	资料来源
无角陶赛特羊	小尾寒羊	公羔	180	200	40.44	54.49	79.11	姚树清(1995)
	小尾寒羊	公羔	180	256	50.00	54.00	79.63	张丛玉(2001)
	小尾寒羊	公羔	155	282	47.75	50.80	78.1	王金文(2005)
	小尾寒羊	公羔	120	312	37.44	52.08	83.48	袁得光(2003)
	洼地绵羊	公羔	240	168	45.43	47.00	83.4	冉汝俊(1998)
	湖羊	公羔	210	159	33.27	49.70	77.53	钱建共(2001)
	蒙古羊	公羔	180	194	38.89	—	—	蔡元(2002)
萨福克羊	蒙古羊	羯羔	190	180	37.25	49.21	73.6	唐道廉(1988)
	阿勒泰羊	公羔	150	240	39.30	47.28	81.8	陈维德(1995)

续表 2-15

杂交父本	杂交母本	杂交一代	日龄	日增重/克	宰前体重/千克	屠宰率/%	净肉率/%	资料来源
萨福克羊	哈萨克羊	公羔	135	257	37.72	51.72	81.96	陈维德(1995)
	小尾寒羊	公羔	120	376	37.62	51.88	83.04	袁得光(2001)
	湖羊	公羔	180	190	37.33	48.92	74.55	钱建共(2002)
特克塞尔羊	小尾寒羊	公、母	150	277	45.70	50.00	77.00	王金文(2003)
	东北细毛羊	公羔	165	236	42.40	49.30	79.52	王大广(2000)
	湖羊	公羔	180	190	39.22	49.38	78.76	钱建共(2002)
夏洛来羊	小尾寒羊	公羔	180	216	42.30	—	—	赵国明(2001)
	湖羊	公、母	180	168	34.04	49.05	74.42	钱建共(2002)
德国美利奴羊	蒙古羊	公、母	240	156	37.50	48.8	77.70	冯旭芳(2001)
	湖羊		180	196	39.83	50.34	77.6	钱建共(2002)
波德代羊	甘肃土种羊	羯羔	180	170	35.18	51.21	79.17	赵有璋(2003)
		母羊	180	160	32.17	—	—	
杜泊绵羊	小尾寒羊	公、母	150	306	49.50	50.60	80.00	王金文(2003)
	蒙古羊	公羔	120	300	40.44	51.70	82.34	陈华(2001)

(三)杂交羊的外貌特征

利用国外肉羊作为父本,国内品种作为杂交母本,杂交一代羊一般都具有明显的父本特征,有的兼有二者的特点。

1. 无角陶赛特与小尾寒羊杂交一代

全身被毛白色,头面部无毛,酷似无角陶赛特,但公羊长有小螺旋角,又似小尾寒羊。所不同的是杂交羊体型大,肉用体型明显,胸深而宽,肋骨开张,被部明显比小尾寒羊宽,四肢高度居父母本之间,后躯比较丰满,肌肉发达,呈倒 U 形,但还不及其杂交父本。尾根部粗、尾尖部细。

2. 萨福克与小尾寒羊杂交一代

头部和四肢黑褐色或带黑褐色斑点,被毛白色或花色。尾细长,有部分个体出现褐斑，刚出生时颜色稍浅，断奶后随着体重的增长而逐渐加深。由于杂交一代羊四肢较高，背腰平直，其体型外貌趋向萨福克。

3. 特克塞尔与小尾寒羊杂交一代

体型外貌介于父母本之间，头清秀，口鼻部浅灰色，全身被毛白色，四肢健壮，后躯丰满，背腰平直，呈桶形结构，尾细长。

4. 杜泊绵羊（黑头）与小尾寒羊杂交一代

杜寒杂交一代体型外貌趋向父本，头颈部黑色特征明显。羔羊中有 33.5％的羊完全像黑头杜泊绵羊，有 66.5％的羊头部和颈部有黑颜色，白脸。所有杂交一代羊头和腿部无绒毛，被毛白色，有明显的粗毛。胸宽深、背腰平直、肌肉丰满、后躯发育良好、尾细长，四肢介于父母本之间，较杜泊绵羊高，较小尾寒羊矮。

（四）杂交羊育肥效果

利用杂交羊育肥，在舍饲和补饲条件下，杂种优势表现明显。在所报道的资料中大都表现其生长速度快、饲料报酬高、适应性较强、屠宰率和出肉率高等特点。只有极少数在生态环境恶劣又完全依靠放牧的条件下，杂种优势表现不明显，或不表现杂种优势。

姚树清等（1995）用无角陶赛特公羊与小尾寒羊杂交，陶寒杂交一代羊全部舍饲，精饲料由 50％玉米、30％麸皮、20％豆粕组成，日喂量 0.5～0.7 千克。粗饲料自由采食，有草粉、花生秧、青贮玉米秸等。试验结果表明，陶寒杂交一代公羔 6 月龄体重 40.44 千克，母羔 35.22 千克。选择公羔测定：屠前体重 44.41 千克，胴体重 24.2 千克，屠宰率 54.49％，胴体净肉率 79.11％。

袁得光（2001）分别用萨福克和无角陶赛特与小尾寒羊杂交，选萨寒杂交羊、陶寒杂交羊和小尾寒羊各 15 只，于 2 月龄断奶并开始试验，日粮组成：玉米 65％、麸皮 20％、黑豆 8％、菜籽饼 5％、石粉 1％、食盐 0.5％、生长素 0.5％。经 50 天试验，平均日增重，萨寒杂交羊 375.6 克、陶寒杂交羊 366 克、小尾寒羊 316 克，萨寒杂交羊和陶寒杂交羊增重分别比小尾寒羊提高18.86%和15.82%,杂种优势明显。

王金文等(2003)利用杜泊绵羊公羊与小尾寒羊母羊杂交,喂给全颗粒饲料,平均日增重达到306克,饲料报酬为4.25∶1,分别比小尾寒羊提高20%和21.17%。此外,杜寒杂交一代在山东地区尤其是在鲁西北农村表现特别耐粗饲,对低品质秸秆和牧草有较高的利用率,不仅肉品质有较大改善,而且皮革质量也有较大提高。

四、波尔山羊杂交效果举例

利用波尔山羊杂交改良本地山羊,可明显改善后代的生产性能特别是在羔羊初生重和生长发育方面效果明显(表2-16和表2-17)。同时也表明波尔山羊在长城以南和长江流域有良好的适应性,而且改良不同地方的山羊类群配合力好,经济和社会效益显著。杂交羊生长速度加快而肉质品质没有明显变化(表2-18)。杂交羊蛋白质含量高于本地羊而脂肪含量稍有降低。

表2-16 波杂羔羊初生重统计表

父本	母本	统计窝数	产羔率/%	公羔		母羔	
				体重/千克	比母本增重/%	体重/千克	比母本增重/%
波尔山羊	鲁北白山羊	66	183.3	3.21	58.38	2.58	38.71
	南江黄羊	45	188.9	2.67	31.10	2.44	39.3
	黄淮山羊	15	187.1	2.80	45.80	2.30	22.80

表2-17 波杂羔羊不同生长阶段体重统计表($n \geq 6$) 千克

父本	母本	2月龄	6月龄	12月龄
波尔山羊	简阳大耳羊	14.6	30.8	49.2
	黄淮山羊	11.3	23.6	38.8
	成都麻羊	10.9	33.7	58.8

表 2-18 波杂羊屠宰测定统计表($n\geq6$)

杂交羊	月龄(类型)	屠前重/千克	胴体重/千克	屠宰率/%	净肉重/千克	净肉率/%
波×山西本地羊	9月龄(阉公羊)	37.6	16.6	44.2	12.8	77.1
波×奶山羊	12月龄(阉公羊)	45.5	23.6	51.9	18.4	77.9
波×沂蒙山羊	12月龄(公羊)	50.3	26.3	52.3	20.3	77.2
波×简阳大耳羊	4月龄(公羊)	21.8	10.1	46.5	7.8	77.2

第四节 鲁西黑头肉羊多胎品系培育

当前,我国肉羊生产中存在两个突出问题:一是由于缺乏专门化肉羊品种,导致肉用种羊长期依赖进口;二是现有地方品种普遍存在生长速度慢、产肉率低、肉品欠佳、主要经济性状有待改进和提高等。利用国外杜泊绵羊品种作为父本,利用小尾寒羊作为母本开展杂交,将引进品种产肉性能和地方品种多胎性能有机结合起来,以此杂交后代为基础,选择理想型个体组建育种群,采用常规育种技术和分子遗传标记辅助选择,通过选种选配、横交固定和扩繁,以培育适合我国中原农区生态条件的肉用绵羊多胎品系。

一、育种指标与技术路线

1.育种指标

组建鲁西系肉用绵羊育种核心群,基础母羊达到200只以上。羔羊6月龄体重达到40千克以上,胴体重20～22千克,屠宰率50%以上;成年公羊体重100千克以上,母羊60千克以上;平均产羔率180%～200%。

2. 技术路线

通过杂交对比试验，筛选优秀杂交组合并组建育种群；运用闭锁与开放相结合的群体继代法，以产羔数、增重速度和肉质性状为重点，实施强度选择和分子标记辅助选择，同时采用不同程度的亲缘交配，迅速固定选育性状，进而培育出适宜我国农区生产优质高效肥羔的肉用绵羊多胎品系。

二、研究成果与进展

(一)杂交阶段

1. 不同杂交代次对产羔数的影响

杜×寒 F_1 代母羊平均产羔数 1.67 只，显著高于杜×寒 F_3（$P<0.05$），比杜×寒 F_2 平均产羔数增加 0.28 只（表 2-19），表明利用杜泊绵羊与小尾寒羊开展杂交育种，小尾寒羊的多胎性能在杜×寒 F_1 表现最好，其次为 F_2，F_3 最差，说明杂交后代的繁殖力性状随级进杂交代数的增加而降低。

表 2-19　不同杂交代次及产羔数

羊群类别	统计数量	平均产羔数/只
杜×寒 F_1	26	1.67 ± 0.49^{a}
杜×寒 F_2	61	1.39 ± 0.63^{ab}
杜×寒 F_3	28	1.22 ± 0.41^{b}

注：同列中数据肩标小写字母不同者为差异显著（$P<0.05$）。

2. 不同杂交代次育肥期增重

育肥期平均日增重，杜×寒 F_1（313 克）、F_2（280 克）、F_3（272 克）分别比小尾寒羊（222 克）提高 40.99%、26.13%和 22.52%（$P<0.01$）。三个杂交代次间增重接近，但杜×寒 F_1＞杜×寒 F_2＞杜×寒 F_3。这说明杂交代次越高，育肥期增重速度越慢，符合杂种优势产生的规律（表 2-20）。从母羊产羔数、羔羊各阶段生长发育、育肥性能及体型外

貌等方面综合分析，级进杂交以不超过3代为宜。

表 2-20 育肥期增重比较

类群	羊只	始重/千克	末重/千克	期内增重/千克	平均日增重/克
杜×寒 F_1	10	28.36	47.14	18.78	313^{A}
杜×寒 F_2	12	31.73	48.55	16.82	280^{A}
杜×寒 F_3	24	33.67	50.00	16.33	272^{A}
小尾寒羊	8	29.78	43.05	13.27	222^{B}

注：同列中数据肩标大写字母不同者为差异极显著($P<0.01$)。

(二)横交固定阶段

1. 不同横交组合对产羔数的影响

四个横交组合繁殖母羊平均产羔数，以杜×寒 F_3♂×F_1♀组合最高，极显著高于杜×寒 F_2♂×F_3♀，比杜×寒 F_2♂×F_2♀、F_3♂×F_2♀组合产羔数分别增加0.38和0.41只，差异显著($P<0.05$)。其次为杜×寒 F_2♂×F_2♀、F_3♂×F_2♀组合，比杜×寒 F_2♂×F_3♀组合产羔数分别增加0.19和0.16只，见表2-21。

表 2-21 不同横交组合对初产母羊产羔数的影响 只

横交组合	繁殖母羊数	平均产羔数
杜×寒 F_2♂×F_2♀	32	1.39 ± 0.59^{Ab}
杜×寒 F_2♂×F_3♀	29	1.20 ± 0.61^{B}
杜×寒 F_3♂×F_1♀	26	1.77 ± 0.55^{Aa}
杜×寒 F_3♂×F_2♀	49	1.36 ± 0.58^{Ab}

注：同列中数据肩标大写字母不同者为差异极显著($P<0.01$)，肩标小写字母不同者为差异显著($P<0.05$)。

2. 不同横交组合对羔羊生长发育的影响

3月龄公羔断奶体重以 F_3♂×F_2♀组合最大，平均为(35.27±7.92)千克，以 F_2♂×F_3♀组合最小，平均为(32.05±5.69)千克。四个组合羔羊平均日增重都达到310克以上，各组合间断奶体重及平均日增重差异不显著($P>0.05$)。从3月龄体尺发育指标看，体高以 F_3

♂×F_1♀组合最大，公羔为(58.11±2.96)厘米，母羔为(56.06±3.52)厘米。不同横交组合间虽有差别，但差异不显著($P>0.05$)，见表2-22。

表2-22　不同横交组合羔羊3月龄体尺、体重

横交组合	性别	只数	3月龄体重/千克	平均日增重/克	体高/厘米	体长/厘米	胸围/厘米	管围/厘米
F_2♂×F_2♀	公羔	16	34.13±5.98	330±62	56.81±3.04	62.00±5.63	77.79±5.17	9.55±0.98
F_2♂×F_3♀		19	32.05±5.69	312±61	56.32±3.40	64.61±4.81	76.47±5.26	9.32±0.67
F_3♂×F_1♀		28	32.85±5.25	314±52	58.11±2.96	66.70±4.69	77.80±4.08	9.46±0.59
F_3♂×F_2♀		24	35.27±7.92	341±78	57.13±3.55	65.19±5.57	79.54±7.57	9.97±0.75
F_2♂×F_2♀	母羔	16	30.09±5.91	291±59	53.79±2.94	53.59±4.83	76.72±6.69	9.02±0.73
F_2♂×F_3♀		18	28.73±6.00	272±59	54.83±3.32	61.52±4.65	74.56±5.38	8.78±0.76
F_3♂×F_1♀		25	32.08±4.69	314±51	56.06±3.52	63.64±4.08	77.28±5.47	9.14±0.66
F_3♂×F_2♀		42	31.05±5.72	300±55	54.66±3.00	63.81±4.82	77.67±5.16	9.26±0.53

3.检测*FecB*基因

(1)*FecB*基因在杂交类群中的分布　对育种群先后进行了5批次取样检测，共检测杜×寒杂交及横交羊642只。检测结果表明，在杜×寒F_1、F_2、F_3及不同横交群中，存在三种基因型(BB、B+和++)，并以B+基因型为主。杜×寒F_1与F_2、F_3羊之间B+基因型频率差异极显著($P<0.01$)，杜×寒F_2与F_3羊之间B+基因型频率差异显著($P<0.05$)，说明杜泊绵羊与小尾寒羊杂交后，小尾寒羊的多胎性能够较好地传给后代(表2-23)。

表 2-23　*FecB* 不同基因型在杂交类群中的分布

羊群类别	只数	BB 基因型		B+基因型		++基因型	
		只数	频率	只数	频率	只数	频率
杜×寒 F_1	23	1	0.043	18	0.783^{A}	4	0.174
杜×寒 F_2	71	1	0.014	29	0.408^{Ba}	41	0.578
杜×寒 F_3	47	1	0.021	8	0.170^{Bb}	38	0.809

注：同列中数据肩标大写字母不同者为差异极显著（$P<0.01$），肩标小写字母不同者为差异显著（$P<0.05$）。

（2）杂交羊携带 *FecB* 基因型对产羔率的影响　杜×寒 F_1、F_2、F_3 B+基因型繁殖母羊比++基因型繁殖母羊分别增加产羔 0.54、0.65 和 0.66（$P<0.01$）。携带 B+基因型繁殖母羊产羔数依次为杜×寒 F_1>杜×寒 F_2>杜×寒 F_3，但差异不显著（$P>0.05$），见表 2-24。

表 2-24　不同杂交类群 *FecB* 基因型对产羔数的影响

羊群类别	统计数量	B+基因型繁殖母羊		++基因型繁殖母羊	
		只数	产羔	只数	产羔
杜×寒 F_1	26	19	1.82 ± 0.42^{A}	7	1.28 ± 0.49^{D}
杜×寒 F_2	61	25	1.78 ± 0.76^{A}	36	1.13 ± 0.32^{B}
杜×寒 F_3	28	6	1.75 ± 0.42^{A}	22	1.09 ± 0.29^{B}

注：同行中数据肩标大写字母不同者为差异极显著（$P<0.01$）。

（3）*FecB* 基因在横交类群中的分布　不同横交类群基因型频率比较，$F_2\times F_2>F_3\times F_1>F_2\times F_3>F_3\times F_2$（表 2-25）。

表 2-25　不同横交类群多胎基因检测结果

羊群类别	只数	BB 基因型		B+基因型		++基因型	
		只数	频率	只数	频率	只数	频率
横交群 $F_2\times F_2$	22	3	0.136	9	0.409	10	0.455
横交群 $F_2\times F_3$	30	1	0.033	9	0.300	20	0.667
横交群 $F_3\times F_1$	16			7	0.438	9	0.562
横交群 $F_3\times F_2$	40	1	0.025	9	0.225	30	0.750

(4)横交羊携带 *FecB* 基因型对产羔率的影响　不同横交组合的B+基因型繁殖母羊平均产羔数，都显著高于++基因型繁殖母羊($P<0.01$)(表 2-26)。这为开展横交固定、提高繁殖率提供了技术支撑。

表 2-26　不同横交组合 *FecB* 基因型对产羔数的影响

羊群类别	只数	B+基因型繁殖母羊		++基因型繁殖母羊	
		只数	产羔	只数	产羔
杜×寒 F_2♂×F_2♀	21	6	2.17 ± 0.75^{A}	15	1.06 ± 0.26^{B}
杜×寒 F_2♂×F_3♀	28	6	1.75 ± 0.42^{A}	22	1.09 ± 0.29^{B}
杜×寒 F_3♂×F_1♀	21	17	1.85 ± 0.46^{A}	4	1.25 ± 0.50^{B}
杜×寒 F_3♂×F_2♀	40	19	1.66 ± 0.75^{A}	21	1.16 ± 0.36^{B}

注：同行中数据肩标大写字母不同者为差异极显著($P<0.01$)。

(5)应用 *FecB* 基因选择提高产羔率　选择 4 只理想型公羊(F_2、F_3)与携带多胎基因(*FecB*)杂合型(B+)60 只经产母羊(F_2、F_3)配种，产羔 125 只，产羔率 208.3%。与野生型(++)70 只经产(F_2、F_3)母羊配种，产羔 85 只，产羔率 121.42%，平均提高 86.9 个百分点，差异极显著($P<0.01$)(表 2-27)。以上研究表明，多胎基因 *FecB* 分子标记技术可以用于对肉用绵羊产羔数的辅助选择。因此，在开展横交固定及选育过程中，应优先选择携带多胎基因的优秀公、母羊配种，以便增加群体产羔数，提高繁殖率。

表 2-27　不同 *FecB* 基因型横交母羊产羔率比较

公羊		试验组母羊基因型(B+)($n=60$)			对照组母羊基因型(++)($n=70$)		
羊号	代次	母羊数/只	产羔数/只	产羔率/%	母羊数/只	产羔数/只	产羔率/%
62003	F_2	4	9	225^{A}	22	28	127.27^{B}
62005	F_2	10	20	200^{A}	8	8	100.00^{B}
7313	F_3	10	18	180^{A}	7	8	114.25^{B}
8301	F_3	36	78	216.67^{A}	33	41	124.24^{B}
加权平均		60	125	208.34^{A}	70	85	121.42^{B}

注：同行中数据肩标大写字母不同者为差异极显著($P<0.01$)。

4.鲁西黑头肉羊多胎品系培育与生产性能测定

(1)体型外貌　培育的鲁西黑头肉羊多胎品系羊,体型外貌基本一致。头颈部被毛黑色,体躯被毛白色。体型高大,结构匀称,背腰平直,后躯丰满,四肢较高且粗壮结实,全身呈桶状结构,肉用体型明显。

(2)生长发育　经对4批次286只鲁西黑头肉羊生长发育测定,鲁西黑头肉羊公、母羊3月龄、6月龄及周岁体重、体高、体长等指标都高于杜泊绵羊。培育的成年公、母羊平均体重分别达到:种公羊(107.33±5.43)千克,最大个体重132.5千克;种母羊(60.10±4.52)千克,最大个体重100.5千克。

(3)*FecB*基因型在鲁西黑头肉羊中的分布　对276只鲁西黑头肉羊进行多胎基因检测,BB基因型频率为0.065,B+基因频率为0.402,++基因频率为0.533(表2-28)。

表2-28　鲁西黑头肉羊基因检测结果

性别	只数	BB基因		B+基因		++基因	
		只数	频率/%	只数	频率/%	只数	频率/%
公羊	86	13	0.151	33	0.384	40	0.465
母羊	190	5	0.026	78	0.410	107	0.563
合计	276	18	0.065	111	0.402	147	0.533

(4)鲁西黑头肉羊产羔数　对5批多胎品系繁殖母羊产羔记录进行统计分析,结果见表2-11。选育的鲁西黑头肉羊多胎品系携带B+基因型繁殖母羊(147只)初产母羊平均产羔(1.58±0.70)只,经产母羊104只(2～5胎次)平均产羔(2.03±0.50)只,超过育种指标3个百分点。

(5)肥育性能　选3月龄30只羔羊(平均体重29千克),经60天育肥,高水平组平均体重达到(47.74±6.57)千克,平均日增重(307±71)克,料重比6.47∶1,均优于中水平和低水平(表2-29)。这说明鲁西黑头肉羊在较高营养水平日粮条件下实施育肥,不仅能充分发挥生长发育快的遗传潜力,而且还能提高饲料报酬。

表 2-29 营养水平对鲁西黑头羊增重和饲料报酬的影响

组别	消化能/兆焦	粗蛋白质/%	平均日增重/克	平均耗料/千克	平均消耗精料/千克	料重比（全）	料重比（精）
高水平	11.7	14.0	307±71	119.10	71.47	6.47	3.88
中水平	11.0	13.1	287±39	121.40	60.70	7.05	3.53
低水平	10.3	12.0	264±31	126.20	50.50	7.97	3.19

注：每组试验羊数为5只；肉羊销售价格按每千克市场活重价格计（鲁西黑头肉羊18元，小尾寒羊17元）。

在同等营养水平（消化能11兆焦和粗蛋白质13.1%）和相同饲养条件下育肥，鲁西黑头羊平均增重和饲料报酬均高于小尾寒羊，每育肥一只鲁西黑头羊可多收入33.38元（表2-30）。

表 2-30 鲁西黑头肉羊与小尾寒羊育肥对比试验（$n=10$）

组别	平均日增重/克	平均耗料/千克	平均消耗精料/千克	料重比（全）	料重比（精）	饲料价格/（元/千克）	饲料成本/元	扣除饲料成本收入/元
鲁西黑头肉羊	287±39	121.40	60.70	7.05	3.53	1.57	190.60	119.36
小尾寒羊	271±31	121.30	60.65	7.46	3.73	1.57	190.44	85.98

（6）屠宰测定　选同等体重鲁西黑头肉羊和小尾寒羊各4只进行屠宰测定，结果表明：鲁西黑头肉羊平均屠宰率为55.09%，比小尾寒羊提高8.83个百分点（$P<0.05$）。眼肌面积比小尾寒羊增加27.2%（$P<0.01$）（表2-31）。

表 2-31 鲁西黑头肉羊屠宰测定分析

品种	只数	宰前活重/千克	胴体重/千克	骨重/千克	净肉重/千克	眼肌面积/厘米^2	屠宰率/%	胴体净肉率/%
鲁西黑头肉羊	4	42.13±1.31	23.21±1.28^A	3.90±0.16	17.62±1.10^A	19.07±0.58^A	55.09±2.04	75.87±0.59
小尾寒羊	4	42.00±3.63	19.48±1.04^B	4.70±0.37	13.30±1.62^B	14.99^B±4.62	46.26±6.65	68.08±4.58

注：同列中数据肩标大写字母不同者为差异极显著（$P<0.01$）。

(7)羊肉品质

①熟肉率与滴水损失：鲁西黑头肉羊背最长肌、股二头肌熟肉率低于小尾寒羊，一般认为肉质越嫩熟肉率也相对越低；但背最长肌和股二头肌的滴水损失小于小尾寒羊，表明鲁西黑头羊的系水率好(表 2-32)。

表 2-32　熟肉率与滴水损失　%

指标	部位	小尾寒羊($n=4$)	鲁西黑头肉羊($n=4$)
熟肉率	背最长肌	54.41±0.29	52.10±0.31
	股二头肌	54.19±3.27	50.22±2.55
滴水损失	背最长肌	2.32±0.42	1.60±0.25
	股二头肌	2.58±1.22	2.37±0.12

②pH 测定：经宰后 45 分钟和 24 小时测定，鲁西黑头肉羊的 pH 与小尾寒羊相比差异不显著($P<0.05$)(表 2-33)。

表 2-33　羊肉 pH 比较

指标	部位	小尾寒羊($n=4$)	鲁西黑头肉羊($n=4$)
pH(45 分钟)	背最长肌	6.66±0.07	6.38±0.06
	股二头肌	6.17±0.07	6.23±0.02
pH(24 小时)	背最长肌	5.69±0.02	5.57±0.02
	股二头肌	5.76±0.02	5.58±0.00

③剪切力值测定：鲁西黑头肉羊肌肉的剪切力值，低于小尾寒羊。这表明鲁西黑头肉羊肉质细嫩，胴体品质好(表 2-34)。

表 2-34　羊肉剪切力值测定

项目	部位	小尾寒羊($n=4$)	鲁西黑头肉羊($n=4$)
剪切力值	背最长肌	4.09±0.66	3.88±0.77
	股二头肌	4.36±0.63	3.63±0.44

④肌肉组织结构：从表 2-35 中可以看出，鲁西黑头肉羊背最长肌与股二头肌纤维密度均大于小尾寒羊，肌纤维直径都小于小尾寒羊。这表明鲁西黑头肉羊的肌肉组织结构优于小尾寒羊。

表 2-35　肌肉组织结构(10×40)

项目	背最长肌		股二头肌	
	小尾寒羊	鲁西黑头肉羊	小尾寒羊	鲁西黑头肉羊
密度/(牛顿/毫米^2)	3 871.45±613.29	4 243.76±668.24	4 013.31±233.51	4 231.14±591.29
直径/微米	20.98±2.43	18.98±1.03	23.02±1.52	19.89±2.02

⑤羊肉化学成分:鲁西黑头肉羊背最长肌和股二头肌的水分、干物质、粗灰分、粗蛋白等和小尾寒羊相比没有显著差异($P>0.05$)(表 2-36)。同一品种不同部位间也没有显著差异($P>0.05$)。

表 2-36　羊肉中含化学成分(鲜样)　%

项目	品种	水分	干物质	粗灰分	粗蛋白质
背最长肌	小尾寒羊	72.42±2.11	27.58±2.11	1.27±0.49	20.72±3.11
	鲁西黑头肉羊	73.23±2.20	26.77±2.20	1.27±0.46	20.02±0.53
股二头肌	小尾寒羊	73.16±2.55	26.84±2.55	1.64±0.47	20.57±2.15
	鲁西黑头肉羊	73.26±1.58	26.74±1.58	1.24±0.14	19.59±0.59

⑥肌内脂肪与胆固醇含量:鲁西黑头肉羊背最长肌和股二头肌肌内脂肪含量稍高于小尾寒羊(表 2-37),背最长肌肌内脂肪含量高于股二头肌。一般肌内脂肪以 2%～4%最为理想,但肌内脂肪含量高肉质更柔嫩。因此,认为鲁西黑头肉羊比小尾寒羊含有更为理想的肌内脂肪。

表 2-37　肌内脂肪含量　%

指标	部位	品种	
		小尾寒羊	鲁西黑头肉羊
肌内脂肪	背最长肌	2.88±1.22	3.23±0.74
	股二头肌	2.80±0.83	3.04±1.89

鲁西黑头肉羊肌肉中胆固醇测定结果见表 2-38。结果表明,鲁西黑头肉羊背最长肌和股二头肌胆固醇含量均低于小尾寒羊,对人体健康更加有益。

表 2-38　胆固醇含量(鲜样)　毫克/100 克

指标	部位	品种	
		小尾寒羊	鲁西黑头肉羊
胆固醇	背最长肌	64.96±11.25	60.69±11.71
	股二头肌	62.47±7.64	57.85±7.02

⑦脂肪酸种类与含量:羊肉膻味与短链脂肪酸及硬脂酸含量有关。一般饱和脂肪酸含量高对人体健康不利,而不饱和脂肪酸则有益健康。因此,世界卫生组织(WHO)与联合国粮农组织(FAO)建议,S∶M∶P(饱和脂肪酸∶单不饱和脂肪酸∶多不饱和脂肪酸)=1∶1∶1,对人体较为有益。中国营养学会 2000 年推荐标准:n-6(亚油酸)∶n-3(α-亚麻酸)0～6 个月的婴儿为 4∶1,其余人群均为(4～6)∶1。

表 2-39　鲁西黑头肉羊肌肉中脂肪酸含量(鲜样)　毫克/克

项目	背最长肌		股二头肌	
	小尾寒羊	鲁西黑头肉羊	小尾寒羊	鲁西黑头肉羊
硬脂酸(C18:0)	9.60±4.79	8.52±3.84	7.53±1.26	7.15±1.83
亚油酸[C18:(2n-6)]	2.78±0.61[a]	0.93±1.83[b]	2.8±0.69[a]	0.86±1.67[b]
亚麻酸[C18:(3n-6)]	0.03±0.01	0.04±0.01	0.03±0.02	0.03±0.01
α-亚麻酸[C18:(3n-3)]	0.35±0.16[a]	0.13±0.05[b]	0.32±0.07[a]	0.14±0.05[b]
饱和脂肪酸总和(SFA)	24.19±14.03	22.56±10.78	19.59±5.66	21.41±6.63
不饱和脂肪酸总和(USFA)	23.58±11.17	21.26±11.86	20.92±4.84	21.54±6.97
单不饱和脂肪酸(MUFA)	19.00±10.38	19.15±9.81	16.26±4.53	19.28±5.9
多不饱和脂肪酸(PUFA)	4.58±0.92[a]	2.11±2.07[b]	4.65±0.73[a]	2.26±1.74[b]
S∶M∶P	0.28∶1∶1	0.9∶1∶1	0.27∶1∶1	0.67∶1∶1
S∶U	0.97±0.24	1.09±0.07	0.93±0.11	1.00±0.10

注:同行中数据肩标小写字母不同者为差异显著($P<0.05$)。

对鲁西黑头肉羊和小尾寒羊背最长肌和股二头肌中脂肪酸含量测定结果进行比较可知：小尾寒羊与鲁西黑头肉羊的短链脂肪酸相似，但参与羊肉膻味形成的硬脂酸含量均小于小尾寒羊，表明鲁西黑头羊肉的膻味较轻；鲁西黑头肉羊背最长肌和股二头肌 S∶M∶P 更接近 1∶1∶1，优于小尾寒羊；鲁西黑头肉羊亚油酸与 α-亚麻酸的比例(4.54～5.17)∶1，小尾寒羊为(9.29～10.42)∶1，说明鲁西黑头肉羊脂肪酸含量比例适当，食之对健康有益。

⑧氨基酸含量：鲁西黑头肉羊背最长肌和股二头肌的必需氨基酸总量及其各种氨基酸含量与小尾寒羊之间没有显著差异($P>0.05$)(表 2-40)。

表 2-40　鲁西黑头肉羊与小尾寒羊肌肉中必需氨基酸含量(鲜样)　%

项目	背最长肌		股二头肌	
	小尾寒羊	鲁西黑头肉羊	小尾寒羊	鲁西黑头肉羊
蛋氨酸	0.49±0.09	0.49±0.03	0.52±0.05	0.5±0.010
苏氨酸	0.85±0.15	0.86±0.04	0.87±0.08	0.85±0.02
缬氨酸	0.98±0.12	0.94±0.03	0.93±0.09	0.91±0.01
异亮氨酸	0.82±0.13	0.83±0.03	0.83±0.06	0.83±0.01
亮氨酸	1.51±0.24	1.52±0.05	1.52±0.09	1.51±0.02
苯丙氨酸	0.83±0.19	0.88±0.05	0.83±0.06	0.88±0.01
赖氨酸	1.62±0.27	1.64±0.07	1.66±0.15	1.62±0.03
色氨酸	0.20±0.04	0.20±0.01	0.16±0.09	0.20±0.01
总计	7.30±0.15	7.36±0.04	7.04±0.08	7.30±0.02

⑨矿物元素含量：鲁西黑头肉羊背最长肌与股二头肌中的钙、磷、铜、铁、锌、锰含量与小尾寒羊间没有显著差异($P>0.05$)，但钙、磷含量高于小尾寒羊(表 2-41)。

(8)羊皮质量分析　经测定，鲁西黑头肉羊和小尾寒羊皮的平均重量、面积及密度相近。但鲁西黑头肉羊平均皮厚(3.25±0.23)毫米，比小尾寒羊皮增加 0.60 毫米；羊皮的撕裂力、抗张力高于小尾寒羊；断裂伸长率比小尾寒羊增加 7.37 个百分点；收缩温度比小尾寒羊皮提高 1.5℃(表 2-42)。测定结果表明，鲁西黑头肉羊皮的综合质量显著好于小尾寒羊。

表 2-41 肌肉中矿物质与微量元素含量(鲜样)

项目	背最长肌		股二头肌	
	小尾寒羊	鲁西黑头肉羊	小尾寒羊	鲁西黑头肉羊
钙/%	0.004 1±0.001 4	0.004 6±0.002 4	0.003 4±0.001 7	0.004 0±0.001 5
磷/%	0.061 2±0.008 8	0.077 4±0.005 0	0.068 5±0.007 3	0.073 1±0.017 7
铜/(毫克/千克)	0.445 3±0.287 5	0.437 4±0.153 4	0.398 6±0.217 5	0.480 7±0.147 7
铁/(毫克/千克)	17.951 0±0.842 4	16.004±1.536 5	18.856 3±2.914 0	17.168 0±2.216 0
锌/(毫克/千克)	34.323 0±0.964 2	33.774 0±8.495 2	36.252 3±16.448 6	31.568±8.126 2
锰/(毫克/千克)	0.16±0.02	0.17±0.01	0.16±0.02	0.17±0.01
硒/(毫克/千克)	0.077 3±0.019 0[ab]	0.078 0±0.020 9[ab]	0.094 0±0.010 7[a]	0.057 7±0.024 7[b]

注:同行中数据肩标小写字母不同者为差异显著($P<0.05$)。

表 2-42 鲁西黑头肉羊皮质检验结果分析

检验项目	数量	重量/千克	面积/厘米^2	厚度/毫米	密度/(克/厘米^3)	撕裂力/牛顿	抗张力/牛顿	断裂伸长率/%	收缩温度/℃
鲁西黑头肉羊	4	3.19±0.22	0.85±0.07	3.25±0.23[a]	0.76±0.03	90.98±6.80[A]	316.15±27.13[A]	62.25±3.40[a]	68.00±0.00
小尾寒羊	4	3.58±0.4	0.89±0.1	2.65±0.47[b]	0.80±0.07	54.68±6.05[B]	172.95±53.4[B]	54.88±5.43[b]	66.50±1.00

注:同列中数据肩标大写字母不同者为差异极显著($P<0.01$),肩标小写字母不同者为差异显著($P<0.05$)。

三、应用效果

用南非专用肉羊品种杜泊绵羊与地方品种小尾寒羊开展杂交，采用常规育种技术和 *FecB* 分子遗传标记辅助选择，组建理想型育种群。通过选种选配，横交固定和扩繁推广，培育出适宜于我国农区生产优质高档肥羔肉的鲁西黑头肉羊多胎品系。该品系羊体型外貌基本一致，头颈部被毛黑色，体躯被毛白色；体质结实，体型大，结构匀称，背腰平直，后躯丰满，四肢较高且粗壮，全身呈桶状结构；成年公羊体重(107.33±5.43)千克，成年母羊(60.10±4.52)千克，6 月龄公羔为(50.77±8.60)千克，母羔为(43.26±7.23)千克；12 月龄相应为(79.30±2.61)千克、(59.62±7.33)千克；平均产羔率 203%，其中 60 只经产母羊达到 208.3%。

鲁西黑头肉羊生长发育快，屠宰率高，肉质好。公羔 3～5 月龄育肥期日增重(307±71)克，屠宰率 55.09%。羊肉中 n-6 与 n-3 脂肪酸的比例为(4.54～5.17)∶1，肌肉中 S∶M∶P 接近 1∶1∶1，达到了世界卫生组织和联合国粮农组织推荐标准；硬脂酸含量低，膻味轻；氨基酸和脂肪酸含量丰富，钙、磷含量高，胆固醇含量低，而且肌肉组织结构、剪切力值等均优于小尾寒羊肉，属于我国少有的高档羊肉。

鲁西黑头肉羊平均皮厚(3.25±0.23)毫米，比小尾寒羊皮增加 0.60 毫米；羊皮的撕裂力、抗张力都极显著高于小尾寒羊；断裂伸长率比小尾寒羊增加 7.37 个百分点。收缩温度比小尾寒羊皮提高 1.5℃。这说明鲁西黑头肉羊皮的综合质量显著好于小尾寒羊。

经过 5 年选育和培育，目前鲁西黑头肉羊育种核心群存栏达到 399 只，携带多胎基因的为 223 只，占 55.89%。在山东省聊城地区示范基地培育鲁西黑头肉羊种公羊 95 只，繁殖母羊 2 530 只；项目实施期间，向社会推广鲁西黑头良种羊 5 364 只，生产优质肉羊 92.5 万只，每只育肥羔羊比小尾寒羊多收入 100 元以上，带动了鲁西地区肉羊生产的发展，经济和社会效益十分显著。

第三章

肉羊繁殖与配种技术

导　　读　繁殖配种是肉羊生产中的关键环节，繁殖性能高低主要受品种、年龄、多羔性、受胎率以及饲养管理等多种因素的影响。掌握在舍饲条件下肉羊的繁殖与配种技术，可以提高繁殖性能，进而提高肉羊生产的经济效益。

第一节　肉羊配种的基础条件

一、母羊性成熟与体成熟

（一）性成熟

在青年母羊的初情期之后，母羊的身体和生殖器官进一步发育，生殖机能达到发育完善并具有正常繁殖能力时，叫做性成熟。绵羊的性成熟期一般在6～10月龄，山羊一般在4～6月龄。母羊刚达到性成熟期时，它的身体生长发育尚未完成，生殖器官发育也未完善时，尽量不要配种，因为过早妊娠就会妨碍母羊自身的生长发育，所产下的后代有可能会体质较弱、发育不良甚至会出现死胎，泌乳性能也会随之降低，造成泌乳量不足。

(二)体成熟

体成熟又称为开始配种年龄，指肉羊生长发育基本完成，获得了成年羊应有的体型和结构，体成熟较性成熟晚。在同一品种个体间，体成熟年龄受饲养、气候等因素的影响。良种母羊在体成熟后才能配种，绵羊的体成熟年龄公羊在1.5～2岁，母羊在1.5岁左右，早熟品种能提前半年。有学者认为母羊配种年龄应以体重为依据，当母羊的体重达到该品种成年体重的70%以上时，可以开始初配。

二、配种前的饲养管理措施

母羊在配种前1～1.5个月实行短期优饲，以提高母羊配种时的体况，达到发情整齐、受胎率高的目的。空怀母羊所面临的任务是配种繁殖，但是有部分舍饲和圈养的羊，即便是处在发情季节也不发情，而且引进良种母羊和杂交母羊多于地方品种。除了营养因素外，无放牧条件和缺乏户外运动是主要因素。只有在保证母羊营养需要的基础上，保持适当运动、体质好、发情整齐，才能使空怀母羊按计划配种、怀孕和产羔。

第二节　同期发情

同期发情就是利用某些激素和药物，对母羊发情周期进行同期化处理，人为地控制一群母羊在一定时间内集中发情的技术。近些年来，在我国养羊数量较多、饲养较集中的地区，为了扩大优良种公羊的利用率，使羊产羔时间集中，便于组群和集约化生产（尤其是肉羊），就要使羊集中发情，便于开展人工授精，因此羊的同期发情技术愈来愈受到养羊者的重视和应用。

一、同期发情方法

现行的同期发情药物，根据其性质大体分为三类：一类是抑制发情的孕激素类药物，有孕酮、甲孕酮、炔诺酮、氯地孕酮、氟孕酮、18-甲基炔诺酮、16-次甲基甲地孕酮等。这些药物能抑制卵泡生长，延长黄体期。另一类是促进黄体退化的前列腺素（PG）及其类似物，有15-甲基前列腺素、前列腺素甲酯、氯前列烯醇等。其用药方法是将少量前列腺素溶液直接注入子宫或肌肉注射，只处理1～2次即可。还有一类是在应用上述激素的基础上，配合使用促性腺激素，如促卵泡生成素（FSH）、促黄体生成素（LH）、孕马血清促性腺激素（PMSG）、人绒毛膜促性腺激素（hCG）和促性腺激素释放激素（GnRH）及其类似物。这些药物可以增强发情同期化和提高受胎率，并促使卵泡更好的成熟和排卵，提高受胎率。

（一）孕激素处理法

1. 孕激素阴道栓法

目前生产上常见的羊用阴道栓有两种形状，一种是海绵阴道栓；另一种是硅橡胶阴道栓。由于阴道栓的制作材料不同，产品形状各异，虽然药效相同，但配种效果却有差异。因为海绵阴道栓吸收水分，可将羊子宫、阴道内的分泌物吸收，在长达数十天中，分泌物变质，部分羊取栓时有恶臭味，导致子宫颈口及周围有不同程度的感染，影响受精。硅橡胶阴道栓不吸水，对羊的正常受精无影响，但硅橡胶阴道栓的价格是海绵阴道栓的2倍，成本较高，因此，目前生产上仅用于胚胎移植时的供体羊。海绵阴道栓成本较低，生产上常用于配种时羊的同期发情或胚胎移植时受体羊的处理。在羊发情周期的任意一天，将孕激素阴道栓放置在被处理羊的阴道深部（子宫颈口），8～14 天后取出，取栓后几天内羊集中发情。这种方法的优点是一次用药、省事，缺点是易发生栓塞脱落现象。

2. 孕激素阴道栓＋孕马血清促性腺激素法

在羊发情周期的任意一天，将孕激素阴道栓放置在被处理羊的阴道深部，8～14 天后取出。取栓的前 1 天，每只羊注射孕马血清促性腺激素 250～400 国际单位。为了减少抓羊次数和劳动强度，便于生产中应用，通常在取栓同时肌肉注射孕马血清促性腺激素，2～3 天内羊集中发情。这种方法比只用阴道栓同期发情效果好。据试验，平均同期发情率可达 95％，甚至达 100％。

山东省农业科学院畜牧兽医研究所试验羊场 2004 年对 130 只小尾寒羊进行同情发情处理，48 小时内 116 只小尾寒羊母羊发情，同期发情率为 89.23％；2008 至 2012 年 5 年间，同情发情处理鲁西黑头肉羊母羊 432 只，48 小时内有 373 只母羊发情，同期发情率平均为 86.34％，其中 2011 年处理 98 只鲁西黑头肉羊母羊，同期发情率达到 90.8％（表 3-1）。

表 3-1　同期发情效果

品种	处理方法	年度	处理羊数/只	48 小时内发情母羊数/只	同期发情率/％
小尾寒羊	海绵阴道栓＋孕马血清促性腺激素	2004	130	116	89.23
鲁西黑头肉羊	阴道内孕酮释放装置(CIDR)＋孕马血清促性腺激素	2008	53	47	88.68
		2009	38	32	84.2
		2010	172	146	85
		2011	98	89	90.8
		2012	71	59	83.1
		平均	432	373	86.34

(二)前列腺素处理法

应用前列腺素及其类似物,溶解母羊卵巢上的黄体,使母羊开始发情。目前国内最普遍使用的前列腺素类药物是氯前列烯醇($PGF_{2\alpha}$),处理方法主要有以下两种。

(1)前列腺素一次注射法　在羊发情周期的任一天,注射氯前列烯醇0.1～0.2毫克,几天后处理羊发情。

(2)前列腺素二次注射法　在羊发情周期的任一天,注射氯前列烯醇0.1～0.2毫克,间隔9～12天第2次注射氯前列烯醇0.1～0.2毫克,处理几天内羊集中发情。二次注射法比一次注射法同期发情效果好,原因是前列腺素类药物对母羊排卵5天后形成的黄体才有效,而对5天前的黄体效果不佳。因此,一次注射法对羊进行同期发情时,有部分羊不发情,而间隔9～12天后,母羊的黄体形成在5天以上,再次注射氯前列烯醇,绝大部分羊都能发情,效果良好。

霍生东等(2006)选膘情较好、有正常繁殖史的空怀小尾寒羊157只,分为2组,第Ⅰ组132只,第Ⅱ组25只。同期发情处理时,母羊颈部肌肉注射前列腺素,每只羊用量0.1毫克/次。第Ⅰ组用方法1和方法3处理,第Ⅱ组用方法2处理。同期发情处理的方法如下。

①单次前列腺素注射法(方法1):对第Ⅰ组进行一次同期发情处理,每只羊每次注射前列腺素0.1毫升。

②用前列腺素连续2次注射法(方法2):第1次对第Ⅱ组注射前列腺素0.1毫升/只,注射日为第0天,注射后第10天进行第2次注射,每只羊注射前列腺素0.1毫升。

③前列腺素补注法(方法3):对第Ⅰ组未发情的母羊在第1次注射前列腺素后第10天补注,每只羊注射前列腺素0.1毫升。

结果表明:第Ⅰ组有132只小尾寒羊采用一次前列腺素注射法,注射前列腺素后,共有107只羊发情,同期发情率81.1%。第Ⅱ组共25只,采用三次前列腺素法即第1次注射前列腺素后间隔10天进行第2次前列腺素处理,共16只羊发情,发情率64%。将第Ⅰ组处理后未发情的羊，用第3种法处理，发情率93.2%。上述结果表明证实第3种法发情效果较好，而且省时、省力，在实际工作中易于推广（表3-2）。

表3-2　不同处理方法同期发情效果

处理方法	同期发情处理羊数/只	发情羊数/只	同期发情率/%
方法1	132	107	81.1
方法2	25	16	64.0
方法3	132	123	93.2

小尾寒羊的同期发情各种方法均可用，但以阴道栓塞法和前列腺素法较为适用。在小尾寒羊的同期发情处理时通常使用氟孕酮阴道海绵栓或埋植阴道内孕酮释放装置（CIDR），被认为是控制母羊同期发情最可靠、最准确的方法。到目前为止，同期发情技术在国内外都已经是一项非常成熟的技术，在大规模的生产实践中普遍能达到90%～100%的同期发情率。

二、同期发情应注意的问题

在注重同期发情效果的同时要考虑成本，氯前列烯醇成本低，操作简单，但只能在羊的繁殖季节使用，非繁殖季节使用效果不佳。孕激素阴道栓在繁殖和非繁殖季节均可使用，在使用时，配合注射孕马血清促性腺激素效果很好，但成本较高。

注射孕马血清促性腺激素时要特别细心，不能将药品遗留到羊的体外。有些人认为羊的卵巢是一边一个，将药同时注射到羊的体侧两边效果会好。其实不然，据初步观察，注射两边时羊的同期发情率只有50%，而在相同的操作下将药一次注射到羊体的一侧，同期发情率达100%。

使用海绵阴道栓时，由于海绵吸收的黏液对羊的子宫颈口及周围易造成感染，影响受精，因此，在取栓时应配制消炎药水对羊的阴道进行冲洗，提高受胎率。

在用于人工授精的同期发情处理时，要考虑种公羊的多少及配种能力。在公羊不足的情况下，不能同一天将母羊全部处理，否则会出现母羊发情时，公羊不够用的情况。应根据公羊的配种能力，每天处理一定数量的母羊，控制当天发情的母羊数，做到发情就配。

第三节　人工授精

人工授精是在羊自然交配的基础上，为了提高种公羊的利用率，加速品种改良而建立起来的人工繁殖技术。人工授精就是利用适当器械采集种公羊的精液，经过质量检查和稀释，将合格的精液再用器械适时地输入到发情母羊的生殖道内，以代替公、母羊直接交配而使其受孕的方法。人工授精主要包括采精技术、精液品质检查技术、稀释液配制技术、精液的稀释与保存以及精液冷冻、解冻和输精技术。

一、发情鉴定

母羊的发情周期为16～17天，而且为自发性排卵动物。它的排卵时间一般在发情开始后24～30小时。

（一）发情表现

母羊发情时常表现不安，时常鸣叫，一些发情母羊会爬跨其他母羊。外阴红肿，外阴部会排出大量黏液，开始较稀薄清亮，继而变得黏稠。发情母羊会追随公羊，并接受公羊的爬跨。发现发情母羊应将其挑出，并用试情公羊进一步判断母羊的发情阶段。

（二）试情

将结扎输精管2个月以上，或用带试情布的公羊放入母羊群，公母比例为 1∶40，观察母羊追随公羊和接受公羊爬跨的情况。每天 2 次，每次约 1 小时。发现母羊接受公羊交配，应立即将发情母羊挑出。也可用试情布将种公羊的腹部兜住，如果晚上或者在没有人看管的情况下，可在兜布下垫一浸有油性颜料的海绵，当试情公羊爬跨发情母羊时，接受爬跨的发情母羊臀部会留下明显印记。此时应将有明显标记的母羊另外组群，母羊接受试情公羊爬跨后 6～12 小时为配种的最佳时机。

二、人工授精所需设施

（一）采精室

羊的采精室要求地面平整、干燥、清洁、宽敞，面积一般为 15～20 米^2。

（二）操作室

应有两间并与采精室相连，一间用于安装假阴道及有关器械消毒及其他采精用品准备，另一间用于检查精液品质和分装精液处理、精液冷冻等。操作室的两间位于采精室的一端，并有向采精室传递采精用品和将采到的精液送入精液处理室的窗口。

（三）人工授精所需器械和药品

人工授精所需器械和药品见表 3-3。

1. 假阴道的准备

假阴道是羊采精的必备工具，人工授精人员应熟练掌握假阴道各部件的清洗、消毒、安装和调试。

2. 假阴道各部件选择与要求

（1）外壳　假阴道外壳用硬橡胶制成，外壳的内壁与外壁应光滑，无毛刺，无裂缝。

(2)内胎　选用弹性好的橡胶或乳胶制成，内胎应具有耐拉、弹力适当、容易安装的特点。

(3)集精杯　将塑料瓶中装入半瓶35℃的温水，再将集精管装在塑料瓶中，然后旋上无盖顶的瓶盖。

表3-3　人工授精所需器械、药品

物品名称	单位	数量	物品名称	单位	数量
显微镜(200～600倍)	台	1	呋喃西林	克	500
血细胞计数器	个	1	精液稀释液	毫升	200
盖玻片	盒	1	0.5%龙胆紫	克	10
载玻片	片	50	0.9%氯化钠	毫升	500
天平	台	1	氯化钠(纯)	克	500
集精杯	个	10	长把镊子	把	2
玻璃皿(平皿)	个	5	玻璃漏斗	个	1
酒精灯	个	1	开膣器(羊用)	个	5
调节器	个	5	外科直剪	把	2
量杯(500毫升)	个	2	输精器	支	10
量杯(200毫升)	个	1	瓶刷	个	5
药匙	把	2	带盖瓷杯	个	3
室温计	个	2	操作台	台	1
水温计	个	2	洗脸盆	个	2
蒸馏器	套	1	输精架	个	2
蒸煮器	个	1	试情布	块	5～10
广口保温瓶	个	1	脱脂棉	千克	1
羊用假阴道外壳	个	6	工作服	套	3
羊用假阴道内胎	条	20	口罩	个	5
气嘴及胶塞	套	1	手电筒	个	2
固定皮圈	个	10	新洁尔灭	瓶	5
滤纸	盒	1	来苏儿	瓶	5
75%酒精	千克	3	毛巾	条	5
白凡士林	瓶	1	肥皂	条	5
纱布	包	2	记录本	本	3
烧瓶(250毫升)	个	2	记录笔	支	2
蒸馏水瓶	个	3	橱柜	个	1
玻璃棒	支	3			

(4)气阀　安装在假阴道外壳的注水孔上，用于向内胎与外壳之间的夹壁内充气，并调节气压，防止夹壁之间注入的水外溢。气阀密封不漏气，阀门转动应灵活。

(5)固定皮圈　用橡胶制成，使内胎固定在外壳上。

(6)保护套　在安装好集精杯后，将保护套安装在外壳上。

(7)保温套　考虑到冬季不易保持夹壁内的水温，可使用保温材料(如真空棉)制作一个假阴道外套。

3.采精用品拆卸及清洗

采精用品在使用之后，应立即拆卸开，以防弹性材料失去弹性和润滑剂凝结在内胎表面不易清洗。

(1)内胎　可用洗涤剂、软毛刷、温水或清水洗涤正反两面，应用清水将洗涤剂及污垢冲洗干净。再用蒸馏水冲洗3～5遍，用夹子夹住内胎一端，光滑面向内，垂直悬挂在橱内晾干，不得在阳光下暴晒或在干燥箱中加热干燥。

(2)外壳　外壳清洗没有严格要求，但应在清洗后放入橱内晾干。

(3)集精杯　集精杯清洗应更严格，用试管刷、洗涤剂、清水将集精杯的集精管内和外壁的表面清洗干净，用蒸馏水冲洗3～5遍。放入干燥箱内用120℃温度干燥。

4.采精器械消毒

(1)75%酒精棉球　用于消毒内胎内壁、集精杯的集精管。

(2)95%酒精棉球　用于二次擦拭，提高酒精的蒸发速度，防止酒精残留。

(3)11%～12%灭菌蔗糖溶液　用于冲洗内胎和集精杯内管。

(4)灭菌白凡士林　最好将其分装在灭菌的塑料管内，一次用1管，以减少污染。

(5)大瓷盘2个　用于放置安装假阴道用品。

(6)长柄钳或镊子　用于夹取酒精棉球，对假阴道内消毒。

(7)100℃酒精温度计　用于测量水温和假阴道内的温度。

(8)1 000毫升烧杯2个　用于盛冷水、调节水温。

(9)玻璃或塑料漏斗 用于向集精杯夹壁间和内胎与外壳夹壁间注入温水或热水。

5.安装假阴道

(1)清点与检查 确认部件齐全、完整、无裂缝及针眼后将经过干燥消毒的各部件放在消过毒的大瓷盘中。

(2)安装内胎与调试 将内胎的光滑面向里,放入外壳内,使两端露出部分长度相当。将两端内胎的一部分翻贴在外壳上,调整周正后,双手向上推卷,使内胎卷起,脱离外壳,并使卷起的长度与原来露出的长度相当或略长,再将内胎套在外壳上,并调整周正。另一端用同样方法,将其翻贴在外壳上。

(3)消毒内胎 用 20 厘米的镊子夹取 75%的酒精棉球,从内向外消毒内胎内壁,然后用镊子再夹取 75%酒精棉球消毒集精杯的集精管。最后用 95%酒精棉球用同样方法进行第二次擦拭,以促进酒精迅速挥发。

6.注入温水

用 1 000 毫升大烧杯,将水温调至 50(夏)或 55℃(冬),用漏斗将温水注入内胎与外壳的夹壁内,注满后,来回摇动几次,将水再倒出一半,并用软木塞将注水孔塞紧。在集精杯夹壁内注入 35℃的温水,然后旋上无盖顶的瓶盖。

7.冲洗

用稀释液将内胎和集精杯冲洗一遍。

8.涂润滑剂

用玻璃棒醮取少量凡士林或红霉素软膏,均匀涂布于假阴道外口深 1/2 处。

9.充气

用双连球向假阴道夹壁内充气至压力合适(用玻璃棒插入略有阻力)。

10.测温

用酒精温度计测量假阴道内的温度。至酒精柱稳定后(需 2~3 分钟)，温度应为38～41℃。如果温度不合适，应重新调温注水，倒出部分水后，再加入少量温度更高或更低的水。

11. 保温

将假阴道用毛巾包好备用。

三、采精与精液保存

(一)采精操作

采精是人工授精的第一个步骤，采到不受任何污染的、全份的精液，并保证人、羊安全是对采精人员操作的基本要求。采精人员必须动作敏捷，技术熟练、准确。

(1)采精用品及条件　采精室、假台羊、羊假阴道、一次性手套、采精架。如果不是用发情母羊作为台羊，应对台羊和采精的公羊进行调教。

(2)操作程序

①首先将发情母羊牵入采精架内，其颈部固定在采精架上。然后将母羊的外阴及后躯用0.3%的高锰酸钾水冲洗并擦干。

②将种公羊牵到台羊旁，采精员手持假阴道，面向台羊并蹲于台羊的右后侧。

③当公羊阴茎伸出，并跃上母羊后躯的瞬间，采精员手持假阴道，迅速向前一步，将假阴道筒口向下倾斜与公羊阴茎伸出方向呈一直线，紧靠在台羊尻部右侧。用左手在包皮开口的后方，掌心向上托住包皮，将阴茎拨向右侧导入假阴道内。当公羊腰部用力向前一冲后，即表示射精完毕。公羊射精后，采精员同时使假阴道的集精杯一端略向下倾斜，以便精液流入集精杯中。

④当公羊跳下时，假阴道应随着阴茎后移，不要抽出。当阴茎由假阴道自行脱出后，立即将假阴道直立，筒口向上，并立即送至精液处理

室，放气后，取下集精杯，盖上盖子。

（二）精液的保存

1. 常温保存

精液的常温保存是将精液保存在室温（15～25℃）下，也称变温保存。此方法保存的精液在3天内有正常的受精能力，因设备简单，并便于普及和推广。

2. 低温保存

将精液放在0～5℃下保存，一般是放在冰箱内或装有冰块的广口保温瓶中冷藏。在这种低温条件下，精子处于一种休眠状态，运动完全消失，代谢降低到极低的水平。因此，精子的保存时间可以相对延长。采用低温保存精液时，首先要严格遵守逐步降温的操作规程，防止冷休克。其方法是待精液稀释分装后，先用数层纱布或药棉包裹容器，并以塑料袋包装防水，然后置于0～5℃的低温环境中。在整个保存期间应尽量保持温度恒定，防止升温或温度的忽高忽低变化。

3. 冷冻保存

在冷冻条件（－196或－79℃）下，将稀释后的精液制成颗粒或装入细管内保存。

四、人工授精操作步骤

（一）检查精液品质

1. 直观检查

（1）射精量　羊的射精量应在0.5～2毫升。如果射精量过多或过少均可能存在问题，如假阴道漏水、精液中有尿液、生殖机能下降或副性腺有炎症等情况的发生，要及时查找原因。

（2）色泽　羊的精液应为乳白色或乳黄色。若采出的精液呈其他颜色，均为不正常。

(3)云雾状　在33～35℃下，羊精液应有明显的云雾状(云团样翻卷)，说明精子的密度和活力都较好。

2.活力检查

①将显微镜的载物台温度调至37～38℃，并使载玻片和盖玻片与载物台等温。

②用微量移液器，取5微升精液注入试管中，再取50微升于30℃的低温保存的基础液或0.9%的氯化钠溶液注入试管中，吸吐若干次。吸取10微升上述稀释液滴在预温的载玻片中间，盖上盖玻片，可直接检查活力。

③在100和400倍的显微镜下判断精子的活力。活力为十级制，前进运动的精子占总精子数的比例不低于70%，即活力不低于0.7方可使用。

(二)配制稀释液

主要用品有:250毫升三角瓶、250毫升烧杯、100毫升量筒、感量为0.1克的天平、玻璃漏斗、电炉、石棉网、玻璃棒、定性滤纸、消毒纸巾、硫酸纸、灭菌牛皮纸、橡皮筋、10毫升一次性注射器、1毫升注射器、5毫升注射器、鸡蛋、75%酒精棉球、葡萄糖、柠檬酸钠、青霉素、链霉素。

1.玻璃用品的清洗与消毒

将所有玻璃用品用洗涤剂洗净，用稀盐酸浸泡并用自来水冲洗干净后，用蒸馏水冲洗4遍，控干水分，用纸将瓶口包好，放入120℃干燥箱中干燥1小时，放好晾干备用。

2.天平校准

用2张圆形硫酸纸放在天平的左右托盘上，校准天平。

3.称量药品

称取配方需要量的药品，并放入大烧杯中。绵羊精液稀释液配方见表3-4。

4. 溶液配制

用量筒量取双蒸水 100 毫升，加入烧杯中，用磁力搅拌器或玻璃棒搅拌使药品溶解。

5. 过虑

用一层定性滤纸过滤溶液至三角瓶中。

6. 保存

在三角瓶上加牛皮纸盖好，并用橡皮筋固定，放在盖有石棉网的电炉上加热至沸腾，迅速将其取下，放置数分钟，制成基础液。基础液如果不马上使用可置入 2～5℃冰箱中备用，保存时间不超过 12 小时。

表 3-4　绵羊精液稀释液配方

项目	成分	低温(2～5℃)	冷冻保存液
基础液	葡萄糖(一水)	3.3 克	8.8 克
	柠檬酸钠(二水)	1.4 克	—
	双蒸水	100 毫升	100 毫升
低温保存液或第一液	基础液	80 毫升	80 毫升
	卵黄	20 毫升	20 毫升
冷冻保存液或第二液	第一液	—	47 毫升
	甘油	—	3 毫升

7. 取卵黄液

取新鲜鸡蛋用 75％的酒精棉球消毒外壳，待其完全挥发后，将鸡蛋磕开，分离蛋清、蛋黄和系带，将蛋黄盛于鸡蛋壳小头的半个蛋壳内，并将蛋黄倒在用 4 层对折(8 层)的消毒纸巾上，让蛋黄在纸巾上滚动，使其表面的稀蛋清被纸巾吸附。先用针头将卵黄膜挑一个小口，再用 10 毫升注射器从小口慢慢吸取卵黄，尽量避免将气泡吸入，同时应避免吸入卵黄膜。吸入 10 毫升后，再用同样的方法吸取另一个鸡蛋的卵黄。也可将卵黄移至纸巾的边缘，用针头挑一个小口，将卵黄液缓缓倒入量筒中。

8. 卵黄液与基础液的混合

取 80 毫升已凉透的基础液，加入三角瓶中，然后将卵黄液注入或将卵黄液从量筒中倒入三角瓶中，用量取的80毫升基础液反复冲洗量筒中的卵黄，使其全部溶解入基础液中，然后将全部的基础液倒入三角瓶中，慢慢摇匀。

9.加入抗生素

用注射器吸取基础液1毫升，分别注入80万和100万国际单位的青霉素和链霉素瓶中，使其彻底溶解。分别从青霉素瓶中吸取0.1～0.12毫升和链霉素瓶中吸取0.1毫升，将其注入三角瓶中，并摇匀。另一种方法是称取0.1克青霉素和0.1克链霉素加入三角瓶中，摇匀。用基础液、卵黄液和抗生素混合制成第一液。

10.第二液的制作

用量筒量取第一液47毫升，加入另一只三角瓶中，用注射器吸取3毫升消毒甘油，注入三角瓶中，摇匀，制成羊冷冻精液的第二液。

(三)稀释精液

所用器具:纱布、冰瓶、塑料膜、吸管、冰箱、刻度试管、橡皮塞、橡皮筋、500毫升烧杯、温度计(50℃)等。

1.平衡精液与稀释液的温度

将烧杯中的水温调至33℃，将2支刻度试管放入水中，将采到的精液用吸管移至一个刻度试管中，将与精液等量的第一液移至另一个刻度试管中，在水浴中停留5分钟。

2.第一次稀释

5分钟后，根据精液品质检查结果，计算出稀释倍数对新鲜精液进行第一次稀释。稀释时，应将稀释液用吸管移至放精液的试管中，并用吸管混合若干次。

3.降温

将稀释后的精液继续放在500毫升烧杯中，降温至室温后，再放入3℃恒温冰箱中。也可将装精液的刻度试管用纱布包4～8层，用塑料膜包1层，放入加有碎冰的冰瓶中或直接放入3℃冰箱中。

4. 第二次稀释

如果制作冷冻精液，可将第二液和稀释后的精液一起放在500毫升烧杯中，放入3℃恒温冰箱中降温40分钟后，进行第二次稀释，并放在烧杯中2小时进行平衡。

5. 精液的稀释比例

可根据精液的密度来决定稀释的比例。为此，首先要进行精液的评定。羊的射精量应为0.5～2毫升，精子密度不低于15亿个/毫升。为了不因为检查密度花费时间而造成精子活力下降，可在测定活力后，先进行1∶0.5的稀释，并在水浴中降温，等测定出结果后再进行一次稀释。

(1)精液的稀释程序　将按稀释需要的第一液放于试管中，与装精液的试管一起置于33℃的水浴中等温5分钟，随即将稀释液缓慢加入精液中。羊颗粒冻精按1∶0.5稀释，细管冻精1∶2稀释。用4～8层纱布包裹好，装于塑料袋中，与第二液一起置于2～5℃恒温冰箱中降温；或将装精液的试管直接放在500毫升水浴中与第二液一起，置于2～5℃冰箱内降温。待降温30～60分钟后，用第二液进行第二次稀释。稀释比为1∶1。

(2)平衡　在2～5℃的温度下进行平衡，时间是0.5～3小时，使甘油渗透到精子内部，起到对精子的防冻保护作用。

(四)输精

1. 保定母羊

可将母羊保定在专用的输精架内，输精架应高于地面或在输精架后挖一个坑以便于工作人员操作，或将母羊的后肢放在一个横杆上保定；也可由两名助手将母羊的两后肢提起，使前肢着地，使母羊呈倒立姿势。

2. 准备输精器

应先用蒸馏水冲洗输精器管壁内外，然后用酒精进行管内和管壁外的消毒，再用蒸馏水将酒精冲洗掉，将输精器金属部分放在干燥箱中

120～150℃消毒30分钟并降至室温，将输精器末端接一支1毫升注射器，吸取鲜精或解冻后的冷冻精液。

3. 消毒外阴部

将0.3%的高锰酸钾喷在母羊的后躯，湿润后用消毒纱布擦干。

4. 插入开膣器

压开阴唇裂，将消毒过的开膣器涂上润滑剂，使侧扁的鸭嘴部呈上下方向插入母羊阴道内，然后使手柄向下转动，并张开开膣器，保持撑开状态。

5. 找子宫颈口

子宫颈口可能因黏液存在而不易寻找，可用输精器轻轻拨开黏液，找到插入子宫颈口。冷冻精液必须进行子宫颈口内输精，否则会降低受胎率。有条件的情况下可用腹腔镜子宫角内输精，能提高冷冻精液受胎率。

子宫颈口内输精时，将消毒后在0.9%氯化钠溶液中浸涮过的开膣器装上照明灯(可自制)，轻缓地插入阴道，打开阴道，找到子宫颈口，将吸有精液的输精器通过开膣器插入子宫颈口内，深度约1厘米。稍退开膣器，输入精液，先把输精器退出，后退出开膣器。进行下只羊输精时，把开膣器放在清水中，用布洗去粘在上面的阴道黏液和污物，擦干后再在0.9%氯化钠溶液中浸涮；用生理盐水棉球或稀释液棉球将输精器上粘的黏液、污物擦干净。

6. 输精要求

在正确判断母羊输精适期的基础上，将一定量的优质精液输送至发情母羊的子宫颈口内，输精员应先清洗、消毒母羊阴户及所用器具，用开膣器轻轻扩张阴道，将输精管慢慢插入母羊子宫颈口内0.5～1厘米，保证有效精子不低于7 500万个。经保存或运输的精液，在输精前最好升温到38～40℃，经显微镜检查合格后才能输精。母羊的发情持续期是24～48小时；其排卵时间是发情后12～40小时，其适宜的受精时间是发情后8～20小时。

7. 输精量

原精输精每只羊每次输精 0.05～0.1 毫升，低倍稀释为 0.1～0.2 毫升，高倍稀释为 0.2～0.5 毫升，冷冻精液为 0.2 毫升以上。

五、母羊受胎鉴定方法

（一）外部观察法

母羊发情配种 3 周内不返情，且食欲增进、被毛光亮、性情温顺，即可确认受胎。

（二）超声波探测法

借助 B 超仪对母羊进行妊娠检查，能判断发情配种 4 周的母羊是否怀孕。

第四节　分娩与接羔

一、准备工作

（一）产羔舍

产羔舍要保持地面干燥、通风良好、光线充足、没有寒风。在接羔舍附近，应安排一暖室，为初生弱羔和急救羔羊之用。此外，在产羔前 1 周左右，必须对产羔舍、饲料架、饲槽、分娩栏等进行修理和清扫，并用 2％的火碱水或 10％～20％的石灰乳溶液进行彻底消毒。

(二)饲草饲料

冬季产羔在哺乳后期正值枯草季节,如缺乏良好的冬季牧草或充足的饲草、饲料,母羊易缺奶,影响羔羊发育。所以应该为产冬羔的母羊储备充足的青干草、质地优良的农作物秸秆、多汁饲料和适当的精料等。

(三)药品药械

消毒药品有来苏儿、酒精、碘酊、高锰酸钾等;产科常用药品有强心剂、镇静剂、脑垂体后叶素、生理盐水、葡萄糖注射液等;常用器械有手术刀、剪刀、注射器、温度计等;常用物品有消毒纱布、脱脂棉、秤、记录表格等。

(四)兽医人员

接羔护羔是一项繁重而细致的工作,要根据羊群分娩头数认真研究,制订接羔护羔的技术措施和操作规程,做好接羔护羔的各项工作。接羔人员必须分工明确,责任到人,对初次参加接羔的工作人员要进行培训,使其掌握接羔的知识和技术。此外,兽医要经常进场进行巡回检查,做到及时防治。

二、接产

(一)分娩征兆

母羊临产前表现为乳房肿大,乳头直立,阴门肿胀潮红,有时流出黏液;肷窝下陷,尤以临产前 2～3 小时最明显;行动困难,排尿次数增多;起卧不安,不时回头顾腹,喜卧墙角,四肢伸直努责。有时四肢刨地,表现不安,不时咩叫。工作人员应随时观察母羊,如具有上述情况,尤其是出现努责或羊膜露出外阴时,应立即将母羊送进接羔棚。

(二)接产

母羊正常分娩时,在羊水破后10～30分钟,羔羊即可产出。正常胎位的羔羊出生时,一般两前肢和头部先出。如后肢先出,最好立即人工接产和助产,以防胎儿窒息死亡。

产双羔时,一般先后间隔5～30分钟,但也有1小时以上的。当母羊产出第一羔后,须检查是否还有未产羔羊,如见有表现不安、卧地不起或起立后重新躺下努责的情况,可用手掌在母羊腹部前方适当用力向上推举,如还有羔羊,则能触到一个硬而光滑的羔体。对产双羔或多羔的母羊应特别加以注意,在第二、三只羔羊产出时,已疲乏无力,且羔羊的胎位往往不正,所以多需助产。

羔羊产出后,首先把其口腔、鼻腔里的黏液掏出擦净,以免因呼吸困难、吞咽羊水而引起窒息或异物性肺炎。羔羊身上的黏液最好让母羊舔净,如母羊不舔或天气寒冷时,须迅速把羔体擦干,以免受凉。羔羊出生2小时内,要进行称重及初生鉴定,并建立档案。

(三)难产处理

在羊水破后20分钟左右,母羊不努责,胎膜也未排出,应立即助产。助产员剪短指甲,洗净手臂并消毒,涂润滑油;先帮助母羊将阴门撑大,把胎儿的两前肢拉出来再送进去,重复3～4次,然后一手拉前肢,一手扶头,随着母羊的努责,慢慢向后下方拉出,但不可以用力过猛,以防伤及产道。

(四)羔羊假死的处理

母羊如分娩时间较长,羔羊出现假死情况,欲使其复苏,一般采用两种方法:一种是提起羔羊两后肢,使羔羊悬空,同时拍其背胸部;另一种是使羔羊卧平,用两手有节律地推压羔羊胸部两侧,暂时假死的羔羊,经过处理后即能复苏。

三、产羔后母羊和羔羊的护理

(一)初生羔羊的护理

羔羊出生后,应使其尽快吃上初乳。瘦弱的羔羊或初产母羊,以及保姆性差的母羊,需人工辅助哺乳。如因母羊患病或一胎多羔奶水不足时,应找保姆羊代乳。此外,要注意畜舍的环境卫生及羔羊个体卫生等,积极采取预防措施,减少疫病的发生,提高羔羊的成活率。

(二)产后母羊的护理

产后母羊应注意保暖、防潮、避风、预防感冒、让其充分休息。产后应给予质量好、易消化的饲料,但是量不宜过多,经 3~5 天后饲料即可转为正常供给。

第五节　利用多胎基因提高羊的产羔率

小尾寒羊以多胎高产而闻名于世,母羊两年产三胎,产羔率在 250%~300%。而我国大部分绵羊品种,特别是牧区和半农牧区绵羊品种,母羊为一年一胎,一胎一羔;小尾寒羊比一般品种每年可多产 2 只羔羊。许多省份引进小尾寒羊,与本地绵羊开展杂交,显著提高了当地绵羊的繁殖性能。近年来,国内对小尾寒羊的多胎性状进行了分子标记,证明 *FecB* 基因是影响小尾寒羊高繁殖力的一个主效基因,可以用于对产羔数的辅助选择。*FecB* 基因定位在 6 号染色体上,具有提高排卵和产羔数等生物学作用。利用含有 *FecB* 主效基因的母羊建立小尾寒羊核心群,已开始由试验转入实际应用阶段。统计结果表明:纯合型(BB)小尾寒羊产羔数分别比杂合型(B+)和野生型(++)多0.52和1.33只,杂合型(B+)小尾寒羊产羔数比野生型(++)多0.81只。我们已经看到小尾寒羊作为一个优良的地方品种,在我国的肉羊生产中发挥了重要作用。但我们同时相信,随着小尾寒羊多胎基因分子标记技术的应用,今后小尾寒羊在提高我国肉用绵羊产羔率方面将会发挥不可替代的重要作用。

山东省农业科学院畜牧兽医研究所在鲁西肉羊横交固定阶段,选择4只理想型公羊(F_2、F_3)与携带多胎基因(*FecB*)杂合型(B+)60只经产母羊(F_2、F_3)配种,产羔125只,产羔率208.3%。与野生型(++)70只经产母羊(F_2、F_3)配种,产羔85只,产羔率121.4%;平均提高86.9个百分点($P<0.01$)。经测定携带多胎基因(B+)母羊所产羔羊体重3.53千克($n=117$),不携带多胎基因(++)母羊所产羔羊体重4.74千克($n=64$),后者比前者提高1.21千克(34.27%),差异极显著($P<0.01$);携带野生型(++)母羊所产羔羊的体高、体长、胸围、管围4项指标均高于杂合型(B+)母羊所产后代,但差异不显著($P>0.05$)。携带野生型(++)与杂合型(B+)母羊所产羔羊断奶体重分别为33.37和30.69千克,平均日增重相应为299和317克。两个不同类群间断奶重和日增重指标均较接近($P>0.05$),体尺指标差异也不显著($P>0.05$)。结果还显示:携带多胎基因母羊横交后裔,3月龄平均体重和体尺均达到或接近纯种杜泊绵羊水平;体型外貌趋向于杜泊绵羊;而产羔率显著高于杜泊绵羊,为培育鲁西肉羊多胎品系奠定了基础。

第四章

肉羊营养需要与饲料配制

导　　读　肉羊健康养殖所需的各种营养物质必须由饲料供给，舍饲养羊60%～70%的成本用于饲料。因此，了解肉羊的生物学特性以及不同生长、生产阶段的营养需要和饲养标准，测定各种饲料原料的营养成分和饲用价值，是科学配合日粮、实施健康养殖的依据。同时，也是合理利用饲料资源、充分发挥肉羊生产性能、降低生产成本、提高经济效益的基本条件。

第一节　肉羊营养需要

一、肉羊的消化代谢特点

（一）消化系统结构及功能

羊有4个胃，其总容积为26～29升。这4个胃分别为瘤胃、网胃、瓣胃和皱胃,前3个胃总称为前胃,其黏膜无胃腺、不能分泌胃液。皱胃容积约3.3升,内壁有纵列的褶膜,壁黏膜有腺体,能分泌消化酶,饲料在消化酶作用下进行化学性消化,与单胃动物相同,因此皱胃又叫真胃。在4个胃中,瘤胃的容积最大,占总容积的78%～82%。它承担着容纳、贮藏食入的饲草、饲料,休息时反刍咀嚼。在瘤胃中经反刍过的稀、细食物进入网胃,经网瓣口到达瓣胃,而后进入真胃。

小肠是羊消化吸收的主要器官。长度为18～35米,细长而曲折,小肠与体长的比为(25～30)∶1。酸性的胃内容物进入小肠后,经各种消化液的化学性消化作用,分解为各种营养物质而被绒毛上皮吸收,未被消化的食物,经小肠的蠕动而被推进大肠。

大肠长度为5～12米,它的功能主要是吸收水分和形成粪便。凡小肠内消化未尽的营养物质,也可在大肠微生物和由小肠液带来的各种酶的作用下继续分解、消化和吸收,剩余残渣经过浓缩成为粪便排出体外。

(二)消化代谢特点

1.瘤胃及微生物的作用

瘤胃的消化是通过微生物来完成的,而机械性消化是通过反刍来调节的。肉羊的瘤胃可看成是高效率又连续接种的微生物繁殖活体发酵罐。在每克瘤胃内容物中有500亿～1 000亿个细菌,每毫升瘤胃液中有20万～400万个纤毛虫。瘤胃中最重要的微生物包括厌气性细菌、纤毛虫和厌气性真菌,其中起主导作用的是细菌。

羊采食的饲料中55%～95%的可溶性碳水化合物、70%～95%的粗纤维是在瘤胃中被消化的。在瘤胃的机械作用和瘤胃微生物的综合作用下,碳水化合物被分解发酵成挥发性脂肪酸,这些挥发性脂肪酸大部分被瘤胃壁吸收,随血液循环进入肝脏,合成糖原,提供能量供机体利用,少量与氨在微生物酶的作用下合成氨基酸。挥发性脂肪酸还具有调节瘤胃正常pH的作用。

瘤胃微生物分泌的酶能将饲料中的蛋白质水解为肽、氨基酸和氨,也可将草料中的一些非蛋白质结构的含氮化合物(如氨化物和尿素)水解为氨，在瘤胃微生物作用下将其合成为微生物蛋白质。微生物蛋白质含有肉羊所需的各种必需氨基酸，具有比例合适、组成稳定、生物学价值高的特点。这些微生物蛋白质在胃肠蛋白酶的作用下，在小肠内被吸收。

瘤胃微生物可将饲料中的不饱和脂肪酸氢化形成所需的饱和脂肪酸，同时也能合成脂肪酸供机体利用。瘤胃微生物还可合成B族维生素和维生素K，一般情况下可满足肉羊的生理需要，不需另外添加。

2.反刍

反刍是指羊在食物消化前使食团返回口腔，经过再咀嚼和吞咽的过程。反刍多发生在吃草之后，稍有休息、便开始反刍。羊先将食团逆呕到口腔内，与唾液充分混合后再咽入瘤胃，以利于瘤胃微生物的活动和粗饲料的分解。羊每日反刍时间约为8小时，分4～8次，每次40～70分钟。羔羊出生后约30天开始出现反刍行为。当羊过度疲劳、患病或受到外界的强烈刺激时，会造成反刍紊乱或停止。

3.羔羊的消化特点

羔羊的前3个胃很小，结构还不完善，没有微生物区系，不能消化粗纤维，此时母乳由食道沟直接进入真胃，由真胃凝乳酶进行消化。随着日龄的增长，消化系统特别是前3个胃不断地发育完善。一般在羔羊出生后10～14天开始补饲一些容易消化的精料和优质牧草，以促进瘤胃的发育；到1.5个月时，瘤胃和网胃重占全胃重的比例已达到成年程度。如不及时采食植物性饲料，则瘤胃发育缓慢。只有采食植物性饲料，瘤胃的生长发育才加速，并且才能逐步建立起完善的微生物区系。采食的植物性饲料、为微生物的繁殖、生长创造了营养条件，反过来，微生物区系又增强了对植物饲料的消化利用。因此，瘤胃的发育、植物性饲料的利用以及瘤胃微生物的活动，三者是相辅相成的。

二、肉羊营养需要

肉羊的营养需要是指每天对能量、蛋白质、矿物质和维生素等营养素的需要量，主要包括能量、蛋白质、脂肪、矿物质、维生素和水。

(一)能量需要量

1. 能量的来源及利用

羊呼吸、运动、生长、繁殖、维持体温等全部生命过程都需要能量。能量来源于饲料中的有机物质如碳水化合物、脂肪和蛋白质等，其中碳水化合物是能量的主要来源，它包括淀粉、糖和粗纤维。饲料中的能量并不能完全被羊利用。饲料中的总能减去粪便中所含的能称为消化能(DE)，这种消化能称为表观消化能。表观消化能减去消化过程中产生的甲烷等气体和由尿排出的能称为代谢能(ME)。代谢能也称为生理有用能或表观代谢能(AME)。

能量单位用焦耳表示，如焦耳、千焦、兆焦，其换算关系为：

1 兆焦＝1 000 千焦＝1 000 000 焦耳

2. 肉羊对能量的需要量

(1)维持需要　肉羊维持正常生命活动，体重不增不减，不生产产品时所需的能量为维持能量。羊维持需要的能量与代谢体重(活体重的 0.75 次方，$W^{0.75}$)在一定的范围内呈直线相关关系，美国国家研究委员会(NRC，1985)确定的绵羊每日维持能量需要(NEm)可用下面的公式表示：

$$NEm=[56W^{0.75}]\times 4.1868 \text{ 千焦}$$

式中：NEm 为维持净能，单位为千焦；W 为活体重，单位为千克。

(2)生长需要　NRC(1985)规定，空腹 20～50 千克生长发育的绵羊，每千克空腹增重所需的热值，轻型体重羔羊为 12.56～16.75 兆焦/千克，重型体重羔羊为 23.03～31.40 兆焦/千克。在生产实际中计算增重所需的能量，需将空腹重换算成活重。

估计活重＝空腹重×1.195

同一品种活重相同时，公羊每千克增重所需的能量是母羊的 82%。

(3)妊娠需要　NRC(1985)认为,妊娠前 15 周,青年妊娠母羊能量需要为维持能量、本身生长增重能量、胎儿增重和妊娠产物能量之和;成年妊娠母羊能量需要为维持能量、胎儿增重和妊娠产物能量之和。

妊娠期的后 6 周,胎儿增重快,对能量需要量大,单、双羔妊娠母羊总能量需要可用下面的公式表示:

单羔妊娠母羊总能量需要=维持需要×1.5

双羔妊娠母羊总能量需要=维持需要×2.0

(4)泌乳需要　包括维持和产乳需要。羔羊在哺乳期增重与母乳的需要量之比为 1∶5。肉羊在产后 12 周的泌乳期内,代谢能转化为泌乳净能的效率为 65%~83%,带双羔母羊比带单羔母羊的能量转化率高。

(二)蛋白质需要量

1.蛋白质营养的表达方式

肉羊摄入的日粮蛋白质,一部分被瘤胃微生物降解,用于合成瘤胃微生物蛋白质。日粮中未被降解的蛋白质和瘤胃微生物蛋白质进入小肠,组成小肠蛋白质,被消化吸收和利用。因此,近代肉羊蛋白质营养体系均以小肠蛋白质为基础,只是表达方式不同,如美国[NRC(1996,2001)]用可代谢蛋白质,我国用小肠表观可消化粗蛋白质等。

2.蛋白质需要量

蛋白质需要量目前主要使用粗蛋白质和可消化粗蛋白质两项指标,二者关系可用下式表达:

可消化粗蛋白质=0.87×粗蛋白质-2.64

在绵羊瘤胃消化功能正常情况下,NRC(1985)用析因法求出蛋白质需要量,其计算公式如下:

$$粗蛋白质需要量(克/天)=\frac{PD+MFP+EUP+DL+Wool}{NPV}$$

式中：PD 为蛋白质潴留量；MFP 为粪中代谢蛋白质；EUP 为尿中内源蛋白质；DL 为皮肤脱落蛋白质；Wool 为羊毛内的粗蛋白质；NPV 为蛋白质净效率。

PD(克/天)：怀单羔母羊妊娠初期为 2.95 克/天，妊娠最后 4 周为 16.75 克/天，多胎母羊按比例增加；泌乳母羊的泌乳量，成年母羊哺乳单羔按 1.74 千克/天、双羔按 2.60 千克/天计算；青年母羊按成年母羊的 75%计算；乳中粗蛋白质按 47.875 克/天计算。

MFP(克/天)：假定每千克干物质采食量为 33.44 克[NRC(1985)]。

EUP(克/天)：0.146 75×体重(千克)+3.375[英国农业研究委员会(ARC)(1980)]。

DL(克/天)：0.112 5$W^{0.75}$(W 为体重)。

Wool(克/天)：成年母羊和公羊假定为 6.8 克，每年污毛产量以 4 千克计，羔羊毛中粗蛋白质含量(克/天)可以用[3+(0.1×无毛被羊体内蛋白质)]计算。

NPV：0.561，是由真消化率 0.85×生物学价值 0.66 而来。

(三)粗纤维需要量

粗纤维虽不是肉羊的重要营养成分，但由于它在日粮中比例过少或过多都会影响肉羊对其他营养物质的消化、吸收，甚至影响肉羊自身的代谢、生长发育及产品品质，因此，在饲养肉羊过程中，必须把日粮粗纤维的含量调整到一定的水平。粗纤维在肉羊日粮中的含量依肉羊生长发育阶段不同而有所差别，一般 2～6 月龄羔羊以 7%～11%为宜，6～12 月龄羊以 17%～22%为宜，成年羊以 20%～23%为宜。

(四)矿物质需要量

矿物质根据含量分为常量元素和微量元素，其中常量元素有钠、氯、钙、磷、镁、钾和硫；微量元素有铁、铜、锰、锌、钼、碘、钴和硒。矿物质中以钙、磷和钠、氯最为重要。

(1)钙和磷　钙和磷是羊体内含量最多的矿物质，是骨骼和牙齿的主要成分，约有99%的钙和80%的磷存在于骨骼和牙齿中。羊的日粮中钙磷比例以(2～1.5)∶1为宜。日粮中缺乏钙或钙磷比例不当时，羊食欲减退、消瘦、生长发育不良，幼畜患佝偻病，成年羊患软骨症或骨质疏松症。磷缺乏时，羊出现异食癖，如吃羊毛、砖块、泥土等。一般植物性饲料都缺钙，但豆科牧草和苋科植物中含钙量较多。农作物秸秆含磷较低，谷实类、饼粕、糠麸含磷较高，动物性饲料如鱼粉含磷丰富。日粮补充钙磷常使用磷酸氢钙。

(2)钠和氯　钠和氯是胃液的分子，与消化机能有关。钠和氯也是维持渗透压及酸碱平衡的重要离子，并参与水的代谢。钠和氯元素长期缺乏会发生食欲下降。补充钠和氯一般用食盐，食盐既是营养品，又是调味剂，可提高食欲，促进生长。植物性饲料，尤其是作物秸秆，含钠、氯较少，因此应经常给羊喂食盐。一般按日粮干物质的0.3%或混合精料的0.5%～1%补给。青粗饲料中含钾多，钾能促进钠的排出，为此对放牧饲养的羊要多补一些食盐。

(3)镁　镁是骨骼的组成成分，机体中有60%～70%的镁存在于骨骼中。镁具有许多生理功能。羊缺镁，表现出生长受阻、过度兴奋、痉挛、厌食、肌肉抽搐，甚至昏迷死亡。牧区羊多发生此病，舍饲羊很少发生。牧区可通过对牧草施镁肥来预防。

(4)硫　硫是蛋氨酸、胱氨酸、半胱氨酸等含硫氨基酸的组成成分，硫对合成体蛋白、激素和被毛，以及碳水化合物代谢有重要作用。羊瘤胃中微生物能利用无机硫和非蛋白氮合成含硫氨基酸，日粮干物质中氮硫比例以(5～10)∶1为宜。

(5)铁　铁主要存在于羊的肝脏和血液中，为血红素及各种中短呼吸酶的成分。饲粮中缺铁时，羊易患贫血症，羔羊尤为敏感。供铁过量会引起磷的利用率降低，导致软骨症。幼嫩的青绿饲料和谷类含铁丰富。

(6)铜　铜与铁的代谢关系密切，是许多氧化酶的组成成分，参与造血过程，促进血红素的合成。当机体缺铜时，会减少铁的利用，造成贫血、消瘦、骨质疏松、皮毛粗硬、毛皮质量下降等。日粮中铜过量会引起中毒，尤其是羔羊，对过量铜耐受力较差。一般饲料中含铜较多，但缺铜地区土壤生长的植物含铜量较低，容易引起铜缺乏症，可用硫酸铜、氯化铜补充。

(7)锌　锌是构成动物体内多种酶的重要成分，参与脱氧核糖核酸的代谢过程，能促进性腺活动和提高繁殖机能。锌还可防止皮肤干裂和角质化。日粮中缺乏锌时，羔羊生长缓慢，皮肤角化不全，可见脱毛和皮炎，公羊睾丸发育不良。锌在青草、糠麸、饼粕类饲料中含量较多，玉米和高粱中含锌较少。日粮高钙易引起缺锌。

(8)锰　锰对羊的生长、繁殖和造血都有重要作用，为多种酶的激活剂，能影响体内一系列营养物质的代谢。严重缺锰时，羔羊生长缓慢，骨组织损伤，易骨折，并影响繁殖机能。锰在青绿饲料、米糠、麸皮中含量丰富，谷实及块根、块茎中含量较低。

(9)钴　钴是维生素 B_{12} 的组成成分，饲料缺钴会影响维生素 B_{12} 的合成。土壤中缺钴的地区生长的牧草含钴量较低，当每千克饲草干物质含钴量低于 0.07 毫克时，应补钴，一般选用硫酸钴或氯化钴。

(10)硒　硒是谷胱甘肽过氧化酶的组成成分。这种酶有抗氧化作用，能还原过氧化脂类，防止这类毒素在体内蓄积。羊日粮中缺硒可引起白肌病，羔羊更敏感。肉羊对硒的需要量为每千克日粮干物质0.1～0.3 毫克。补硒一般用亚硒酸钠。

每日每只绵羊对矿物质的需要量见表 4-1。

表 4-1　每日每只绵羊对矿物质的需要量

矿物质元素	羔羊	育肥羊	种公羊	种母羊
食盐/克	9～16	15～20	10～20	9.0～16
钙/克	4.5～9.6	7.8～10.0	9.5～15.0	6.0～13.5
磷/克	3.0～7.2	4.6～6.8	6.0～11.7	4.0～8.6
镁/克	0.6～1.1	0.6～1.0	0.8～1.4	0.5～1.8

续表 4-1

矿物质元素	羔羊	育肥羊	种公羊	种母羊
硫/克	2.8～5.7	3.0～6.0	5.3～9.0	3.5～7.5
铁/毫克	36～75		65～108	48～130
铜/毫克	7.3～13.0		12～21	10～22
锌/毫克	30～58		49～83	34～142
钴/毫克	0.4～0.6		0.6～1.0	0.43～1.40
锰/毫克	40～75		65～108	53～130
碘/毫克	0.3～0.4		0.5～0.9	0.40～0.68
硒/毫克	0.1～0.3	0.1～0.3	0.1～0.3	0.1～0.3

(五)维生素需要量

维生素对维持羊的健康、生长和繁殖有十分重要的作用。维生素缺乏，可使肉羊新陈代谢紊乱，生长发育缓慢乃至停滞，生产力下降甚至死亡。维生素的生理功能、缺乏症和主要来源见表 4-2。成年羊瘤胃微生物能合成 B 族维生素、维生素 C 及维生素 K，这些维生素除哺乳期羔羊外一般不会缺乏。在羊的日粮中要注意供给足够的维生素 A、维生素 D 和维生素 E。

表 4-2 维生素的生理功能、缺乏症和主要来源

名称	特性	生理功能	缺乏症	主要来源
维生素 A	植物含有胡萝卜素，动物可将其转化为维生素 A	维持上皮组织的健全与完整，维持正常视觉，促进生长发育	眼角膜干燥症、夜盲症，上皮组织角质化，抗病力弱，生产性能降低	青绿饲料、胡萝卜、黄玉米、鱼肝油
维生素 D	结晶的维生素 D 比较稳定，晒太阳少时易缺乏	促进钙、磷吸收与骨骼的形成	幼畜佝偻病，成年羊骨质疏松症	日光照射在体内合成。鱼肝油、合成的维生素 D_2 和维生素 D_3
维生素 E	对酸、热稳定，对碱不稳定，易氧化	维持正常生殖机能，防止肌肉萎缩，抗氧化剂	肌肉营养不良或白肌病，生殖机能障碍	植物油、青绿饲料、小麦胚，合成的维生素 E

续表 4-2

名称	特性	生理功能	缺乏症	主要来源
维生素 K	耐热，易被光、碱破坏	维持血液的正常凝固	凝血时间延长	青绿饲料、合成的维生素 K，羊体内合成
维生素 B_1（硫胺素）	对热和酸稳定，遇碱易分解，温度高于 100℃时被破坏	维持正常碳水化合物代谢，维持神经、血液循环、消化系统的正常功能	运动失调，失明，厌食，呕吐，腹泻	青绿饲料、糠麸类饲料、合成的硫胺素，羊体内合成
维生素 B_2（核黄素）	对热和酸稳定，遇光和碱易被破坏	维持正常能量、蛋白质和脂肪代谢	生长受阻，生产力低下	青绿饲料、酵母、工业合成的核黄素，羊体内合成
维生素 B_3（泛酸）	对湿热及氧化剂稳定，在碱性环境中不稳定	是辅酶 A 的组成部分，参与碳水化合物、脂肪和蛋白质代谢	生长受阻，运动失调	苜蓿草、糠麸类饲料、饼类饲料、泛酸钙，羊体内合成
维生素 B_6（吡哆醇）	对热稳定，对光不稳定	为氨基酸脱羧酶等辅酶的成分，参与氨基酸、蛋白质代谢	生长不良，贫血，运动失调	谷类饲料、酵母、动物性饲料，羊体内合成
维生素 H（生物素）	易被高温和氧化剂破坏	为多种酶的辅酶，参与各种有机质代谢和脂肪合成	皮炎，贫血，脱毛症，生长受阻	青绿饲料、小麦、豆饼，羊体内合成
叶酸	在酸性中加热分解，易被光破坏	对氨基酸合成和红细胞形成有促进作用	生长减慢，脂肪肝，脾肿大	青绿饲料、谷物、酵母，羊体内合成
胆碱	对酸不稳定	为脂肪和神经组织的成分，调节脂肪代谢和防止肝脏变性	生长减慢，脂肪肝，脾肿大	绿色植物、酵母、谷实类
维生素 B_{12}（钴胺素）	强酸、日光、氧化剂、还原剂均可破坏	对核酸的形成、含硫氨基酸代谢、脂肪与碳水化合物代谢有重要作用	生长停滞，贫血，皮炎，后肢运动失调，繁殖率降低	动物性饲料、维生素 B_{12} 制剂，羊体内合成

续表 4-2

名称	特性	生理功能	缺乏症	主要来源
维生素 C (抗坏血酸)	被氧化剂破坏	参与机体一系列代谢，有抗氧化作用	贫血，出血，抗病力降低	谷物，羊体内合成

注：哺乳期羔羊不具有体内合成维生素的能力。

(六)水需要量

水是羊体重要的组成成分之一，一般水分占体重的 60%～70%，是饲料消化、吸收、营养物质代谢及体温调节等生理活动所必需的物质，是羊生命活动不可缺少的。饮水不足会影响饲料的适口性。当体内水分不足时，羊的胃肠蠕动减慢，消化机能紊乱，体温调节功能遭到破坏。机体失水 10%，代谢有可能紊乱，失水 20%，就有死亡的危险。羊需要的水主要由饮水供应，其水质应达到《畜禽饮用水水质标准》(NY 5027—2008)。需水量因体重、气温、日粮及饲养方式不同而异，一般采食 1 千克干物质需水 3～5 千克。每日应让羊自由饮水 2～3 次。

三、肉羊的饲养标准

饲养标准是根据大量饲养试验结果和动物实际生产的总结，对各类羊所需要的各种营养物质的定额做出规定，这种系统的营养定额规定称为饲养标准。

(一)饲养标准的作用

(1)提高肉羊生产效率　饲养实践证明，在饲养标准指导下饲养肉羊，与传统用经验饲养肉羊相比，生长速度显著提高，肉羊产品质量明显改善。

(2)提高饲料资源利用效率　利用饲养标准指导肉羊生产，不但满足了肉羊的营养需要，还显著节约饲料，减少浪费，提高了饲料资源的利用效率。

(3)推动肉羊生产发展 一些经济和科学技术比较发达的国家和地区，肉羊饲养数量减少，肉羊产品产量和质量反而提高，明显体现了利用饲养标准指导和发展肉羊生产的作用。

(4)提高科学养殖水平 饲养标准具有帮助饲养者计划和组织饲料供给，科学决策发展规模，提高科学饲养肉羊的能力。

(二)肉用绵羊的饲养标准

美国 NRC(1985)推荐的肉用绵羊营养需要见表 4-3。

表 4-3 肉用绵羊的营养需要标准(NRC，1985)

体重/千克	日增重/(克/天)	采食量/千克	消化能/兆焦	代谢能/兆焦	粗蛋白质/克	钙/克	磷/克	维生素A/国际单位	维生素E/国际单位
成年母羊维持									
50	10	1.0	10.05	8.37	95	2.0	1.8	2 350	15
60	10	1.1	11.29	9.20	104	2.3	2.1	2 820	16
70	10	1.2	12.13	10.04	113	2.5	2.4	3 290	18
80	10	1.3	13.38	10.87	122	2.7	2.8	3 760	20
90	10	1.4	14.22	11.71	131	2.9	3.1	4 230	21
催情补饲(配种前2周至配种后3周)									
50	100	1.6	11.15	14.22	150	5.3	2.6	2 350	24
60	100	1.7	18.40	15.06	157	5.5	2.9	2 820	26
70	100	1.8	19.66	15.89	164	5.7	3.2	3 290	28
80	100	1.9	20.49	16.73	171	5.9	3.6	3 760	28
90	100	2.0	21.33	17.56	177	6.1	3.9	4 230	30
妊娠前15周									
50	30	1.2	12.55	10.04	112	2.9	2.1	2 350	18
60	30	1.3	13.88	10.87	121	3.2	2.5	2 820	20
70	30	1.4	14.22	11.71	130	3.5	2.9	3 290	21
80	30	1.5	15.06	12.55	139	3.8	3.3	3 760	22
90	30	1.6	15.89	13.38	148	4.1	3.6	4 230	24

续表 4-3

体重/千克	日增重/（克/天）	采食量/千克	消化能/兆焦	代谢能/兆焦	粗蛋白质/克	钙/克	磷/克	维生素 A/国际单位	维生素 E/国际单位
妊娠最后 4 周（预计产羔率为 180%～225%）									
50	225	1.7	20.07	16.73	196	6.2	3.4	4 250	26
60	225	1.8	21.33	17.56	205	6.9	4.0	5 100	27
70	225	1.9	22.58	18.40	214	7.6	4.5	5 950	28
80	225	2.0	23.84	19.66	223	8.2	5.1	6 800	30
90	225	2.1	25.09	20.91	232	8.9	5.7	7 650	32
哺乳双羔前 6～8 周									
50	－60	2.4	28.86	23.42	389	10.5	7.3	5 000	36
60	－60	2.6	30.95	25.51	405	10.7	7.7	6 000	39
70	－60	2.8	33.46	27.60	420	11.0	8.1	7 000	42
80	－60	3.0	35.97	29.27	435	11.2	8.6	8 000	45
90	－60	3.2	38.47	31.37	450	11.4	9.0	9 000	48
青年母羊妊娠前 15 周									
40	160	1.4	15.06	13.38	156	5.5	3.0	1 880	21
50	135	1.5	16.30	13.54	159	5.2	3.1	2 350	22
60	135	1.6	17.15	14.22	161	5.5	3.4	2 820	24
70	125	1.7	18.40	15.06	164	5.5	3.7	3 290	26
妊娠后 4 周（预计产羔率为 130%～175%）									
40	225	1.5	18.40	15.06	202	7.4	3.5	3 400	22
50	225	1.6	19.66	15.89	204	7.8	3.9	4 250	24
60	225	1.7	20.49	16.73	207	8.1	4.3	5 100	26
70	225	1.8	20.91	17.15	210	8.2	4.7	5 900	27
哺乳双羔前 6～8 周（羔羊 8 周断奶）									
40	－100	2.1	26.76	21.75	306	8.4	5.6	4 000	32
50	－100	2.3	29.27	23.84	321	8.7	6.0	5 000	34
60	－100	2.5	31.78	25.93	336	9.0	6.4	6 000	38
70	－100	2.7	34.29	27.60	351	9.3	6.9	7 000	40
育成母羊									
30	227	1.2	14.22	11.17	185	6.4	2.6	1 410	18
40	182	1.4	16.73	13.80	176	5.9	2.6	1 880	21
50	120	1.5	16.31	13.38	136	4.8	2.4	2 350	22
60	100	1.5	16.31	13.38	134	4.5	2.5	2 820	22
70	100	1.5	16.31	13.38	132	4.6	2.8	3 290	22

续表 4-3

体重/千克	日增重/（克/天）	采食量/千克	消化能/兆焦	代谢能/兆焦	粗蛋白质/克	钙/克	磷/克	维生素A/国际单位	维生素E/国际单位
育成公羊									
40	330	1.8	20.91	17.15	243	7.8	3.7	1 880	24
60	320	2.4	28.02	23.00	263	8.4	4.2	2 820	26
80	290	2.8	32.62	26.76	268	8.5	4.6	3 760	28
100	250	3.0	35.13	28.86	264	8.2	4.8	4 700	30
育肥幼羊(4～7 月龄)									
30	295	1.6	17.15	14.22	191	6.6	3.2	1 410	20
40	275	1.6	22.58	18.40	185	6.6	3.3	1 880	24
50	205	1.6	22.58	18.40	160	5.6	3.0	2 350	24
早期断奶羔羊(生长潜力中等)									
10	200	0.5	7.53	5.85	127	4.0	1.9	470	10
20	250	1.0	14.64	12.13	167	5.4	2.5	940	20
30	300	1.3	18.40	15.06	191	6.7	3.2	1 410	20
40	345	1.5	21.33	17.56	202	7.7	3.9	1 880	22
50	300	1.5	21.33	17.56	181	7.0	3.8	2 350	22

注：在使用该标准时应注意以下事项。

①消化能转化为代谢能的效率设定为 0.82。

②饲料的维持净能和生长净能浓度同饲料的代谢能浓度的关系为：

$$NEm=1.37ME-0.318ME^2+0.0105\ ME^3-1.12$$

$$NEg=1.42ME-0.174ME^2+0.0122\ ME^3-1.65$$

式中：NEm 和 NEg 分别表示维持净能和生长净能，ME 表示代谢能。此式不适用于颗粒饲料。

③妊娠前 15 周的营养需要中包括维持正常的毛生长和很小的体重增加。代谢能用于妊娠的效率为 0.17。

④标准中没有列出泌乳后 6～8 周的饲养标准，但建议由于该时期泌乳量降低（为前 6～8 周的 30%～40%），所以应根据体况适当减少供给。

⑤对泌乳羊而言，按该标准饲养应有一定的体重减少。

⑥该标准中所指活重是指早晨饲喂前的活重。

⑦该标准较适用于舍饲绵羊，对放牧绵羊应做适当调整。

（三）肉用山羊的饲养标准

我国生长育肥山羊羔羊每日营养需要量见表 4-4，我国育肥山羊每日营养需要量见表 4-5。

表 4-4 我国生长育肥山羊羔羊每日营养需要量

体重/千克	日增重/（千克/天）	干物质采食量/（千克/天）	消化能/（兆焦/天）	代谢能/（兆焦/天）	粗蛋白质/（克/天）	钙/（克/天）	总磷/（克/天）	食用盐/（克/天）
1	0	0.12	0.55	0.46	3	0.1	0.0	0.6
1	0.02	0.12	0.71	0.60	9	0.8	0.5	0.6
1	0.04	0.12	0.89	0.75	14	1.5	1.0	0.6
2	0	0.13	0.90	0.76	5	0.1	0.1	0.7
2	0.02	0.13	1.08	0.91	11	0.8	0.6	0.7
2	0.04	0.13	1.26	1.06	16	1.6	1.0	0.7
2	0.06	0.13	1.43	1.20	22	2.3	1.5	0.7
4	0	0.18	1.64	1.38	9	0.3	0.2	0.9
4	0.02	0.18	1.93	1.62	16	1.0	0.7	0.9
4	0.04	0.18	2.20	1.85	22	1.7	1.1	0.9
4	0.06	0.18	2.48	2.08	29	2.4	1.6	0.9
4	0.08	0.18	2.76	2.32	35	3.1	2.1	0.9
6	0	0.27	2.29	1.88	11	0.4	0.3	1.3
6	0.02	0.27	2.32	1.90	22	1.1	0.7	1.3
6	0.04	0.27	3.06	2.51	33	1.8	1.2	1.3
6	0.06	0.27	3.79	3.11	44	2.5	1.7	1.3
6	0.08	0.27	4.54	3.72	55	3.3	2.2	1.3
6	0.10	0.27	5.27	4.32	67	4.0	2.6	1.3
8	0	0.33	1.96	1.61	13	0.5	0.4	1.7
8	0.02	0.33	3.05	2.50	24	1.2	0.8	1.7
8	0.04	0.33	4.11	3.37	36	2.0	1.3	1.7
8	0.06	0.33	5.18	4.25	47	2.7	1.8	1.7
8	0.08	0.33	6.26	5.13	58	3.4	2.3	1.7
8	0.10	0.33	7.33	6.01	69	4.1	2.7	1.7
10	0	0.46	2.33	1.91	16	0.7	0.4	2.3
10	0.02	0.48	3.73	3.06	27	1.4	0.9	2.4
10	0.04	0.50	5.15	4.22	38	2.1	1.4	2.5
10	0.06	0.52	6.55	5.37	49	2.8	1.9	2.6
10	0.08	0.54	7.96	6.53	60	3.5	2.3	2.7
10	0.10	0.56	9.38	7.69	72	4.2	2.8	2.8

续表 4-4

体重/千克	日增重/（千克/天）	干物质采食量/（千克/天）	消化能/（兆焦/天）	代谢能/（兆焦/天）	粗蛋白质/（克/天）	钙/（克/天）	总磷/（克/天）	食用盐/（克/天）
12	0	0.48	2.67	2.19	18	0.8	0.5	2.4
12	0.02	0.50	4.41	3.62	29	1.5	1.0	2.5
12	0.04	0.52	6.16	5.05	40	2.2	1.5	2.6
12	0.06	0.54	7.90	6.48	52	2.9	2.0	2.7
12	0.08	0.56	9.65	7.91	63	3.7	2.4	2.8
12	0.10	0.58	11.40	9.35	74	4.4	2.9	2.9
14	0	0.50	2.99	2.45	20	0.9	0.6	2.5
14	0.02	0.52	5.07	4.16	31	1.6	1.1	2.6
14	0.04	0.54	7.16	5.87	43	2.4	1.6	2.7
14	0.06	0.56	9.24	7.58	54	3.1	2.0	2.8
14	0.08	0.58	11.33	9.29	65	3.8	2.5	2.9
14	0.10	0.60	13.40	10.99	76	4.5	3.0	3.0
16	0	0.52	3.30	2.71	22	1.1	0.7	2.6
16	0.02	0.54	5.73	4.70	34	1.8	1.2	2.7
16	0.04	0.56	8.15	6.68	45	2.5	1.7	2.8
16	0.06	0.58	10.56	8.66	56	3.2	2.1	2.9
16	0.08	0.60	12.99	10.65	67	3.9	2.6	3.0
16	0.10	0.62	15.43	12.65	78	4.6	3.1	3.1

注：①表中 0～8 千克体重阶段肉用绵羊羔羊日粮干物质进食量按每千克代谢体重 0.07 千克估算；体重大于 10 千克时，按中国农业科学院畜牧兽医研究所 2003 年提供的如下公式计算获得：

$$DMI=(26.45\times W^{0.75}+0.99\times ADG)/1\ 000$$

式中：DMI 为干物质进食量，单位为千克/天；W 为体重，单位为千克；ADG 为日增重，单位为克/天。

②表中代谢能、粗蛋白质数值参考自杨在宾等(1997)对青山羊数据资料。

③表中消化能需要量数值根据代谢能/0.82 估算。

④表中钙需要量按试验测定参数估算得到，总磷需要量根据钙磷比为 1.5∶1 估算获得。

⑤日粮中添加的食用盐应符合 GB 5461 中的规定。

表 4-5　我国育肥山羊每日营养需要量

体重/千克	日增重/（千克/天）	干物质采食量/（千克/天）	消化能/（兆焦/天）	代谢能/（兆焦/天）	粗蛋白质/（克/天）	钙/（克/天）	总磷/（克/天）	食用盐/（克/天）
15	0	0.51	5.36	4.40	43	1.0	0.7	2.6
15	0.05	0.56	5.83	4.78	54	2.8	1.9	2.8
15	0.10	0.61	6.29	5.15	64	4.6	3.0	3.1
15	0.15	0.66	6.75	5.54	74	6.4	4.2	3.3
15	0.20	0.71	7.21	5.91	84	8.1	5.4	3.6
20	0	0.56	6.44	5.28	47	1.3	0.9	2.8
20	0.05	0.61	6.91	5.66	57	3.1	2.1	3.1
20	0.10	0.66	7.37	6.04	67	4.9	3.3	3.3
20	0.15	0.71	7.83	6.42	77	6.7	4.5	3.6
20	0.20	0.76	8.29	6.80	87	8.5	5.6	3.8
25	0	0.61	7.46	6.12	50	1.7	1.1	3.0
25	0.05	0.66	7.92	6.49	60	3.5	2.3	3.3
25	0.10	0.71	8.38	6.87	70	5.2	3.5	3.5
25	0.15	0.76	8.84	7.25	81	7.0	4.7	3.8
25	0.20	0.81	9.31	7.63	91	8.8	5.9	4.0
30	0	0.65	8.42	6.90	53	2.0	1.3	3.3
30	0.05	0.70	8.88	7.28	63	3.8	2.5	3.5
30	0.10	0.75	9.35	7.66	74	5.6	3.7	3.8
30	0.15	0.80	9.81	8.04	84	7.4	4.9	4.0
30	0.20	0.85	10.27	8.42	94	9.1	6.1	4.2

注：①表中干物质进食量、消化能、代谢能、粗蛋白质数值来源于中国农业科学院畜牧所(2003)，具体的计算公式如下：

$$DMI=(26.45\times W^{0.75}+0.99\times ADG)/1\,000$$

$$DE=4.184\times(140.61\times LBW^{0.75}+2.21\times ADG+210.3)/1\,000$$

$$ME=4.184\times(0.475\times ADG+95.19)\times LBW^{0.75}/1\,000$$

$$CP=28.86+1.905\times LBW^{0.75}+0.202\,4\times ADG$$

式中：DMI 为干物质进食量，单位为千克/天；DE 为消化能，单位为兆焦/天；ME 为代谢能，单位为兆焦/天；CP 为粗蛋白质，单位为克/天；LBW 为活体重，单位为千克；ADG 为平均日增重，单位为克/天。

②表中钙、总磷每日需要量来源见表 4-4 中注④。

③日粮中添加的食用盐应符合 GB 5461 中的规定。

(四)正确使用饲养标准

饲养标准是利用某(几)个品种的健康羊只,在适宜的条件下,达到最优生产性能时,营养的最低需要量。现行饲养标准采用列表式静态描述,以致生产中无法根据许多不同的因素和饲料资源及当地实际情况,真正做到营养决策动态化、最优化。在饲料配方设计时不能生搬硬套饲养标准,要在标准允许的范围内,根据不同的饲喂对象,以试验结果为依据,灵活应用饲养标准,这样才能准确地配合各类羊的日粮,从而保证羊的健康生长和繁殖。

(五)影响肉羊营养需要量的因素

1.个体因素的影响

个体因素包括肉羊年龄、性别、健康状况、活动能力等。如幼龄羊代谢旺盛,以单位体重计,幼龄羊的营养需要相对高于成年羊。育肥期一般公羊比母羊营养需要量多。羊体重愈大,其营养需要量也愈多。运动量大,营养需要量也多。同一个体不同生理状态下,体内激素分泌水平不同,对代谢影响不同,因此营养需要也不同。如健康状况良好的肉羊营养需要明显比处于疾病状态下的肉羊高。

2.日粮组成与饲养的影响

肉羊的营养需要不仅受个体因素的影响,还受饲粮组成及饲养的影响。

肉羊由于瘤胃特殊的营养生理作用,不同饲料或饲粮用于维持的代谢效率(MEm/GEm)不同,而代谢率与饲粮代谢能用于维持的利用效率呈正相关,因此,饲粮组成变化引起代谢率变化,最终将影响维持能量需要。饲料种类不同对蛋白质维持需要同样有很大影响。秸秆饲料比含氮量相同的干草产生的代谢粪氮更多,相应增加维持总氮需要。

肉羊的营养需要明显受饲养影响。日粮中适当增加植物细胞壁成分比例,经发酵后可提高饲粮代谢能含量,自然减少维持需要,相反过量饲喂或瘤胃过度发酵，因食糜通过消化道的速度加快或瘤胃 pH 下降而降低饲粮代谢能含量，会增加维持需要。饲粮代谢能浓度增加也增加维持需要。

3. 环境的影响

环境因素中对维持需要影响最大、研究较多的是环境温度。肉羊体温、体产热都受环境温度影响。体内营养物质代谢强度与环境温度直接相关，环境温度每变化 10℃，营养物质代谢强度将提高 2 倍。因此，环境温度过高过低均增加营养需要。

第二节　肉羊常用饲料的营养特点及其配制

一、常用饲料种类及特点

根据国际分类原则，我国按照动物营养需要和饲料的主要营养特性，把饲料分为以下八大类：青绿饲料、青贮饲料、粗饲料、能量饲料、蛋白质饲料、矿物质饲料、维生素饲料、饲料添加剂。

（一）青绿饲料

青绿饲料是指自然水分含量在 60％以上的一类饲料，它包括天然和人工栽培牧草、青刈饲料作物、叶菜类饲料、树叶及水生植物等。青绿饲料营养丰富而且较全面，适口性好，消化率高，还具有轻泻、保健、改善畜产品内外品质等作用，是肉羊日粮的基本饲料。

1. 青绿饲料及其特点

（1）含水量高，适口性好　青绿饲料水分含量比较高，如牧草的水分含量为 75％～90％，纤维素含量低，适口性好，消化率高，营养比较均衡，如肉用绵羊对青绿饲料有机物消化率可达 75％以上。由于水分含量高，消化能在1 254～2 508千焦/千克之间，因而仅靠青绿饲料作为肉羊的日粮难以满足其能量需要，必须配合其他含能量较高的饲料组成日粮。

(2)富含蛋白质　青绿饲料中粗蛋白质含量比禾本科子实多。青绿饲料的氨基酸组成也优于其他植物性饲料，含有各种必需氨基酸，以赖氨酸、色氨酸的含量最高。据测定，青草的蛋白质生物学价值比精料高25%以上。特别值得一提的是，青绿饲料叶片中叶绿蛋白的氨基酸组成近似于酪蛋白，对肉羊育肥非常有利。

(3)富含多种维生素　每千克青草中含有50～80毫克胡萝卜素，B族维生素的含量也很丰富，例如1千克青苜蓿中含硫胺素1.5毫克，核黄素4.6毫克，烟酸18毫克。此外，还含有一定数量的维生素E、维生素K等。日粮中加入1/4左右的青绿饲料，基本可满足肉用绵羊对维生素的需要量。

(4)钙、磷比例适宜　青绿饲料中矿物质占鲜重的1.5%～2.5%，是矿物质营养的较好来源。青绿饲料中含钙0.4%～0.8%，磷0.2%～0.35%。因此，以青绿饲料为主要来源的放牧肉用绵羊，能基本满足各种矿物质营养需要。

2.常用青绿饲料

(1)青饲玉米　玉米植株高大，生长迅速，产量高，是肉羊产区的主要粮食作物之一。青刈玉米具有柔嫩多汁、适口性好、营养丰富、无氮浸出物含量高、易消化等特点，青贮后可作为肉羊的优质青饲料。

(2)苜蓿　分为紫花苜蓿和黄花苜蓿，以前者分布广，是最重要的栽培牧草之一，以“牧草之王”著称。苜蓿不仅产量高，而且品质好、适应性强，一次栽种可利用多年，一般以第二年到第四年生长最旺盛，在开花前(50%现蕾期)刈割最适宜。苜蓿营养价值高，如初花期干物质中粗蛋白质为21.1%，且必需氨基酸组成较平衡，赖氨酸达1.34%，消化率可达78%，饲用效果较好，可作肉用绵羊的主要青绿饲料，但喂量不宜过多，体重60千克的肉用绵羊日喂量不宜超过7千克，否则会引起瘤胃鼓气。

(3)羊草　又名碱草,是我国北方草原分布很广的一种优良多年生牧草。由于它适应性强,饲用价值高,容易栽培,已成为我国重点推广的优良牧草。羊草的适口性好,营养丰富,鲜草干物质含量为28.64%,粗蛋白质为3.49%,蛋白质品质较好。羊草主要供调制干草,也可整株鲜喂或铡碎后饲喂。

(4)根茎和瓜类的茎叶　这类饲料柔嫩多汁、适口性好、营养价值较高,如甘蓝、白菜、油菜、竹叶菜、甜菜茎叶、甘薯藤、胡萝卜茎叶、南瓜叶等,都可作为肉羊的青饲料。

(5)野生饲料　各类野生藤蔓、树叶、野草等,也是肉羊良好的青饲料。如杨树叶,按干物质计算含粗蛋白质6.1%、粗脂肪6.8%、粗纤维23.9%,是一种营养价值较高而又价廉易得的饲料。夏季用新鲜杨树叶喂肉羊,既可作为饲料,又可预防腹泻的发生。秋季收集落叶可直接作肉羊的饲料。

3.利用青绿饲料应注意的问题

青绿饲料的利用方法主要有铡碎、制作青贮饲料和调制干草等,饲用青绿饲料应注意以下问题。

(1)合理搭配　用青绿饲料饲养肉羊时,要补充和掺入适量青干草、谷物饲料(玉米、高粱等)和蛋白质饲料(豆饼、花生饼等),这样才能满足营养需要,饲养效果才能更好。

(2)适时收割　青饲料要适时收割,一般在抽穗和开花之前收割为宜。

(3)喂量适当　对适口性差、有异味的牧草,如串叶松香草、俄罗斯饲料菜等,初次喂时应进行训饲。肉羊经3～5天训饲,能够适应后才可足量投喂。

(4)预防中毒　一防亚硝酸盐中毒。用青绿多汁饲料喂肉用绵羊时,不要堆积时间过长,因为腐败菌能把硝酸盐还原为亚硝酸盐,羊采食后会中毒。二防氢氰酸中毒。玉米苗、高粱苗、亚麻叶、苏丹草等,因为它们含有氰甙,肉羊吃后在瘤胃内会生成氢氰酸而发生中毒。三防有机农药中毒。刚喷过农药的牧草、蔬菜及田间杂草等,不能立即饲喂，应在药效消失后才能饲喂。四防发生瘤胃鼓胀病。豆科牧草由于含有皂素，肉羊一次吃得过多，易发生瘤胃臌胀病。

(二)青贮饲料

青贮饲料是指将新鲜的青绿饲料切短装入青贮设施，密封后经过微生物发酵作用，制成的一种具有特殊芳香气味、营养丰富的饲料。

1. 青贮饲料的特点

①原料来源广，调制方便，营养损失较少。用于青贮的原料来源广泛，如全株玉米、甘薯藤、花生藤、各种块根块茎、各种蔬菜等农作物，以及苜蓿、野青草等。只要适时收割青贮，一般保留90%左右原料成分。青贮也有利于维生素的保存，如甘薯秧青贮饲料每千克含有胡萝卜素94.7毫克，而自然风干后仅为2.5毫克，其他营养成分也有类似趋势。

②青贮饲料适口性好，消化率高。青绿饲料经过乳酸菌发酵后，质地柔软，有酸甜清香味，羊喜欢吃。饲料经青贮后饲喂肉用绵羊，各种营养成分的消化率也有提高。

③青贮饲料能够保存青绿饲料的营养特性，不仅可以常年利用，还可长期保存，实现以丰补歉的目的，同时不受风、霜、雨、雪及水、火等自然灾害的影响。

④饲喂青贮饲料，可促进生长发育，还可减少消化系统和寄生虫病的发生。

2. 青贮饲料的适宜喂量

应经过4～7天的训练，喂量应由小到大，和其他饲料配合饲喂，使之逐渐适应。如肉用绵羊每日喂量：成年羊3～5千克，羔羊0.4～0.6千克。同时应注意妊娠羊要少喂青贮饲料，妊娠后期停喂，冻结的要化开再喂，以防引起母羊流产。

(三)粗饲料

粗饲料是指干物质中粗纤维的含量在18%以上的一类饲料，主要包括干草类、秸秆类、农副产品类。

1.青干草

一般水分含量8%～9%，粗蛋白质含量5%～13%，粗纤维含量为30%～38%，无氮浸出物含量在40%左右，钙多磷少，每千克青干草含消化能8兆焦左右，含胡萝卜素35毫克左右，是肉羊冬春必备的饲草。

2.栽培牧草

主要有苜蓿、草木樨、沙打旺、红豆草、羊草、老芒麦、披碱草等。苜蓿干草的粗蛋白质含量可达18%～24.8%，赖氨酸1.06%～1.38%，粗脂肪2.4%，粗纤维35.7%，无氮浸出物34.4%，粗灰分8.9%，其中钙为1.09%，磷为0.3%。初花期和盛花期苜蓿干草的能量接近于中等能量饲料。

3.秸秆类

肉羊产区农作物秸秆种类以小麦秸、玉米秸、稻草、谷草、甘薯秧、花生秧和豆秸为主，是粗饲料的主要来源。

(1)玉米秸　玉米的种植面积大，秸秆产量也最多。风干的玉米秸粗蛋白质含量3.9%，粗脂肪0.9%，粗纤维37.7%，无氮浸出物48.0%，粗灰分9.5%。玉米秸外皮光滑，茎的上部和叶片营养价值较高，羊喜爱采食，是肉羊的主要饲草。

(2)豆秸　豆秸是各类豆科作物收获子粒后的秸秆总称，包括大豆、豌豆、蚕豆、绿豆等茎叶，在子实收获的过程中，经过碾压、豆秸被压扁、豆荚仍保留在豆秸上，这样，豆秸的营养价值和利用率都得到提高。青刈的大豆秸叶的营养价值接近紫花苜蓿。在豆秸中蚕豆秸和豌豆秸的蛋白质含量最多，品质较好。

(3)花生秧　干花生秧含可消化蛋白质70克/千克，钙、磷分别为17和7克/千克，其粗蛋白质含量分别是豌豆秧和稻草的1.6和6倍。花生秧不仅营养丰富，且适口性好，采食利用率、消化率都较高，是肉羊极好的饲草。

(4)甘薯秧　甘薯秧干物质中的粗蛋白质含量为8.8%，比花生秧含量稍高，比谷草含量高1倍；甘薯秧中粗脂肪的含量为2.6%，比苜蓿草高0.3%，比谷草高0.7%。另外，甘薯秧质地柔软、适口性好，消化利用率较高。

(5)谷草　就是谷子秸秆，质地柔软厚实，营养丰富，可消化粗蛋白质较麦秸、稻草高。在禾谷类饲草中，谷草主要的用途是制备干草，供冬、春季饲用，是品质较好的饲草。

(6)树叶类　树叶中含有丰富的蛋白质、矿物质和维生素。用树叶喂羊，成本低、增重快、省精料、效益高，还能增强抗病力。有100多种树的叶子可以用作肉羊的饲料，主要有杨树叶、桑叶、槐树叶、泡桐树叶、苹果树叶、松针等。

①槐树叶：含粗蛋白质19.1%～23.2%，无氮浸出物39.3%～44.6%，赖氨酸1.29%～1.68%，苏氨酸0.56%～0.93%，精氨酸1.27%～1.48%，钙1.76%～2.4%，磷0.03%～0.31%，以及多种维生素，尤其是胡萝卜素和维生素B_2含量丰富，用来喂羊可提高增重和饲料报酬，节约精料。

②杨树叶：干物质中含有18种氨基酸以及维生素等营养物质，其中粗蛋白质12%～13%，粗脂肪4.75%，粗纤维16.8%，钙0.51%，磷0.15%。杨树叶具有利水通便，解热毒，杀虫，健胃消食，激活口腔味觉，增进食欲之功效，并对羊胃肠道有害杂菌有抑制作用。鲜喂、干喂均可。

③松针：松叶主要是指马尾松、黄山松、油松以及桧、云杉等树的针叶。松针粉含粗蛋白质6.5%～9.6%，粗纤维14.6%～17.6%，赖氨酸、天门冬氨酸等18种氨基酸总含量5.5%～8.1%；钙0.45%～0.62%，磷0.02%～0.04%及铜、锌、钴等矿质元素；每千克松针含胡萝卜素250毫克、维生素C 540～650毫克、叶绿素700～2 200毫克。可促进生长，预防胃肠道疾病及各种维生素缺乏症，对种公羊具有提高精液分泌量的作用。

④泡桐树叶：泡桐树是多年生落叶乔木，叶大而肥，营养丰富。泡桐叶干物质中含粗蛋白质19.3%，粗纤维11.1%，粗脂肪5.82%，无氮浸出物54.8%，钙1.93%，磷0.21%。其具有易收集、耐贮藏等特点。

⑤苹果树叶：苹果树叶来源广，营养价值较高，据分析，一般含粗蛋

白质9.8%，粗脂肪7%，粗纤维8%，无氮浸出物59.8%，钙0.29%，磷0.13%，是羊的好饲料。

⑥柳树叶：柳树叶中含粗蛋白质11.1%，粗脂肪2.11%，粗纤维11.96%，无氮浸出物54.13%，钙0.57%，磷0.08%以及多种氨基酸，其主要营养成分含量高于一般牧草，粗纤维含量比一般牧草低，适口性好。

⑦桑叶：产量高，生长季节可采4～6次。鲜桑叶含粗蛋白质4%，粗纤维6.5%，钙0.65%，磷0.85%，还含有丰富的维生素E、维生素B_2、维生素C及各种矿物质，是羊的优质饲料。

（四）能量饲料

能量饲料是指干物质中粗纤维的含量在18%以下，粗蛋白质的含量在20%以下的一类饲料，主要包括谷实类、糠麸类、淀粉质的根茎瓜果类、油脂、草籽树实类等。

1.谷实类

这类饲料属禾本科植物成熟的种子，常用的有玉米、高粱、小麦、大麦、稻谷、燕麦、谷子等。

（1）玉米　玉米是肉羊生产中常用的能量饲料，产区分布广，产量高、种类多，种植面积大，是农区主要粮食作物之一。玉米含粗纤维较少，仅2%左右，而无氮浸出物高达70%以上，能量为14.5兆焦/千克以上。全玉米中有机物质的平均消化率可达到86%，并且适口性好，易于消化。玉米蛋白质含量低，品质较差，缺少赖氨酸，微量元素含量均较低。玉米脂肪含量高，但多为不饱和脂肪酸。据测定：玉米水分含量在14%以上时，在储藏过程中温度超过20℃时，极易发生霉变，特别是黄曲霉菌产生的黄曲霉毒素，是一种致癌物质，所以在配制饲料时，禁用发霉变质的玉米。

（2）高粱　主要产于我国东北地区，营养成分略低于玉米，消化能平均可达13.8兆焦/千克，粗脂肪含量较高，但高粱所含的蛋白质质量较差，氨基酸也不平衡，微量元素含量较低，特别是高粱含有较多的单宁，单宁是一种抗营养因子，会阻碍能量和蛋白质及矿物质的利用，适口性也较差。

(3)小麦　小麦是肉羊产区的主要粮食作物之一。小麦有效能值仅次于玉米，粗蛋白质含量高于玉米、高粱，各种限制性氨基酸也高于玉米；小麦中锰、锌、铜、钙、磷含量也较玉米高，但钙(0.48%)磷(0.4%)比例不平衡，维生素A、维生素D、维生素B_2比较缺乏，维生素B_1比较丰富。

(4)大麦　大麦的有效能值不如玉米和高粱，与小麦相近，但是大麦蛋白质质量较好。赖氨酸含量比玉米、高粱高1倍，粗纤维和灰分含量较高，影响能量的利用率。大麦中钙、铜含量较低，但铁含量比较高。大麦整粒喂羊不易消化，所以应该破碎。

(5)稻谷　稻谷也是肉羊产区的主要粮食作物之一。稻谷是谷实类饲料中产量最高的一种，但由于它含有坚实的外壳，粗纤维含量高，一般在8%以上，因而有效能值较低，消化能仅为10.5～10.8兆焦/千克。稻谷所含蛋白质比玉米稍低，氨基酸含量与玉米相似，有效钙、磷和微量元素与玉米相近。

2.加工副产品

这类饲料主要是指谷实类的加工副产品，主要有小麦麸、米糠、大麦麸、玉米皮、高粱糠、谷糠、大豆皮等，其中以小麦麸与米糠最常用。

(1)小麦麸　小麦麸俗称麸皮，是小麦粒制粉后的副产品，其营养价值因面粉的精制程度不同而有差异，一般含粗纤维8.5%～12%，能量11.5～12.0兆焦/千克，粗蛋白质含量较高，可达15.5%。小麦麸中赖氨酸含量较高，含有较丰富的铁、锌、锰，但磷的质量不好，绝大部分是植酸磷。小麦麸中含有丰富的维生素E、烟酸和胆碱。

(2)米糠　米糠是糙米精制成精米时的副产品，由种皮、糊粉层、胚及少量胚乳组成，占稻谷的6%～8%。米糠中粗蛋白质含量为14%，比大米(9.2%)高；赖氨酸、色氨酸和苏氨酸含量高于玉米；粗脂肪含量在12%以上，粗纤维含量不高，所以有效能值较高。B族维生素及维生素E含量高，且含有肌醇，是核黄素的良好来源。米糠矿物质含量丰富,钙少(0.08%)磷多(1.6%),钙磷比例不平衡,所含磷主要是植酸磷。此外,米糠中锌、铁、锰、钾、镁含量较高。米糠中脂肪多属不饱和脂肪酸,且脂肪酶活性较高,长期贮存易引起脂肪变质。

3.根、茎类

主要包括胡萝卜、甘薯、马铃薯、饲用甜菜等。这类饲料的最大特点是容积大,水分含量高,可达70%~90%,因而干物质含量低。干物质中粗蛋白质、粗纤维的含量较低,无氮浸出物含量高,且多为易消化的淀粉或糖分。

(1)胡萝卜　胡萝卜产量高,易栽培,耐贮藏,营养丰富,是种羊重要的青饲料。胡萝卜蛋白质含量也较其他块根多,胡萝卜素含量尤为丰富,每千克胡萝卜中含胡萝卜素36毫克以上,胡萝卜还含有大量钾盐、磷盐和铁盐等多种微量元素,对提高种公羊精液品质、维持泌乳母羊的泌乳都有重要作用,并具有很好的调养作用,是种公羊和繁殖母羊冬、春季重要的多汁饲料。因熟喂会使胡萝卜素、维生素C、维生素E遭到破坏,所以胡萝卜要生喂。肉羊种公羊一般每天喂给1~2千克即可满足需要。

(2)甘薯　又称红薯、地瓜,干物质含量可达25%~30%,其中85%为淀粉,蛋白质含量较低。甘薯含有一定量的胡萝卜素,但其他维生素和矿物质缺乏,必须同其他饲料混合喂饲。

(3)马铃薯　又称土豆。马铃薯含干物质约25%,主要成分是淀粉,占干物质的80%以上。鲜马铃薯中维生素C含量丰富,其他维生素缺乏,钙、磷及其他矿物质元素含量低。马铃薯耐储藏,温度高时会发芽,发芽马铃薯的绿色表皮含有龙葵素,大量采食可致中毒,甚至死亡,应禁止饲喂任何动物。

(五)蛋白质饲料

蛋白质饲料是指干物质中粗纤维含量在18%以下,粗蛋白质含量在20%以上的一类饲料,主要包括植物性蛋白质饲料、动物性蛋白质饲料、单细胞蛋白质饲料等。

1.植物性蛋白质饲料

植物性蛋白质饲料主要包括豆科子实、饼粕类和某些加工副产品。其中豆科子实大部分是作为食品，仅少量用作饲料。饼粕类是动物最主要的蛋白质饲料资源，加工副产品如玉米蛋白粉、糟渣类也是常用的植物性蛋白质饲料。

(1)大豆饼(粕)　大豆饼(粕)是以大豆为原料，提取或榨取食用油脂后的副产品。其粗蛋白质含量一般为40%～46%，氨基酸比例组成较合理，必需氨基酸含量高，尤其是赖氨酸，在各种饼粕类饲料中含量最高，达2.4%～2.9%，但蛋氨酸含量不足。大豆饼(粕)中的可溶性碳水化合物主要是糖类，淀粉含量不多，粗纤维含量低，因此可利用能量高。矿物质含量不平衡，钙低(0.3%)，磷较适宜(0.65%)，含有丰富的铁和锌。豆饼、豆粕的适口性好，是肉羊的优质蛋白质饲料，在精饲料中用量一般占10%～30%。

(2)棉籽饼(粕)　棉籽饼(粕)是棉籽榨油后的副产品，去壳的棉籽饼(粕)中含35%～41%的粗蛋白质，蛋白质的品质较大豆饼(粕)低，赖氨酸不足，精氨酸含量高，含较丰富的磷、铁、锌。棉籽饼(粕)含有毒物质棉酚，喂量过多容易引起中毒。但对肉用绵羊来说，只要饲喂不过量(日粮中用量不超过20%)就不会发生中毒，且成本较大豆饼(粕)便宜，故在肉羊生产中被广泛应用。

(3)菜籽饼(粕)　菜籽饼(粕)一般粗蛋白质含量为30%～38%，粕的粗蛋白质含量比饼高出2%～3%。其粗蛋白质含量低于大豆饼(粕)和棉籽饼(粕)，并且蛋白质的消化利用率低，但蛋氨酸含量高于大豆饼(粕)、棉籽饼(粕)；粗纤维含量为12%～14%，约为大豆饼的2倍，可利用能量水平较低。菜籽饼(粕)中钙、磷、锰含量较高，硒的含量是植物性饲料中最高的。菜籽饼(粕)中胡萝卜素、维生素D及硫胺素、核黄素、泛酸的含量较低，但烟酸和胆碱含量高，是其他饼粕类饲料的2～3倍。

菜籽饼(粕)含有硫葡萄糖甙类化合物，可水解成噁唑烷硫酮、异硫氰酸酯、硫氰酸酯及腈类等有毒物质，所以菜籽饼(粕)不脱毒时只能限量饲喂，只有脱毒或减毒后才能提高饲喂比例。日粮中用量以不超过20%为宜。

(4)花生饼(粕)　花生饼(粕)是指脱壳花生果去油后的副产品。花生饼粗蛋白质含量42%～44%，浸提粕45%～48%。带壳的花生饼(粕)粗蛋白质含量仅为35%左右，而粗纤维含量高达18%。花生饼(粕)赖氨酸含量1.35%、蛋氨酸含量0.39%，精氨酸含量特别高(5.2%)，是所有动、植物性饲料中含量最高的。花生饼(粕)粗纤维含量仅5%左右，无氮浸出物中大多为淀粉、糖和戊聚糖等，消化能可达12.5兆焦/千克以上。花生饼(粕)中胡萝卜素、维生素D和维生素C含量均低，但B族维生素含量丰富，特别是烟酸，含量高达174毫克/千克，泛酸(52毫克/千克)、硫胺素(7.3毫克/千克)含量均高于大豆饼(粕)。钙、磷含量少且多为植酸磷，其他微量元素含量与大豆饼(粕)相近。

花生饼(粕)粗蛋白质品质比大豆饼(粕)差，饲用价值与大豆饼(粕)相当或略低，有甜香味，适口性好。此外，花生饼(粕)贮存不当，易感染黄曲霉，产生黄曲霉毒素。一旦发现，经脱毒后方能用作饲料。

(5)玉米胚芽饼(粕)　玉米胚芽饼(粕)是玉米胚芽脱油后所剩的残渣。蛋白质含量一般为15%～21%，氨基酸中赖氨酸0.70%，蛋氨酸0.30%，色氨酸含量较低。维生素中维生素E含量丰富，达87毫克/千克，大大高于其他植物饼(粕)类。玉米胚芽饼(粕)适口性好，价格低廉，是肉羊的优良饲料。

(6)玉米蛋白粉　玉米蛋白粉是玉米淀粉厂的主要副产物之一，为玉米除去淀粉、胚芽、外皮后剩下的产品。其蛋白质含量因工艺条件不同变异较大(粗蛋白质35%～60%)，氨基酸组成不佳，蛋氨酸含量较高；粗纤维含量低，易消化；B族维生素含量低，但胡萝卜素含量高；钙、磷等各种矿物质含量低。

(7)粉丝蛋白　用绿豆、豌豆或蚕豆制作粉丝过程中的浆水经浓缩而获得的蛋白质饲料。粉丝蛋白饲料营养丰富，含有原料豆中除淀粉以外的蛋白质、脂肪、矿物质、维生素等营养物质。其粗蛋白质含量可达60%以上,氨基酸组成较合理,生物学价值较高,是一种重要的蛋白质补充饲料。

(8)糟、渣类 主要包括啤酒糟、酒精糟、酱油渣、醋渣、豆腐渣等,都含有较高的蛋白质,适当处理可以作为较好的蛋白质补充料。

①啤酒糟:是大麦提取可溶性碳水化合物后的残渣,是酿制啤酒过程中的副产品,其成分除淀粉含量低外,其他与大麦组成相似。干啤酒糟粗蛋白质含量为22%~27%,氨基酸中赖氨酸(0.75%)、蛋氨酸(0.6%)含量低;粗纤维含量(15%)较高;矿物质、维生素含量丰富;无氮浸出物39%~43%,以五碳糖类戊聚糖为主。啤酒糟适口性好,过瘤胃蛋白质含量高,适用于肉羊育肥。饲喂量可达到混合精料的30%~35%。

②酒精糟:以玉米酒精糟最多。经干燥处理后的脱水酒精糟,蛋白质含量较高(18%~25%),并且粗纤维含量低(11%~20%),脂肪含量较高(3%~8%)。含有丰富的B族维生素,适口性好,其中的蛋白质在肉羊瘤胃中降解率较低,是很好的过瘤胃蛋白质来源。

③酱油渣、醋渣:干物质中含大量菌体蛋白,粗蛋白质含量可达24%~40%,脂肪含量约14%,含有B族维生素、无机盐、未发酵淀粉、糊精、氨基酸、有机酸等。粗纤维含量高,无氮浸出物含量低,有机物质消化率低,有效能值低。醋渣含大量醋酸,有酸香味,使用时最好和碱性饲料配合,以免过酸。酱油渣里含有较多食盐(7%~8%),不能大量饲用,否则易引起食盐中毒。

④豆腐渣:豆腐渣中的蛋白质含量受加工工艺的影响较大,干物质中粗蛋白质含量为19%~29.8%,粗纤维和粗脂肪含量较高,维生素含量低,含有抗胰蛋白酶因子。豆腐渣水分含量很高,不容易干燥,不宜久存,一般鲜喂,是肉羊的良好多汁饲料。

2.单细胞蛋白质饲料

这类饲料是指由各种微生物细胞制成的蛋白质饲料,包括酵母菌、细菌、真菌和一些单细胞藻类,因此,这类饲料也称微生物蛋白质饲料。

单细胞蛋白质饲料由于原料及生产工艺不同,其营养成分组成变化较大，主要营养特点：粗蛋白质含量较高，风干制品中含粗蛋白质一般在50%以上；富含多种酶系，动物对其消化率较高；富含B族维生素，氨基酸含量不平衡。此外，酵母类单细胞蛋白质饲料一般具有苦味，适口性差，应限量饲喂。

(六)矿物质饲料

矿物质饲料包括饲料级单一矿物质饲料、多种矿物质混合的矿物质饲料，以及加有载体或稀释剂的矿物质添加剂预混料。

1. 食盐

补饲食盐时，除了直接拌在饲料中外，也可以以食盐为载体，制成微量元素添加剂预混料。在缺硒、铜、锌地区等，也可以分别制成含亚硒酸钠、硫酸铜、硫酸锌或氧化锌的食盐砖、食盐块供羊舔食。

2. 钙、磷矿物质饲料

适宜的钙磷比对羊的生长和骨骼发育至关重要。生产中常用的钙、磷矿物质饲料有石粉、贝壳粉、磷酸氢钙、磷酸二氢钙等(表4-6)。羊一般禁用骨粉和肉骨粉。

表4-6 常用钙、磷矿物质饲料 %

饲料名称	分子式	钙	磷
碳酸钙(饲料级)	$CaCO_3$	38.42	0.02
磷酸氢钙(无水)	$CaHPO_4$	29.60	22.77
磷酸氢钙(二水)	$CaHPO_4 \cdot 2H_2O$	23.29	18.00
磷酸二氢钙	$Ca(HPO_4)_2 \cdot H_2O$	15.90	24.58
磷酸三钙	$Ca_3(PO_4)_2$	38.76	20.00
石粉、石灰石	$CaCO_3$(主要成分)	35.84	0.01
贝壳粉	$CaCO_3$(主要成分)	32～35	—
蛋壳粉		30～40	0.1～0.4
磷酸二氢钠	Na_2HPO_4	0.09	21.82

3. 镁补充饲料

镁补充饲料主要有氧化镁、硫酸镁、碳酸镁、磷酸镁、氯化镁、柠檬酸镁等。其生物学价值分别为100％、58％～113％、86％～113％、100％、98％～100％、100％～148％。其中以氧化镁、硫酸镁、碳酸镁应用较多。

4.硫补充饲料

硫补充饲料主要有蛋氨酸、硫酸钠、硫酸钾、硫酸钙、硫酸镁等。其生物学价值分别为100％、68％～80％、60％～80％、60％～80％。生产中以硫酸钠应用较多。

5.天然矿物质饲料

(1)沸石　天然沸石是含碱金属和碱土金属的含水铝硅酸盐类，含有钙、镁、钾、钠、锌、铁等25种矿物元素。它能析出营养元素供机体利用，具有较强的吸附作用，可选择性地吸附氨气、二氧化碳等物质，还能吸附某些细菌毒素，对机体有良好的保健作用。日粮中使用沸石还可降低畜禽舍的臭味。

(2)麦饭石　是一种经过蚀变、风化或半风化，具有斑状或似斑状结构的中酸性岩浆岩矿物质，主要化学成分是二氧化硅和三氧化二铝。含有钾、钠、钙、镁、铜、锌、铁、硒等对动物有益的常量、微量元素，这些元素的溶出性好，有利于体内营养代谢。

(3)膨润土　是蒙脱石类黏土岩组成的一种含水的层状结构铝硅酸盐矿物。其含磷、钾、锰、钴、钼、镍等动物生长发育所必需的多种常量和微量元素。这些元素是以可交换的离子和可溶性盐的形式存在，易被肉羊吸收利用。膨润土具有吸附性和离子交换性，可延缓饲料通过消化道的速度，提高饲料的利用率，可使酶、激素的活性增加或免疫反应增强，提高动物的抗病能力。

(七)饲料添加剂

根据动物营养学原理，一般将饲料添加剂分为营养性和非营养性两大类。

1.营养性添加剂

营养性添加剂包括微量元素添加剂、维生素添加剂、氨基酸添加剂和非蛋白氮添加剂。

(1)微量元素添加剂　依其在动物体内含量的多少，分为常量元素和微量元素。含量多于万分之一的矿物元素称为常量元素，含量少于万分之一的元素称为微量元素。与动物有关的微量元素主要有铁、铜、锰、锌、硒、碘、钴等。

微量元素的添加形式有无机盐、有机盐和蛋白盐类，目前生产中常用的是各种元素的无机盐类（表 4-7)，如硫酸盐（硫酸锌、硫酸亚铁等)、盐酸盐（氯化钴等)、氧化物（氧化镁）等。微量元素的添加量应按育肥羊的营养需要添加，一般不考虑饲料中的含量和可利用率。

(2)维生素添加剂　维生素按照溶解性可分为脂溶性维生素和水溶性维生素两大类。脂溶性维生素包括维生素 A、维生素 D、维生素 E 和维生素 K；水溶性维生素包括整个 B 族维生素和维生素 C。脂溶性维生素只含碳、氢、氧 3 种元素，而水溶性维生素除含碳、氢、氧元素外，还含有硫和钴。

①维生素饲料及产品分类：维生素饲料指人工合成或由天然原料提纯的单一维生素或复合维生素制剂，但不包括某项维生素含量较多的天然饲料。

由于大多数维生素都有不稳定性，易氧化或易被其他物质破坏失效的特点，几乎所有的维生素制剂都经过特殊加工处理或包被。常用商品维生素饲料添加剂可归纳为三类：一是纯制剂。稳定性较好的维生素单一高浓度制剂，其化合物含量在 95％以上，如维生素 B_1、维生素 B_2、维生素 B_6、叶酸、烟酸、泛酸钙、维生素 K_3 等；二是经包被处理的制剂，又称稳定型制剂，如维生素 C；三是利用脱脂米糠等载体或稀释剂制成的各种浓度的维生素预混合饲料。

②常用维生素添加剂的规格要求见表 4-8。

(3)氨基酸添加剂　目前广泛用作饲料添加剂的是赖氨酸与蛋氨酸。肉羊有瘤胃微生物的作用，除幼龄羔羊外，一般情况下不需要专门补给这类氨基酸。

表 4-7　我国微量元素饲料添加剂质量标准(包括部分常量元素补充物)

名称	分子式	含量/%	主要元素/%	性状	重金属(以铅计)/(毫克/千克)	砷/(毫克/千克)	水不溶物/%	氯化物等/(毫克/千克)	细度
硫酸铜	$CuSO_4 \cdot 5H_2O$	≥98.5	Cu≥25.0	淡蓝色结晶性粉末	≤10	≤5	≤0.2		通过 W=800 微米试验筛≥95%
硫酸镁	$MgSO_4 \cdot 7H_2O$	≥99.0	Mg≥9.7	无色结晶或白色粉末	≤10	≤2		Cl≤140	通过 W=400 微米试验筛≥95%
硫酸锌	$ZnSO_4 \cdot H_2O$	≥98.0	Zn≥35.0	白色结晶性粉末	≤20	≤5	≤0.05		通过 W=250 微米试验筛≥95%
	$ZnSO_4 \cdot 7H_2O$	≥99.0	Zn≥22.5		≤10	≤5	≤0.05		通过 W=800 微米试验筛≥95%
硫酸亚铁	$FeSO_4 \cdot 7H_2O$	≥98.0	Fe≥19.68	浅绿色结晶	≤20	≤2	≤0.2		通过 W=2.8 毫米试验筛≥95%
硫酸锰	$MnSO_4 \cdot H_2O$	≥98.0	Mn≥31.8	白色或略带粉红色结晶	≤15	≤5	≤0.05		通过 W=2.50 微米试验筛≥95%
亚硒酸钠	Na_2SeO_3	≥98.0	Se≥44.7	无色结晶粉末			水分≤2		
氯化钴	$CoCl_2 \cdot 6H_2O$	≥98.0	Co≥24.3	红色或红紫色结晶	≤10	≤5	≤0.03		通过 W=800 微米试验筛≥95%
碘化钾	KI	≥99.0	I≥75.7	白色结晶	≤10	≤2	水分≤1.0	Ba≤10	通过 W=800 微米试验筛≥95%

注:W 表示筛孔大小。

资料来源:陈喜斌,饲料学,2003。

表 4-8　维生素添加剂的规格要求

种类	外观	粒度/（个/克）	含量	容重/（毫克/千克）	水溶性	重金属/（毫克/千克）	砷盐/（毫克/千克）	水分
维生素 A	淡黄色到红褐色球状颗粒	10 万～100 万	50 万国际单位/克	0.6～0.8	可在温水中弥散	<50	<4	<5.0%
维生素 D_3	奶油色细粉	10 万～100 万	10 万～50 万国际单位/克	0.4～0.7	可在温水中弥散	<50	<4	<7.0%
维生素 E	白色或淡黄色细粉或球状颗粒	100 万	50%	0.4～0.5	吸附制剂，不能在水中弥散	<50	<4	<7.0%
维生素 K_3	淡黄色粉末	100 万	50%甲萘醌	0.55	溶于水	<20	<4	—
维生素 B_1	白色粉末	100 万	98%	0.35～0.4	易溶于水，有亲水性	<20	—	<1.0%
维生素 B_2	橘黄色到褐色细粉	100 万	96%	0.2	很少溶于水	—	—	<1.5%
维生素 B_6	白色粉末	100 万	98%	0.6	溶于水	<30	—	<0.3%
维生素 B_{12}	浅红色到浅黄色粉末	100 万	0.1%～1%	因载体不同而异	溶于水	—	—	—

续表 4-8

种类	外观	粒度/(个/克)	含量	容重/(毫克/千克)	水溶性	重金属/(毫克/千克)	砷盐/(毫克/千克)	水分
泛酸钙	白色到浅黄色粉末	100万	98%	0.6	易溶于水	—	—	< 20 毫克/千克
叶酸	黄色到浅黄色粉末	100万	97%	0.2	水溶性差	—	—	<8.5%
烟酸	白色到浅黄色粉末	100万	99%	0.5～0.7	水溶性差	<20	—	<0.5%
生物素	白色到浅褐色粉末	100万	2%	因载体不同而异	溶于水或在水中弥散	—	—	—
氯化胆碱	白色到褐色粉末	因载体不同而异	50%	因载体不同而异	部分易溶于水	<20	—	<30%
维生素C	无色结晶或白色到淡黄色粉末	因粒度不同而异	99%	0.5～0.9	溶于水	—		

资料来源：娄玉杰，实用动物饲养学，2002。

2.非营养性添加剂

非营养性添加剂主要包括生长促进剂、药用保健剂、饲料保藏剂和加工辅助剂等。目前养羊生产中常用以下几种。

(1)瘤胃素　也称莫能菌素,其功能是通过减少甲烷气体能量损失和饲料蛋白质降解、脱氨损失,控制和提高瘤胃发酵效率,从而提高增重速度及饲料转化率。瘤胃素的添加量一般为每千克日粮干物质中添加25～30毫克,均匀地混合在饲料中。最初喂量低,以后逐渐增加。出栏前5天停药。

(2)杆菌肽锌　杆菌肽锌为淡黄色至淡棕黄色粉末,无臭,味苦,稳定性好。杆菌肽锌对革兰氏阳性菌有较强的抗菌力,对阴性菌、螺旋体、放线菌也有效,无毒性,药物残留低。对羊有促生长作用,有利于养分在肠道内的消化吸收,改善饲料利用率,提高增重。羔羊用量,每千克混合料中添加10～20毫克,混合均匀后喂用。

(3)酶制剂　酶是活体细胞产生的具有特殊催化能力的蛋白质,是一种生物催化剂,对饲料消化吸收起重要作用。如饲料中添加纤维素酶,可提高羊对纤维素的分解能力,使纤维素得到充分利用。

(4)中草药添加剂　中草药添加剂是为预防疾病、改善机体生理状况、促进生长而在饲料中添加的一类天然中草药或中草药提取物。利用中草药添加剂饲喂育肥肉羊,具有健脾开胃、助消化、提高增重等功效。如张英杰等对肉用绵羊育肥公羔进行了中草药添加剂试验,选用黄芪、麦芽、山楂、陈皮、槟榔等中草药,经科学配伍粉碎混匀,每只羊每日添加15克,经2个月的饲喂期,试验组平均体重较对照组增加2.69千克,且发病率显著降低。

(5)碳酸氢钠　碳酸氢钠可调节瘤胃酸碱度,增强食欲,提高饲料消化率,用量一般占精料的1%～1.5%。应用时可采取逐渐增加喂量的方法,以免造成应激反应。碳酸氢钠与氧化镁合用,比例以(2～3)：1为宜。

(6)氧化镁　氧化镁可维持瘤胃适宜酸度,增加干物质采食量,有利于粗纤维和糖类消化。用量一般占精料的0.75%～1.0%。

(7)稀土　稀土是元素周期表中钇、钪及全部镧系共 17 种元素的总称,可作为一种饲料添加剂用于畜禽生产,具有良好的饲喂效果和较高的经济效益。一般作为饲料添加剂的稀土类型有硝酸盐稀土、氯化盐稀土、维生素 C 稀土和碳酸盐稀土。在育肥羊日粮中稀土添加量为 0.2%。

二、饲料加工调制方法

通过对饲料进行加工调制,可改变原饲料的体积和理化性质,便于采食,减少浪费;有的还可改变饲料的化学组成,消除饲料原料中有毒、有害因子,使原来不能利用的农副产品和野生植物通过加工调制后变成可利用的饲料。

(一)精饲料的加工和调制

1.粉碎

粉碎是精饲料最常用的加工方法,粉碎的程度直接影响精饲料的利用率。试验证明,粗粉与细粉相比,粗粉可提高适口性,提高肉羊唾液分泌量,增加反刍,提高消化吸收率,所以精饲料不宜粉碎过细,稍加粉碎即可。子实粉碎一般以 1～2 毫米为宜。

2.压扁

将谷物用蒸汽加热到 120℃左右,再用压扁机压成 1 毫米厚的薄片,迅速干燥。由于压扁可改变精料中的营养物质结构,如淀粉经加热糊化、纤维素软化,用于饲喂肉羊,可明显提高消化利用率。

3.制粒

将精饲料粉碎混匀,根据肉羊的营养需要,制成颗粒饲料。颗粒饲料具有饲喂方便,适口性好,羊采食量大,消化利用率高,给羔羊补料方便,饲养育肥羊增重效果好等特点;还能有效避免挑食、减少饲料浪费等好处,是肉羊生产中饲料加工发展的趋势。

(二)粗饲料的加工和利用

粗饲料的加工调制目的就是应用科学合理的方法，对粗饲料进行适当处理，以改善适口性，增加采食量，促进瘤胃微生物充分分解，提高消化率和利用率。目前粗饲料较为有效的加工处理主要有物理处理、化学处理和生物学处理3种方法。

1. 物理处理

(1)铡短　是调制秸秆等粗饲料最简便又最重要的方法。铡短增加了粗饲料与瘤胃微生物的接触面积，便于降解发酵。同时，铡短后可以减少咀嚼料时能量消耗，减少饲料浪费，便于与其他饲料配合利用，增加采食量。秸秆等粗饲料铡短的程度因肉羊年龄而异，一般以1.5～2.5厘米为宜。

(2)粉碎　试验结果表明，粗饲料粉碎较切短处理虽然使羊的消化率下降1%，但是，秸秆等粗饲料经粉碎后，羊采食量增加20%～30%，吃净率提高，大大弥补了消化率略有下降的不足，消化吸收的总养分增加，日增重可增加20%左右。

(3)制成颗粒或压块　将粗饲料粉碎后直接压制成颗粒饲料，或与其他较好的草粉、精饲料混合，制成全价颗粒饲料，可保持混合饲料中各组成部分的均质性，防止动物挑食，有效减少饲料的浪费，提高饲料的适口性和消化率。

据毛华明(1989)报道，秸秆压粒或压块后其密度增加10倍以上，使贮存和运输方便，也使贮存和运输过程中的损失减少20%～30%，使采食量增加30%～50%。

刁其玉等用秸秆颗粒化喂羊，在40天的试验期内，对照组平均每只羊增重了9.81千克，试验组每只羊增重了12.48千克，比对照组多增重2.67千克。就日增重分析，试验组日增重比对照组提高27.22%。

付春江等(1991)在保持精粗比(4∶6)一致的基础上，对羔羊日粮中干玉米秸秆的处理方法(粗粉碎、中等粉碎、细粉碎、细粉碎拌湿、细粉碎后并对整个日粮压粒)进行了研究，结果表明，颗粒料组的日采食量、日增重及饲料转化率均最优，而在不同粉碎细度的处理中以细粉碎组(0.8 厘米)最好。

(4)热喷 热喷是近年来采用的一项新技术。鲜玉米秸经热喷处理，可使粗纤维由 30.5%降低到 20.14%。热喷处理干玉米秸，可使粗纤维由 33.4%降低到 27.5%。添加尿素的秸秆热喷技术使麦秸的消化率达到 75.12%，玉米秸的消化率达到 68.02%，稻草的消化率达到 64.42%。每千克经热喷处理秸秆的营养价值相当于 0.6～0.7 千克的玉米子实。热喷饲料能改善羊瘤胃微生态环境、提高羊的采食量和生长速度。

此外，粗饲料的其他处理方法还有秸秆揉搓、秸秆碾青、蒸汽处理、辐射处理等。这些方法生产实践中应用较少，在此不作逐一介绍。

2. 化学处理——秸秆氨化

秸秆氨化是迄今最经济简便而又实用的秸秆处理方法之一。秸秆氨化的方法根据利用氨源的不同可分为液氨氨化、尿素氨化、碳酸氢铵氨化和氨水氨化等几种，其中以液氨氨化、尿素氨化效果较好。

(1)氨化作用 当氨遇到秸秆时，就与秸秆中的有机物质发生化学反应，形成氨盐(醋酸铵)。铵盐是一种非蛋白氮化合物，是肉羊瘤胃微生物的氮素营养源，可代替肉羊蛋白质需要量的 25%～50%。

(2)中和作用 氨与秸秆中有机酸结合，消除了醋酸根，中和了秸秆中潜在的酸度。由于瘤胃呈中性，pH 在 7.0 左右，中和作用使瘤胃微生物更活跃，因而可提高消化率，同时氨盐改善了秸秆的适口性，从而提高羊的采食量。

(3)主要操作步骤

①将氨化池清扫干净，把氨化秸秆切成 1～2 厘米长度。再将尿素制成水溶液，具体为按每 100 千克秸秆取尿素 5 千克，溶于 40～60 千克水中(用水量根据秸秆含水量而定，原则上要使氨化秸秆的水量达 30%～40%)，制成尿素溶液备用。

②将切碎的秸秆均匀放入氨化池中，每层厚度 20 厘米左右，每放入一层秸秆则喷洒一层尿素溶液，做到秸秆全部放入池中尿素液也用

完，并形成馒头状高出氨化池。

③密封。将薄膜沿馒头形顶面顺坡向池的四边铺压，把 20～30 厘米的薄膜边缘插入氨化池的内壁，池边用泥糊封严。在薄膜上面要压一层稻草或细软物料，能用泥土压实更好。

④开窖放氨。氨化处理的时间与季节、温度有关，如环境温度为 20℃时，可氨化 15 天左右。准确的氨化时间以原料颜色和气味判断，一般来说，原料呈深黄色，有氨味，柔软，呈糊香味时即可开窖放氨。

(4)氨化秸秆质量评定　第一，感官评定。可从秸秆的颜色、气味、质地、温度等几个方面加以综合判断。氨化好的秸秆，打开时有强烈氨味，放氨后呈糊香或微酸香味，颜色变成棕色、深黄色或浅褐色，质地柔软、松散，温度不高。第二，化学成分分析。秸秆氨化后，粗蛋白质、纤维成分等都会发生变化，特别是粗蛋白质含量会成倍增加。氨化好的秸秆粗蛋白质含量增加 1 倍。

(5)氨化秸秆贮存　放氨晒干的氨化秸秆，贮存方法同干草一样。

3. 生物学处理——青贮

(1)青贮原理及方法　青贮是储备青绿饲料的一种方法，是将新鲜的青绿饲料填入密闭的青贮塔、窖或其他密闭容器内，经过一段时间微生物的发酵作用而发生一系列物理的、化学的、生物的变化，形成一种多汁、耐贮、适口性好、营养价值高、可供全年饲喂的饲料。

(2)主要步骤

①收割：要掌握好青贮原料的刈割时间、及时收割。常用青贮原料适宜收割期见表 4-9。

表 4-9　常用青贮原料适宜收割期

青贮原料种类	收割适期	含水量/%
全株玉米(带果穗)	乳熟期	65
收玉米后的秸秆	果粒成熟立即收割	50～60
豆科牧草及野草	现蕾期及开花初期	70～80
禾本科牧草	孕穗及抽穗期	70～80
甘薯秧	霜前或收薯期 1～2 天	86
马铃薯茎叶	收薯前 1～2 天	80

②运输：割下的原料要及时运到青贮地点，以防在田间时间过长水分蒸发，因细胞呼吸作用造成养分损失。

③铡短：将原料切成 2～3 厘米，以利于装窖时踩实、压紧、较好地排出空气，沉降也较均匀，养分损失少。同时，铡短的植物组织渗出大量汁液，有利于乳酸菌生长，加速青贮过程。

④装窖：将青贮原料调整到水分含量在 60%～70%，然后开始装窖，随装随踩，每装 30 厘米左右踩实 1 次，尤其是边缘踩得越实越好。如果一次不能装满全窖，可在原料上面盖上一层塑料薄膜，窖面盖上木板，次日继续装填。

⑤盖膜封土：装填量需高于边缘 30～50 厘米，最后覆盖塑料薄膜后压土或压以其他重物，注意一定要保持薄膜的密闭性，防止漏气。

(3)青贮饲料质量评定　鉴定青贮玉米秸质量的好坏，一般可用感官鉴定法，即通过人的眼看、手摸、口尝，根据青贮玉米秸的颜色、气味和结构等方面来综合评定其好坏，一般分为以下 3 个等级。

①优良：优良的青贮玉米秸，其颜色应是青绿色或黄绿色并有光泽，接近于原来青贮前的颜色；其气味芳香宜人，具有浓郁酒酸香味，口感舒适，质地柔软。从结构来看，紧密、湿润，茎叶还保持原状并且易于分开。

②中等：其颜色为黄褐色或暗褐色，酸味中等，香味较淡，茎、叶部分保持原状，柔软，水多。

③低劣：其颜色为黑色或暗绿色，具有特殊的刺鼻腐臭味或霉味，无酸味或酸味较淡。肉眼看，大部分腐烂成污泥状，黏滑或干燥，或黏结成块而没什么结构。

(4)应用青贮玉米注意问题

①每天吃多少取多少，随用随取。

②开窖后，最好连续取用。取料时要取成平面，切忌挖洞，取后要封好。

③开始饲喂时应少些，待适应后再按需要量饲喂。并且，青贮玉米不能单独饲喂，应与秸秆或干草搭配使用，效果较好。

④青贮玉米有轻泻作用,妊娠母羊喂量不宜过多,以防发生流产。

4.常用干草的加工调制

(1)青干草的加工调制技术　青干草是指用青草或其他青绿饲料植物,在未结子实以前收割,经干燥而制成。由于它是由青绿饲料植物调制而成的,故仍保留一定的青绿颜色。

①牧草刈割:牧草刈割分为人工割草和机械割草。不论采取哪种刈割方式,都应把握适宜的刈割时间和刈割高度。

从刈割时间看,不同收割时期调制的青干草,其外观颜色、营养成分含量和消化率是有差别的,如苜蓿草(表4-10)。适时收割的青干草,不仅颜色青绿,气味芳香,叶多、茎秆较柔软,而且营养成分含量较高,消化和利用率也较好。一般豆科牧草应在初花期(10%开花时期)刈割,禾本科牧草应在抽穗至初花期刈割。

表4-10　苜蓿不同生长阶段营养成分及绵羊的消化率

生长阶段	营养物质含量(干物质基础)/(克/千克)						绵羊对营养物质的消化率/%				
	粗纤维	可消化粗纤维	粗蛋白质	可消化粗蛋白质	粗脂肪	无氮浸出物	粗蛋白质	粗纤维	粗脂肪	无氮浸出物	代谢能/(兆焦/千克)
蕾前期	235	80	253	213	29	365	89	45	50	76	10.33
现蕾期	260	128	215	170	35	361	79	49	38	78	9.87
盛花期	300	162	182	141	34	373	69	45	50	61	8.41

适宜的刈割高度,既能获得高的产草量,又能得到优质的牧草。同时,对于牧草的再生、越冬和以后各年份牧草产量都有益处。一般认为,人工牧草地牧草刈割高度为5～6厘米,粗大牧草、高大的杂类草,刈割高度可提高到离地面10～15厘米。

②牧草干燥:牧草干燥是生产青干草工作中的一个重要生产环节。在草地上生长的牧草含水量一般为65%～85%,需要通过一定时间的干燥,排去牧草中大量的水分,使牧草中水分降低到15%～18%,才能抑制植物酶和微生物的活动,确保干草的长期保存。牧草干燥方法,大致可分为自然干燥和人工干燥两大类。

自然干燥不需要特殊的设备，尽管在很大程度上受天气条件的限制，但仍是我国目前采用的主要干燥方法。常用的有田间干燥和草架干燥。

人工干燥法即利用加热、通风的方法调制干草。其特点是干燥时间短，可以减少牧草自然干燥过程中营养物质的损失，使牧草保持较高的营养价值，可进行大规模工厂化生产。常用的人工干燥主要有常温鼓风干燥、低温烘干和高温快速干燥。

③青干草品质的感官鉴定：主要从以下几方面进行感官鉴定。一是种类，天然草地干草主要看其中的组成种类及其含量。人工栽培牧草主要看杂草在整个草群中所占的比例，杂草所占的比例越小，其品质和营养价值越高；二是水分含量，青干草的水分含量一般为15%～18%；三是颜色和气味，优质青干草颜色为青绿色，颜色越深，表明所含可溶性营养物质、胡萝卜素及其他维生素越多，营养价值越高，气味浓郁、芳香；四是含叶量，青干草含叶量越多，营养价值越高。优质豆科干草的含叶量应占干草总重量的30%～40%。

(2)干草的加工

①牧草打捆：牧草干燥到一定程度后用打捆机进行打捆，减少牧草所占的体积和运输过程中的损失，便于运输和贮存，并能保持干草的芳香气味和色泽。为了防止贮藏时发霉变质，一般打捆应在牧草含水量15%～20%时进行，如果喷入防腐剂丙酸，打捆时牧草的含水量可高达30%，这样可有效防止叶和花序等柔嫩部分折断而造成的机械损失。

②草粉加工：为了减少饲草的营养物质损失，常将饲草制成草粉。生产中常用的草粉主要有苜蓿草粉、串叶松香草粉和作物秸秆草粉(如花生秧粉、甘薯秧粉等)。加工草粉的原料主要有优质豆科和禾本科牧草。干草用锤式粉碎机粉碎，制成1～3毫米的干草粉。草粉质量的评价指标主要有含水量、粗蛋白质含量、粗纤维含量及杂质含量等。我国常用的苜蓿草粉质量标准见表4-11。

表 4-11　苜蓿草粉质量标准(NY/T 140—2002)

质量指标	特级	一级	二级	三级
粗蛋白质/%	≥19.0	≥18.0	≥16.0	≥14.0
粗纤维/%	<22.0	<23.0	<28.0	<32.0
粗灰分/%	<10.0	<10.0	<10.0	<11.0
胡萝卜素/(毫克/千克)	≥130.0	≥130.0	≥100.0	≥60.0

草粉具有营养价值高,运输及应用方便等优点。优质草粉是肉羊冬春季节蛋白质、维生素、微量元素及其他生物活性物质的重要来源,也是舍饲养羊生产中应用最多的粗饲料。

③草粒加工:将草粉通过制粒机压制成草粒,直径为 0.64～1.27 厘米,长度为 0.64～2.54 厘米。草粒减少了氧化作用,也可在制粒时加入抗氧化剂,减少胡萝卜素等养分的氧化损失。

(3)干草的贮藏　调制好的青干草或草粉,最好存放在草棚内,露天存放时应盖好,以防雨淋。贮存处应保持干燥、凉爽、避光、通风,注意防火、防潮、灭鼠,防止酸、碱、农药等造成污染。

5.粗饲料的合理利用

(1)常年均衡供应　适量的粗饲料对肉羊生产性能以及疾病预防均有重要作用。粗饲料做到常年均衡供应,既可稳定肉羊瘤胃和肠道内环境,防止消化机能的紊乱和酸中毒,又能使肉羊保持长期稳定的生产性能。

(2)选择优质粗饲料　优质粗饲料,应当是营养丰富、易被消化吸收、适口性好,对机体无毒副作用,是不可替代的日粮成分,也是提高生产性能的最有效的饲料。用做高产及优质育肥肉羊的粗饲料,应首选苜蓿干草及其他一些豆科牧草和羊草等品质优良的粗饲料,其次是花生秧、甘薯蔓、绿豆荚、大豆荚、蚕豆荚(秸)等。玉米秸、稻草、麦秸等由于营养物质含量低,消化利用率低,应进行适当的加工和调制后饲喂。

(3)做到精、粗料合理搭配　不论哪种粗饲料,营养都不全面,只有根据肉羊的营养需要合理搭配,才能最大限度地满足营养需要,充分发挥肉羊的生产性能。生产实践中，肉羊粗料比例一般不低于日粮的40%。育肥前期精粗料比一般为70∶30或60∶40，育肥后期精粗比可达到40∶60。为防止酸中毒，可适量加入缓冲剂碳酸氢钠以调节pH。

(4)选择适宜的加工调制方法　各种牧草，由于其本身营养物质含量较高，且易于消化。因此，可采用干燥制作干草或进一步打捆、压块、制粒、制粉的方法进行调制，既保存了牧草的营养成分，又不会增加太多的加工成本。对于农作物秸秆，如花生秧、地瓜秧等可通过干燥制作干草；另外一部分，如玉米秸，可通过生物和化学处理的方法，如青贮、氨化、微贮等，来改善粗饲料的营养价值和消化率，以提高其适口性和营养价值。粗饲料不宜粉得太细，要保持3～5厘米的长度。

(5)选用正确的饲喂方法　在饲喂上应采用先粗后精或精粗混合的方法，精料尽量做到少量多次饲喂，避免一次摄入大量精料。氨化饲料喂量不宜太多，不宜在高温或阳光下饲喂。

三、日粮配合

(一)日粮配合原则

(1)确定合适的营养标准　根据肉羊在不同饲养阶段的营养需要量，科学确定饲料配方的营养标准，依据所选定的饲养标准进行配制。

(2)日粮配合应以青、粗饲料为主，适当搭配精料　除保证各种营养成分之间的平衡外，还应保证日粮精料和粗饲料比例合适，体积适当，能够提供足够的干物质和粗纤维含量，否则会影响肉羊的正常消化和新陈代谢过程。对早期断奶的育肥羔羊，应适当降低粗料比例，提高精料比例。此外，配合日粮时还应尽量多用几种饲料原料进行配合，这样可以充分发挥各种原料之间的营养互补作用，以保证营养物质的完善，有利于提高日粮的消化率和营养物质的利用率。

(3)充分利用本地饲料资源，力求保持饲料种类稳定　利用本地饲料资源,可以保证饲料来源充足,减少饲料运输费用,降低饲料的生产成本。保持所用饲料种类相对稳定,可有效减少肉羊消化系统疾病发生。如果必须改变饲料种类和配合比例时,应逐渐更换,否则会影响肉羊的生产性能。

(4)了解饲料的特性,注意饲料原料的多样化　在配合日粮时必须对各类饲料的特性有所了解,对所选饲料的营养成分要清楚。有条件的地方应利用自己分析测得的营养成分数据,如果没有条件分析,必须借助饲料营养成分表时,要选用和当地相近、加工工艺相同的数据。

(5)注意饲料原料的品质和适口性　在设计饲料配方时,应严格掌握所选饲料原料的质量,注意原料的适口性,对于那些有不良特性和适口性差的原料要先进行加工处理,并限制其在饲料中的使用量。

(6)注意饲料的安全性和合法性　配方设计必须注意饲料安全问题,遵循国家的《产品质量法》、《饲料和饲料添加剂管理条例》、《兽药管理条例》、《饲料标签》、《饲料卫生标准》、《饲料药物添加剂使用规范》等有关饲料生产的法律法规,决不违禁违规使用药物添加剂,不超量使用微量元素和有毒有害原料,按标准正确选择使用饲料原料和添加剂,确保饲料产品的安全性和合法性。

(二)日粮配合的方法

1.日粮配合方法

羊日粮是指羊在一昼夜内所采食的各种饲料数量的总和。日粮配合的基本方法有以下几种:方程法、试差法和计算机法。

计算机法是利用电子计算机把各种饲料中所含的营养成分和单价输入计算机内贮存,又输入饲养标准所要求的各项营养素的需要量,再输入计算机程序,按要求计算出各种营养素都符合营养需要的最低成本配方。目前国内较大型种羊场或饲料加工厂都广泛采用计算机进行饲粮配合计算,此法具有方便、快速和准确的特点,能充分利用各种饲料资源,降低配方成本。

2. 日粮配合步骤

现以试差法为例，说明羔羊育肥日粮的具体配制步骤。

(1)确定饲养标准及所用饲料养分含量　根据育肥羊群的平均体重和欲达到的日增重水平选定饲养标准，确定配合日粮的营养水平，并查羊饲料营养成分表，列出所用饲料的养分含量表。

(2)确定各类粗饲料的喂量　粗饲料是反刍肉羊日粮的主体，一般粗饲料的干物质采食量占育肥羊体重的2%～3%。选定所用粗饲料种类及每只羊日喂量，以风干物质为基础，计算出各种粗饲料所提供的营养成分，并加以总和。

(3)计算应由精饲料提供的养分量　每日的总营养需要与各类粗饲料所提供的养分之差，便需由精料来补充。

(4)确定混合精饲料的配合比例及数量　根据经验草拟一个配方，初步计算其营养成分含量，再按照试差法对不足或过剩的养分进行调整。在能量和蛋白质含量以及饲料搭配基本符合要求的基础上，再调整补充钙、磷、食盐及添加剂等其他指标。

(5)检查、调整与验证　上述步骤完成之后，将所有饲料提供的各种养分进行总和，如果实际提供量与其需要量相差在±5%之间，说明配方合理。如超出此范围，可按前面所讲的方法，适当调整个别精饲料的用量，以充分满足其需要。

(6)计算精料补充料配方　求出全日粮型饲料配方后，以风干物质为基础，计算出各种精料(包括矿物质和添加剂)在全日粮型饲料配方中所占百分比，以此为基础计算出精料补充料的配方，以便生产配合饲料。

现举例说明肉羊日粮配合的设计方法。例如为平均体重30千克的杜(黑头杜泊♂)×寒(小尾寒羊♀)杂交一代育肥公羊群设计饲料配方，预计日增重为300克，饲喂的饲草饲料有青贮玉米秸、野干草、玉米、麸皮、豆饼、磷酸氢钙、石粉、食盐。

第一步：查NRC(1985)育肥羊饲养标准表。参考杜泊绵羊的营养标准和小尾寒羊营养需要，给出杜×寒杂交一代育肥公羊每天的养分需要量，见表4-12。

表 4-12 育肥公羊每天养分需要量

体重/千克	日增重/克	干物质采食量/千克	消化能/兆焦	粗蛋白质/克	钙/克	磷/克	食盐/克
30	300	1.4	20.06	200	6.0	3.5	6.0

第二步：查羊常用饲料营养成分表给出所用饲料养分含量，见表4-13。

表 4-13 常用饲料营养成分表

饲料名称	干物质/%	消化能/（兆焦/千克）	粗蛋白质/（克/千克）	钙/%	磷/%
青贮玉米秸	22.7	2.26	21	0.1	0.02
野干草	90.6	9.86	89	0.14	0.09
玉米	88.4	16.13	86	0.04	0.21
小麦麸	88.6	11.09	144	0.18	0.78
豆饼	90.6	15.93	430	0.32	0.50
磷酸氢钙	100	0	0	21	16.5
石粉	100			37	

第三步：求出粗饲料的营养含量。

设粗饲料和精饲料的用量比例为35%∶65%，玉米青贮和野干草的比例为3∶1。30千克体重的羊需饲料干物质为1.4千克，则粗饲料干物质的投喂量为0.49千克(1.4千克×35%)，玉米青贮干物质含量为22.7%，其投喂量为1.44千克(0.49千克÷22.7%×66.7%)，干草的投喂量为0.18千克(0.49千克÷90.6%×33.3%)。则粗饲料的营养价值量为：消化能5.02兆焦，粗蛋白质46.0克，钙1.69克，磷0.44克(即玉米青贮营养量和野干草营养量的合计)。由此可以得出补充精料的营养投喂量为：干物质0.91千克，消化能15.04兆焦，粗蛋白质

145 克，钙 4.31 克，磷 2.86 克（即由饲养标准减去粗饲料的营养价值量），见表 4-14。

表 4-14 粗饲料提供的养分含量及精料需补充的养分含量

饲料名称	干物质/千克	日喂量/千克	消化能/兆焦	粗蛋白质/克	钙/克	磷/克
青贮玉米秸	0.31	1.44	3.25	30	1.44	0.28
野干草	0.18	0.20	1.77	16	0.25	0.16
粗饲料提供	0.49		5.02	46	1.69	0.44
精料需补充	0.91		15.04	154	4.31	3.06

第四步：草拟精料补充料配方，假设精料混合料配方为玉米 62%、小麦麸 18.4%、豆饼 17%、食盐 1.0%、磷酸氢钙 0.5%、石粉 0.6%、微量元素＋维生素预混料 0.5%。将所需精料干物质 0.91 千克按上述比例分配到各种精料中，并计算其营养含量，见表 4-15。

表 4-15 草拟精料补充料配方营养含量

饲料名称	干物质/千克	日喂量/千克	消化能/兆焦	粗蛋白质/克	钙/克	磷/克
玉米	0.564 2	0.638 2	10.29	55	0.255	0.134
小麦麸	0.167 4	0.188 9	2.09	27	0.340	1.470
豆饼	0.154 7	0.170 8	2.72	73	0.546	0.854
食盐	0.009 1	0.009 1				
磷酸氢钙	0.004 55	0.004 55			0.956	0.751
石粉	0.005 46	0.005 46			2.020	
预混料	0.004 55	0.004 55				
合计	0.91		15.10	155	4.117	3.209

从表 4-15 可看出，干物质、消化能、粗蛋白质已基本满足需要，钙略有不足，磷稍超标，现在用石粉代替部分磷酸氢钙进行调整，调整后的配方见表 4-16。

表 4-16 精料组成和营养成分含量

饲料名称	干物质/千克	日喂量/千克	消化能/兆焦	粗蛋白质/克	钙/克	磷/克
玉米	0.564 2	0.638 2	10.29	55	0.255	0.134
小麦麸	0.167 4	0.188 9	2.09	27	0.340	1.470
豆饼	0.154 7	0.170 8	2.72	73	0.546	0.854
食盐	0.009 1	0.009 1				
磷酸氢钙	0.003 55	0.003 55			0.746	0.586
石粉	0.006 46	0.006 46			2.390	
预混料	0.004 55	0.004 55				
合计	0.91		15.10	155	4.277	3.044

从表 4-16 可看出，干物质、消化能、粗蛋白质、钙、磷已基本满足需要，平均体重 30 千克的杜×寒杂交一代育肥公羊的日粮配方见表4-17。相应的精料混合料配方为：玉米 62%，小麦麸 18.4%，豆饼 17.0%，食盐 1.0%，磷酸氢钙 0.39%，石粉 0.71%，微量元素＋维生素预混料 0.5%。

表 4-17 日粮组成和营养成分含量

饲料名称	干物质/千克	日喂量/千克	消化能/兆焦	粗蛋白质/克	钙/克	磷/克
青贮玉米秸	0.31	1.44	3.39	12	1.50	0.3
野干草	0.18	0.20	1.77	14	0.25	0.16
玉米	0.564 2	0.638 2	10.29	55	0.255	0.134
小麦麸	0.167 4	0.188 9	2.09	27	0.340	1.470
豆饼	0.154 7	0.170 8	2.72	73	0.546	0.854
食盐	0.009 1	0.009 1				
磷酸氢钙	0.003 55	0.003 55			0.746	0.586
石粉	0.006 46	0.006 46			2.390	
预混料	0.004 55	0.004 55				

(三)典型日粮配方

在查阅国内外资料的基础上,经反复比较,摘录了部分饲料配方(表 4-18 至表 4-28),仅供参考。

表 4-18　澳大利亚绵羊羔羊液体饲料(人工乳)配方

成分	数量	成分	数量
全脂奶粉/克	6 205	营养成分	
水/克	23 750	干物质/%	19.6
硫酸镁/克	60	粗蛋白质/%	29.0
胆碱/克	16	粗脂肪/%	26.2
肌醇/克	1.2	能量/(千焦/克)	23.6
对氨基苯甲酸/克	0.1	矿物质	
维生素 C/克	0.6	七水硫酸亚铁/(克/升)	60.0
月桂酸盐/克	0.6	氯化锌/(克/升)	9.3
山梨酸酯钾/克	6.0	四水硫酸锰/(克/升)	10.0
多种矿物质/毫克	100	五水硫酸铜/(克/升)	0.8
多种维生素营养成分/毫克	100	六水氯化钴/(毫克/升)	24.0
		碘化钾/(毫克/升)	80.0
维生素			
维生素 A/(国际单位/升)	18 000	维生素 D/(国际单位/升)	7 500
维生素 E/(毫克/升)	20	维生素 B_1/(毫克/升)	10
维生素 B_2/(毫克/升)	5	维生素 B_6/(毫克/升)	3
维生素 B_{12}/(毫克/升)	20	维生素 K/(毫克/升)	800
烟酸/(毫克/升)	35	泛酸/(毫克/升)	25

表 4-19　绵羊哺乳羔羊颗粒料补饲日粮配方

原料	前期	后期
玉米/%	50.5	48.5
小麦麸/%	8.0	7.0
大豆粕/%	16.0	15
花生粕/%	7.0	6

续表 4-19

原料	前期	后期
甘薯秧粉/%	5.0	10
花生秧粉/%	10.0	10
磷酸氢钙/%	2.0	2
添加剂/%	1.0	1
食盐/%	0.5	0.5
合计/%	100.0	100
消化能/(焦耳/千克)	13.38	13.05
粗蛋白质/%	16.93	16.21
钙/%	0.68	0.72
磷/%	0.62	0.61
粗纤维/%	7.67	8.94
精料比例/%	85	80

添加剂为每千克日粮提供：铁 50 毫克；铜 6 毫克；锌 50 毫克；锰 45 毫克；钴 0.2 毫克；碘 0.3 毫克；硒 0.2 毫克；多种维生素 0.3 克。

表 4-20　绵羊羔羊育肥日粮配方　　%

原料	配方 1	配方 2	配方 3	配方 4	配方 5	配方 6	配方 7
苜蓿干草	自由采食	64	30	自由采食	21	自由采食	自由采食
玉米	58	12		83	21.5	50	58
玉米(果穗)			55				
燕麦(大麦)	20	9.0					
小麦麸	10				17	22	19.5
豆饼	10	10	9	15	10.5	15	
菜籽粕					21		
棉籽粕						11	10
饲用酵母					6.8	10	
糖蜜		3.0	4.0				
石粉	0.5	0.6	0.5	0.6	1.0	0.6	0.5
磷酸氢钙	0.5	0.5	0.5	0.5		0.4	0.5
食盐	0.7	0.6	0.7	0.6	0.7	0.5	1.0
预混料	0.3	0.3	0.3	0.3	0.5	0.5	0.5
合计	100	100	100	100	100	100	100

表 4-21　绵羊羔羊育肥精粗混合型饲料配方

饲料及营养水平	精料比例		
	低水平(40%)	中水平(50%)	高水平(60%)
玉米/%	27.1	33.2	40.5
麸皮/%	3.7	4.8	4.9
豆粕/%	4.7	6.8	8.2
棉籽粕/%	2.2	2.9	4.4
磷酸氢钙/%	0.8	0.8	0.5
食盐/%	0.5	0.5	0.5
1%预混料/%	1	1	1
花生秧粉/%	30	25	20
地瓜秧粉/%	30	25	20
合计/%	100	100	100
消化能/(兆焦/千克)	11.6	12.4	13.2
粗蛋白质/%	12.2	13.3	14.3
钙/%	0.94	0.82	0.66
磷/%	0.3	0.33	0.32
粗纤维/%	22.2	19.3	16.5
价格/(元/千克)	1.21	1.37	1.52

表 4-22　绵羊羔羊舍饲育肥日粮配方

饲料及营养水平	配方 1	配方 2	配方 3	配方 4
玉米秸/%	40.00	50.00	60.00	52.00
玉米/%	25.34	20.00	18.29	34.17
豆粕/%	23.52	19.21	14.00	9.00
棉籽粕/%	9.00	9.02	6.00	3.00
石粉/%	0.93	0.81		
磷酸氢钙/%	0.51	0.56	1.01	0.80
食盐/%	0.70	0.40	0.70	1.03
消化能/(兆焦/千克)	11.64	11.23	10.83	11.37
粗蛋白质/%	16.73	15.03	12.83	10.04
钙/%	0.56	0.51	0.62	0.51
磷/%	0.41	0.38	0.40	0.34
日增重/克	244	224	167	189
料重比	5.93	6.03	7.67	6.67

表 4-23 美国绵羊羔羊育肥饲料配方

原料	育肥初期		育肥期	
	1～10 天	10～14 天	中等能量	低能量
玉米/克	600	780	1 175	1 060
干草/克	1 280	1 000	800	940
糖蜜/克	100	100		
胡麻饼/克	100	100		
豆饼/克				25
食盐/克	20	20		
蛋白质/%	12.90	12.20	11.37	11.29
总消化养分/%	57.10	61.60	67.10	64.90
草料比例	64∶36	50∶50	40∶60	47∶53

表 4-24 保加利亚绵羊羔羊早期断奶育肥颗粒饲料配方 %

原料	配方 1	配方 2
玉米粒	32.8	35.0
大麦	10.0	8.9
燕麦	14.0	
麸皮	10.0	6.0
向日葵饼	8.0	18.9
脱脂奶粉	5.0	
豆饼	10.0	
苜蓿		30.0
饲用干酵母	3.0	
废糖蜜	5.0	
微量元素	0.5	0.5
白垩	1.1	0.3
食盐	0.6	0.4

表 4-25 甘肃农业大学绵羊不同营养水平和饲料组合试验颗粒饲料配方

原料	配方 1	配方 2	配方 3
玉米/%	42.0	23.5	11.5
小麦/%	12.8	10	6.0
菜籽粕/%	9.8	10.0	9.5
棉籽粕/%	7.5	7.5	7.2
玉米蛋白粉/%	3.7	1.5	0.6

续表 4-25

原料	配方 1	配方 2	配方 3
青干草/%	12.6	26.3	34.0
玉米秸/%	9.4	19.7	25.5
磷酸氢钙/%		0.10	0.3
石粉/%	1.4	0.6	0.07
食盐/%	0.5	0.5	0.5
膨润土/%			4.5
添加剂/%	0.3	0.3	0.3
总计/%	100.0	100.0	100.0
粗蛋白质/(克/千克)	153.2	138.3	123.7
消化能/(兆焦/千克)	12.5	11.3	10.1
钙/(克/千克)	7.0	6.8	6.8
磷/(克/千克)	3.5	3.3	3.3

表 4-26　山羊羔羊代乳料配方　　%

原料	前苏联	美国
脱脂乳	68	
脂肪	26	30～32
磷脂	3	
乳蛋白		22～24
乳糖		22～25
纤维素		1
矿物质		5
维生素＋抗生素		5
微量元素＋维生素＋氨基酸预混料	3	
合计	100	

表 4-27　山羊羔羊育肥精料配方　　%

原料	比例	原料	比例
玉米粒	83	大豆粕	15
微量元素＋多维素	0.1	石灰石	1.4
食盐	0.5	优质干草	补饲

注:微量元素＋多维素:每千克饲料添加硫酸锌 150 克、硫酸钴 5 克、硫酸钾 1 克、氧化镁 200 克、硫酸锰 80 克、维生素 A 10 000 国际单位、维生素 D 1 000 国际单位、维生素 E 20 国际单位。

表 4-28　山羊羔羊舍饲育肥精料配方　%

原料	比例	原料	比例
玉米	66	豆饼	22
麸皮	8	磷酸氢钙	1.0
细贝粉	0.5	食盐	1.5
尿素	1.0	含硒微量元素＋维生素 AD_3 粉	＋
总计	100	精粗比	60∶40

注："＋"表示添加，添加量以产品说明为准。

第三节　肉羊营养调控

采用先进的营养与调控技术，如适当补充蛋白质饲料、可发酵纤维物质、过瘤胃蛋白质、精粗混饲等营养调控措施，可以改进肉羊对各种营养物质的消化、吸收和利用，提高其生产性能。

一、提高饲料的适口性和消化率

（一）提高饲料的适口性

饲料适口性是饲料的滋味、香味和质地特性的总和，是动物在觅食、定位和采食过程中视觉、嗅觉、触觉和味觉等感觉器官对饲料的综合反映。饲料适口性是以动物的采食量来体现的，它通过影响动物的食欲来影响采食量。

采食量是衡量肉羊摄入营养物质数量的尺度。采食量的大小，通常取决于饲料的适口性。一般情况下，饲料适口性好，则肉羊的食欲强，采食量大。反之，饲料适口性差，则食欲缺乏，采食量小，因而采食量是影响肉羊生产效率的重要因素。饲料适口性问题是生产高品质饲料必须要解决的问题。

1.影响饲料适口性的因素

(1)抗营养因子　抗营养因子不仅阻碍营养成分的消化吸收,某些抗营养因子还直接影响饲料的适口性。影响饲料适口性的抗营养因子主要有单宁、硫葡萄糖甙、芥子碱、植物凝集素、水溶性非淀粉多糖等。存在于高粱中的单宁,具有苦涩味,进入肉羊体内后,能与胃肠蛋白质结合,分解出有强烈刺激性的没食子酸,影响适口性和采食量。存在于大豆等豆科植物中的植物凝集素,它能与小肠壁的黏膜结合,影响小肠上皮细胞的正常生理功能,造成消化酶活性的改变。广泛存在于大麦、小麦、燕麦等谷物饲料及其副产品(如次粉、麦麸)中的水溶性非淀粉多糖(主要包括 p-葡聚糖、阿拉伯木聚糖等),不仅黏性大,而且不易分解吸收,进而影响肉羊的食欲,降低采食量。

(2)饲料霉变　饲料在保存过程中,由于高温、高湿气候,或饲料本身水分含量高,贮存不当,导致饲料被霉菌毒素污染,出现发热、明显霉味等一系列变化,失去饲料正常的香味,严重影响饲料的适口性。另外,用作饲料原料的谷物类,如玉米等,在未收获前由于长期阴雨,受到呕吐毒素等单端孢霉烯族毒素的污染,用于饲料中能引起敏感动物的呕吐,导致动物采食量显著下降。

(3)饲料氧化酸败　脂肪是饲料中不可缺少的成分之一,在肉羊生长中起着重要的作用。但在高温、高湿的环境条件下,脂肪含量高,特别是不饱和脂肪酸含量高的饲料,极易与空气中的氧作用,发生氧化而出现酸败,产生不愉快的气味和苦涩味,造成适口性显著下降。如米糠含不饱和脂肪酸较高,在高温高湿的夏季易发生氧化酸败。

(4)饲料中含有某些刺激性气味　各种酿造发酵副产品,如酵母粉、药渣、酒糟、酱渣等,这些产品本身具有一定的营养价值,而且能够降低饲料成本,具有较高的使用价值。但发酵后具有一定刺激性气味,影响饲料的适口性。

某些防霉剂及某些用于促生长的添加剂,如抗生素等,具有较强的苦味,也能影响饲料的适口性,导致采食量下降。

(5)加工调制不当 同样的原料,同样的配方,加工方法不同,可使饲料的适口性不一样。如粉碎粒度,羊饲料粉碎粒度宜粗一些,粉得过细则会影响饲料适口性。制作颗粒饲料时,因通入蒸汽不足,调质温度低,形成过度挤压,产生黑色的硬颗粒,也会影响饲料的适口性。

(6)矿物质含量过多或缺乏会导致食欲减退 饲料原料中杂质含量过高,如在麦麸中掺滑石粉、饼粕中掺泥沙等,用这样的原料加工饲料,导致适口性严重下降。

此外,还有一些饲料原料,因容重较轻,也会对适口性造成影响。

(7)蛋白质能量不平衡 "为能而食"是动物的本能。肉羊可通过增加或减少采食量,来适应日粮中能量浓度的降低或增高。如某种饲料能量高,而蛋白质等其他营养成分相对偏低,其表现出来的就是这种饲料的适口性降低,采食量下降,导致生长、生产能力下降。

2.改善饲料适口性的措施

(1)消除抗营养因子对饲料适口性的影响 尽可能选择抗营养因子含量较低的原料,如选择"双低"油菜籽为原料的菜籽粕。限量使用含抗营养因子的原料,如在日粮中限量使用棉籽粕。采用膨化、制粒等加工方法,不但可使饲料本身的香味增加,适口性改善,还可使一些抗营养因子失活,如植物凝集素、棉酚等,膨化后的活性大幅度降低。实践证明,玉米、豆粕、米糠、棉籽粕、菜籽粕及其他原料,通过膨化都可提高其适口性。

(2)防止饲料霉变 必须把饲料水分控制在安全范围内,严禁使用霉变原料。改善贮存条件,尽量缩短贮存时间。饲料原料和饲料成品要贮存在阴凉、干燥、通风处,防止包装破损。选用高效、安全的防霉剂,适量添加,以确保饲料不受霉菌毒素污染。对已受霉菌毒素污染的原料可添加霉菌毒素吸附剂。

(3)防止饲料氧化酸败,保证使用新鲜原料 对不饱和脂肪酸含量高的原料,如全脂米糠等,在高温季节谨慎使用,做到随进随用。正确使用抗氧化剂。避免饲料直接被阳光照射。

(4)提高加工质量,改善饲料品质 根据不同生长、生产阶段肉羊的采食要求，掌握好原料的粉碎粒度和颗粒饲料的大小，控制好制粒调质温度和时间，使颗粒均匀、大小一致，香味纯正，膨松可口。

(5)把好原料质量关，合理使用各种原料　坚决杜绝使用不合格原料，尽量使用新鲜原料，按照先进先出原则使用。合理进行原料评估和搭配使用，取长补短，保证配方的合理性。对于有刺激性气味的原料，应控制配方用量。

(二)提高饲料的消化率

利用现代技术充分发挥肉羊能够利用纤维素和非蛋白氮的潜力，最大限度减少饲料，特别是精饲料在消化代谢过程中造成的损失，提高利用效率，达到高效节粮的目的。可采取以下措施。

1.提高低质饲料的利用效率

①选择经济合适、有效的低质粗饲料加工处理方法，如物理法、化学法、生物法等，提高低质粗饲料饲用价值，增加采食量，提高饲料利用率。如尿素氨化秸秆加石灰复合处理，可增加粗蛋白质 1～2 倍，采食量增加 30%～50%，消化率提高 8%～15%。

②合理调控瘤胃内环境，如在日粮中补充适量能量物质，补加适当数量的非蛋白氮，补充矿物质硫，添加适宜的日粮脂肪等，可保证瘤胃微生物的正常生长和繁殖，增强蛋白质合成能力，提高瘤胃中氮的利用率和纤维素的消化率。试验表明，每天给饲喂低质蛋白质干草的肉羊添加 50～100 克淀粉(或蔗糖)，粗纤维的消化率从 43%提高到 54.5%。

2.提高非蛋白氮的利用效率和比例

非蛋白氮，特别是尿素，可代替部分蛋白质饲料喂肉羊。要想保证尿素最大限度发挥营养作用，就应在尿素进入瘤胃后，控制和减缓氨的释放速度，维持较低的氨浓度，从而防止氨中毒和促进尿素的利用。例如：采用尿素包被处理工艺；将尿素和淀粉质饲料及载体混合，形成溶解慢的缓释尿素饲料；制作糖蜜尿素舔砖；利用双缩脲等尿素衍生物；等等。这些措施和方法都能有效地控制和减缓氨的释放速度，提高微生物利用氨合成微生物蛋白质的效率。

3.合理利用日粮蛋白质成分和日粮组合效应，提高精饲料的利用率

研究表明，高蛋白质水平可以在一定程度上提高淀粉利用率和能量的表观消化率。给肉羊饲喂高水平的非降解蛋白质时，淀粉在瘤胃和瘤胃后肠道的降解率都较高。

4.建立合适的精饲料加工体系

建立适合反刍动物消化代谢特点的精饲料加工体系，有效调控因瘤胃发酵造成的能量损失与蛋白质饲喂价值的降低。例如：对谷物进行粉碎、破碎、蒸汽压片等处理，可改变谷物的消化率（表 4-29）；对蛋白质饲料进行保护处理（蛋白质的过瘤胃保护），可避免其在瘤胃内发酵降解，从而直接进入小肠被吸收利用，提高蛋白质饲料利用率。

表 4-29　不同淀粉加工方式对绵羊采食量、瘤胃降解率和消化率的影响

谷物类型	饲喂形式	日粮中比例/%	淀粉采食量/（克/天）	瘤胃消化率/%	全消化道消化率/%
大麦	碾压	100	479	92	100
	整粒	100	573	95	—
	蒸汽压片	68	369	95	100
玉米	粉碎	80	613	78	100
	蒸汽压片	80	626	96	100
高粱	碾压	68	398	89	100
	蒸汽压片	69	373	89	100

资料来源：冯仰廉，反刍动物营养学，2006。

5.应用饲料添加剂

添加某些药物如饲喂抗生素，可使瘤胃丙酸、丁酸比例下降，氨态氮浓度降低，淀粉降解率和氮降解率下降，增加了淀粉流入小肠的比例，从而提高了淀粉的利用率。饲料中应用瘤胃素（莫能菌素），可以改变瘤胃微生物群体组成和消化酶的活性，从而影响瘤胃内营养物质的发酵过程，使游离氨基酸的降解率降低，乙酸与丙酸之比降低，减少甲烷的产生，从而降低了动物对蛋白质需要量，节省饲料蛋白质。

6.利用益生素增强瘤胃机能,提高饲料利用率

益生素菌株一般包括乳酸菌、芽孢杆菌、光合细菌、酵母菌等。与反刍家畜关系密切的是丝状真菌、酵母菌等。研究发现,利用真菌益生素作为肉羊的饲料添加剂,能使瘤胃中的总菌数和纤维素分解菌数成倍提高,从而增强瘤胃微生物的分解代谢作用,使秸秆中的纤维素、半纤维素等多糖类物质降解为单糖,并转化为挥发性脂肪酸,为肉羊提供能量来源,同时为微生物蛋白质的合成提供充足的碳,达到提高粗饲料营养价值和利用效率的目的。

二、改善体内微生态平衡

1.适量补充能量

瘤胃内容物的能量浓度是决定瘤胃微生物合成速度的主要因素。首先,能量水平对细菌的生长和繁殖有着决定性作用。细菌利用氮或氨基酸是一个耗能过程,而这些能量主要由日粮中的碳水化合物发酵产生。其次,瘤胃细菌必须利用碳水化合物形成各种 α-酮酸,才能通过氢化作用形成氨基酸。大量试验已证明,当瘤胃中有充足的易利用能源时,瘤胃中氮的利用率高,微生物生长繁殖快,蛋白质合成强度大;而能量不足时,纤维素分解菌不能发育完全,使日粮中粗纤维素和其他营养物质的消化率降低。纤维素分解菌迅速繁殖,其适宜的 pH 为 6.2～7.0。试验表明,每天给饲喂低质蛋白质干草的绵羊添加 50～100 克淀粉(或蔗糖),粗纤维的消化率可以从 43%提高到 54.5%。若添加超过 200 克时,消化率降至 34.1%。因此,日粮中适宜的易消化碳水化合物的添加量对提高粗纤维的利用率非常重要。通常肉羊每千克活重适宜供糖量为 1～3 克。

2.适当补加非蛋白氮

瘤胃中的氨浓度是决定蛋白质合成的重要因素。氨是瘤胃微生物合成蛋白质的基本原料,故在微生物合成作用的最高限度内,当能量供应充足时,氨浓度的大小直接影响着蛋白质的合成。一些研究提出的

最佳氨态氮浓度范围是 0.35～20 毫克/100 毫升瘤胃液。Okorie 和 Buttery 等在瘤胃氮浓度为 5×10^{-3} 摩尔/升时获得了最高的瘤胃蛋白质合成量。

3. 适当补充硫元素

硫具有促进瘤胃微生物生长的作用，是确保微生物最佳生长的重要物质，所以必须持续不断地给瘤胃微生物提供足够的硫源。硫缺乏时会影响肉羊对纤维素的消化和瘤胃内挥发性脂肪酸（VFA）的比例，并会导致食欲减退甚至丧失，特别在以低质饲草为主的饲养模式中，补充硫十分重要。一般用瘤胃液的氮硫比（N/S）和硫化物浓度作为检测硫营养状况的指标。肉羊适宜的氮硫比是（10～14）∶1。

4. 合理控制瘤胃 pH

在大多数情况下，瘤胃 pH 取决于快速水解的碳水化合物的数量，还取决于与之配合的粗饲料中细胞壁组分的数量和组成。据报道，瘤胃 pH 低于 6.0～6.1 时，纤维素的分解全部被抑制。因此，如果要维持纤维素的分解作用，瘤胃 pH 必须保证在 6 以上。大量研究表明，日粮中精料水平较高时添加缓冲盐能明显提高采食量和纤维物质消化率，主要是它提高和稳定了瘤胃 pH，增加瘤胃液流通速率，纤维分解活性菌增强。

5. 调控日粮阴阳离子平衡

酸碱平衡与肉羊的生产性能和健康密切相关。尽管影响肉羊体内酸碱平衡的因素很多，但配合日粮是主要的影响因素。如果肉羊日粮中主要阳离子（Na^+、K^+）和主要阴离子（Cl^-、SO_4^{2-}）之间的比例失调，就会严重影响血液的 pH，进而导致酸碱平衡失调，影响肉羊的正常代谢活动和生产性能。向肉羊日粮中添加缓冲剂，如碳酸氢钠和氧化镁，不仅可改善日粮的阴阳离子平衡状况，调节肉羊体内的酸碱平衡，还能改善其生产性能。

6. 合理配合日粮

适宜的精粗比，不仅能提供足够的纤维，保证瘤胃的正常生理功能，同时能满足瘤胃微生物能氮平衡，使蛋白质和碳水化合物同步降解，为瘤胃微生物繁殖提供最佳营养源，提高精饲料的利用效率。

7. 改变饲养制度

现存的饲养体系大多是精粗分开饲喂，即粗料自由采食，如果提供的精料水平很高时，肉羊对粗料的采食量下降，瘤胃 pH 降低，不利于纤维素的消化。而改用全混合日粮饲养制度，可以增加肉羊的饲喂频度，刺激肉羊增加唾液分泌，维持适合于纤维素分解的瘤胃环境，以提高饲粮的利用潜力。

三、减少应激反应

应激是指机体对内外非特异性因素刺激所产生的机能障碍和防御反应。在饲养过程中，往往会遇到气候骤变、免疫接种、转圈分群、噪声等应激因素，对肉羊的生长发育和生产造成不良影响。因此，需采取有效措施加以预防，使应激造成的损失降到最低。

（一）引起肉羊应激反应的主要因素

①夏季高温、冬季低温以及气温突然大幅度变化，如夏季超过30℃，日温差在15℃以上。

②湿度过高（80%以上）。

③羊舍空气污浊。

④饲料质量达不到养殖要求，如饲料营养浓度过低、比例失调或霉变等。

⑤饲养密度过大。

⑥长途运输或转群。

⑦免疫、注射疫苗等。

⑧突发性巨大噪声。

⑨药物使用不当造成应激等。

(二)预防羊群应激措施

(1)改善饲养环境　肉羊生存的环境如温度、湿度、密度、空气污染度、光照、噪声等对羊群的应激有直接影响,因此应做好以下几点工作。

①冬季注意关闭门窗防风保暖,夏季注意通风防暑降温,尽量使羊舍温度保持在14～22℃。

②调控羊舍空气相对湿度在60%左右,无恶劣天气时,让肉羊在舍外活动以适应天气变化,雨季时在羊舍内放生石灰,降低湿度。

③保持适宜饲养密度。如肉用绵羊饲养密度一般为:成年公羊2米²/只,成年母羊1～1.2米²/只,育成羊0.8～1米²/只,羔羊0.5～0.8米²/只,怀孕后期母羊或哺乳母羊2.2～2.5米²/只。通常每群羊以20～30只为宜。

④保持羊舍内干燥卫生,每日清扫圈舍一次,降低羊舍空气中有害气体及尘埃、病原微生物的浓度。

⑤合理光照。光照对肉羊的繁殖机能、育肥及生理机能都具有重要的调节作用,应实行短光照制度即每日8小时光照,16小时黑暗。

⑥羊舍内及其周围避免车辆、机器、人员、其他动物等噪声应激,保持羊舍周围环境安静。

(2)加强饲养管理

①合理配制日粮。饲草、饲料要多样化,做到青干搭配、精粗搭配,既达到营养全面又精粗配比合理。变更饲草、饲料要逐渐进行,保证有3～5天的过渡期。

②保持饮水清洁卫生。久渴失饮时,防止暴饮暴食,冬季饮温水。夏季高温,必要时可在饮水中添加电解质,以缓解热应激。

③制定相关的饲养管理规程,做到"定时、定量、定点、定人"饲喂,让羊群有一个相对稳定及安静的采食、运动、休息规律。

④合理饲喂。饲喂时少喂勤添,按时饲喂,每天3～4次,每只羊每天干物质的采食量按其体重的3%～5%供给,保证采食均匀,防止拥挤及饥饱不均。并根据季节变化及时调整饲喂时间及方式,夏季避开

最热的时间，冬季避开最冷的时间。

⑤分群饲养。做到公母分群，成年羊、青年羊、羔羊、哺乳羊分群，空怀羊与妊娠羊分群，健康羊与弱羊、病羊分群。一旦分群后，尽量避免再次调动，因为肉羊一旦合群，其强弱、大小位次已经形成，有了相对稳定的群体结构，调动后就将其结构打乱。

⑥断奶。采取逐渐断奶法，并将羔羊留在原圈，母羊调至远离其羔羊的圈舍；断奶后母羊合群饲养，以相互刺激促进早日发情、配种。

⑦定期做好消毒、防疫、驱虫、剪毛、药浴等技术性工作，以增强羊只体质，提高抗应激能力。

⑧加强运动，减小圈养应激。长期舍饲圈养的肉羊，会造成防御机能弱化，消化吸收能力下降，代谢机能紊乱，生长发育迟缓，饲料转化率低，抵抗力下降易发多种疾病，如风湿、关节炎、生产瘫痪、难产等。因此，应加强运动，有放牧条件的可适当增加放牧距离。

⑨实行人性化管理。如分群、抓捕、驱赶、防疫、治疗、剪毛、药浴、打耳号、断尾、去势、去角等工作时，动作要轻柔，禁止抽打、恐吓、踢踩等粗暴行为。有些给羊只造成应激较大的工作，应分开进行，以降低应激程度。

(3)药物预防　发生应激时，采用药物预防有治疗和缓解作用。预防应激效果较好且被广泛采用的药物主要是镇静剂，如氯丙嗪、利血平、安定等。遇到强应激有流产征兆时，可注射黄体酮保胎。某些激素，如肾上腺皮质激素、地塞米松；维生素类，如维生素 C、维生素 E；微量元素，如硒、锌、铜、铁等；参与糖类代谢的物质，如柠檬酸；应激缓解剂，如杆菌肽锌；缓解酸中毒的药物，如小苏打等；维持酸碱平衡的物质，如氯化铵。这些药物在羊只断奶、分群、去势、去角、运输等之前服用，可以起到较好的抗应激作用。

(4)增强抗应激能力　使肉羊经受适度的锻炼是提高抗应激能力的重要措施。通过筛选增强抗应激能力，淘汰应激敏感羊，是提高抗应激能力的有效方法，也是预防应激最根本的措施。

健康养殖致富技术

第五章

肉羊健康养殖与调控

导　　读　健康养羊的概念具有系统性、集成性和生态性的内涵。健康无公害养殖是一个系统工程，包括生态环境调控、遗传育种、营养饲料、养殖技术、疾病防治等方面。集成性是指健康养殖是新理论、新技术、新材料、新方法在肉羊养殖上的高度集成，谋求经济与社会效益的统一。生态性是指根据羊的生物学特性，运用生态学原理来指导肉羊生产，也就是说要为羊营造一个良好的、有利于生长的生态环境。了解健康养殖与调控技术，运用科学、先进的方法和手段养殖肉羊，从而获得质量好、产量高的产品，且产品及环境均无污染、无公害，达到养羊和自然环境的和谐。

第一节　肉羊健康养殖技术与应用

一、空气质量

自然生态环境对肉羊育肥影响较大，尤其是空气质量，空气质量不好将直接影响育肥羊的增重和饲料报酬。如肉羊育肥场的空气质量不良，不仅影响羔羊的健康，诱发呼吸道疾病，而且影响大气环境和人类的健康。因此，改善空气质量，是保障养羊生产健康发展的基本条件。建议空气中不良气体和悬浮颗粒不超过表 5-1 指标。

表 5-1　空气质量指标

项目	氨气/（毫克/米³）	硫化氢/（毫克/米³）	二氧化碳/（毫克/米³）	总悬浮颗粒物/（毫克/米³）	恶臭稀释倍数
指标	20	8	1 500	4	70

二、圈舍环境

良好的饲养环境，是减少应激，降低呼吸道疾病、减少兽药使用，提高产品品质的重要保障。针对肉羊的生理和生态特点，研究不同生态区域、不同生产规模的羊舍环境标准和控制技术、降低羊场废弃物排放量，是保障肉羊健康养殖和换取绿色和无公害食品的重要环节，也是保障养羊业可持续发展的重要措施。舍区污染物排放量控制指标见表 5-2。

表 5-2　控制圈舍区污染物排放量指标

生化需氧量/（毫克/升）	化学需氧量/（毫克/升）	悬浮物/（毫克/升）	氨态氮/（毫克/升）	总磷（以磷计）/（毫克/升）	粪大肠菌群/（100 毫升内）/个	蛔虫卵/（每升内）/个
150	400	200	80	8	1 000	2

三、饮水质量

肉羊的饮水量为采食饲料量的 3～4 倍，饮水不足则会引起食欲减退，生长速度降低，饲料消耗增加，严重者可导致脱水。如果饮水质量得不到保障，将会影响羊的健康或导致消化道疾病发生。如饮水中大肠杆菌超标，极易导致消化不良、腹泻、肠炎等。最终影响羊的生长发育及肉的品质。饮水不得有异臭、异味，不得含有肉眼可见物，能达到畜禽的饮用水水质标准(表 5-3)。

表 5-3　饮用水水质标准

项目		标准值
感官性状及一般化学指标	色	色度不超过 30 度
	浑浊度	不超过 20 度
	臭和味	不得有异臭、异味
	总硬度(以碳酸钙计)/(毫克/升)	≤1 500
	pH	5.5～9
	溶解性总固体/(毫克/升)	≤4 000
	氯化物(以 Cl^- 计)/(毫克/升)	≤1 000
	硫酸盐(以 SO_4^{2-} 计)/(毫克/升)	≤500
细菌指标	总大肠菌群/(个/100 毫升)	幼畜≤1，成年畜≤10
毒理学指标	氟化物(以氟离子计)/(毫克/升)	≤2
	氰化物/(毫克/升)	≤0.2
	砷/(毫克/升)	≤0.2
	汞/(毫克/升)	≤0.01
	铅/(毫克/升)	≤0.1
	铬(六价)/(毫克/升)	≤0.1
	镉/(毫克/升)	≤0.05
	硝酸盐(以氮计)/(毫克/升)	≤10

四、饲料与添加剂质量

饲料中有毒有害物质会直接影响羊的健康，长期饲喂会造成蓄积中毒或者死亡，同时对肉品的质量产生不良影响。因此，要严格遵循饲料与添加剂卫生指标(表 5-4)，合理配合育肥日粮。

表 5-4 饲料与添加剂卫生指标

序号	安全卫生指标项目	产品名称	指标	备注
1	砷(以总砷计)的允许量/(毫克/千克)	石粉、硫酸亚铁、硫酸镁	≤2.0	不包括国家主管部门批准使用有机砷制剂中的砷含量
		磷酸盐	≤20	
		沸石粉、膨润土、麦饭石 氧化锌、精料补充料	≤10	
		硫酸铜、硫酸锰、硫酸锌 碘化钾、碘酸钙、氯化钴	≤5	
2	铅(以 Pb 计)的允许量/(毫克/千克)	磷酸盐 石粉	≤30 ≤10	
3	氟(以 F 计)的允许量/(毫克/千克)	磷酸盐 石粉	≤1 800 ≤2 000	
4	汞(以 Hg 计)的允许量/(毫克/千克)	石粉	≤0.1	
5	镉(以 Cd 计)的允许量/(毫克/千克)	米糠 石粉	≤1.0 ≤0.75	
6	氯化物(以 HCN 计)的允许量/(毫克/千克)	木薯干 胡麻饼(粕)	≤100 ≤350	
7	六六六的允许量/(毫克/千克)	米糠、小麦麸、大豆饼(粕)	≤0.05	
8	滴滴涕的允许量/(毫克/千克)	米糠、小麦麸、大豆饼(粕)	≤0.02	
9	沙门氏杆菌	饲料	不得检出	
10	霉菌的允许量(每克产品中)/(霉菌总个数×10^3 个)	玉米、小麦麸、米糠 大豆饼(粕)、棉籽饼(粕)、菜籽饼(粕)	<40 <50	限量饲用:40～100 禁用:100
11	黄曲霉毒素 B_1 允许量/(微克/千克)	花生饼(粕)、棉籽饼(粕)、菜籽饼(粕)、玉米 豆粕	≤50 ≤30	

注:摘自 GB 13078—2001《饲料卫生标准》,饲料中允许量均以含干物质 88%为基础。

第二节 种公羊的饲养管理

种公羊舍饲以后，改变了它的生活习性，使羊的生理过程发生了一系列的变化。加之运动减少，饲料单一，容易导致舍饲种公羊出现繁殖障碍等问题。因此，应针对舍饲种公羊存在的问题，结合实际情况，采取科学的饲养管理方法加以解决。

一、配种前

(一)调整日粮

在配种前调整种羊日粮，是配种期积蓄营养和打基础的良好时期，配种前1～1.5个月开始补喂精料，供给量为配种期标准的60%～70%。舍饲公羊可按禾本科干草35%～40%，多汁饲料20%～25%，精饲料45%的比例饲喂。也可每只每日补喂混合精料0.7～1千克，优质干草1～2千克，胡萝卜0.5千克，食盐10克，磷酸氢钙10克，鸡蛋1枚，日喂3次，自由饮水。

(二)加强运动

开始每天运动不低于1小时，7天后视种公羊体况逐渐增加2～3小时。

(三)检查精液品质

配种期前2周，开始采精训练，每隔3天采精1次，直至每日采精1次。严格检查精液品质，发现问题，及时研究解决方法，以保证配种期公羊的精液品质。

二、配种期

(一)营养需要

体重 90 千克的种公羊，每天需要 21 兆焦以上消化能和 250 克以上的可消化蛋白质。同时根据配种强度相应调整标准喂量和其他特需饲料(牛奶、鸡蛋等)。当给予的蛋白质饲料品质好、数量足时，种公羊性机能旺盛，射精量多，精子密度大，母羊受胎率高。此外，钙磷比例要适当。

(二)饲养管理

饲养种公羊的日粮原料质量要好。日粮定额可参考如下标准：精料 1～1.5 千克，青干草 1～2 千克，胡萝卜 0.5～1.5 千克，食盐 10～15 克，磷酸氢钙 10～15 克。种公羊的日粮配方及营养水平参见表 5-5。

表 5-5　种公羊的日粮配方及营养水平

日粮组成	饲喂状态		干物质		营养成分	日进食量	
	配方 1	配方 2	配方 1	配方 2		配方 1	配方 2
花生秧/千克	1.5		1.35		干物质/千克	2.85	2.87
甘薯秧/千克		2.0		1.8	消化能/兆焦	34.26	32.51
青贮玉米秸/千克	0.5		0.13		粗蛋白质/克	405	365.51
胡萝卜/千克	0.5	1.5	0.05	0.16	钙/克	22.12	26.39
玉米/克	765	555	690	465	磷/克	7.71	6.72
麸皮/克	400	250	360	225			
豆粕/克	300	200	270	180			
磷酸氢钙/克	10	10	10	10			
食盐/克	15	15	15	15			
添加剂/克	10	10	10	10			
合计/千克	4.000	4.500	2.89	2.87			

注：①青贮玉米秸，为整株带穗玉米。本章表下同。

②添加剂：每千克日粮中添加铁 50 毫克，铜 6 毫克，锌 60 毫克，锰 50 毫克，钴 0.2 毫克，碘 0.3 毫克，硒 0.2 毫克，维生素 A 1 000 国际单位，维生素 D_3 200 国际单位，维生素 E 15 国际单位。本章表下同。

(三)配种与利用

1.5 岁以内的种公羊,一天内配种或采精不宜超过 2 次;2 岁以上的种公羊,每天可利用 2～3 次,最多不超过 4 次;小公羊每天配种 1 次,连续配种 2 天,休息 1 天。配种或采精后不能立即让公羊饮冷水,必须停半个小时后才可饮水,冬季要饮温水。同时每天保持运动 1～2 小时。

三、非配种期

首先,于配种结束后,当天停止运动,以防继续消耗体力。其次,按非配种期的饲养标准,逐渐减少精料量,但不要立即停喂精料。体重 80～90 千克的种公羊,每日需要 16.7～21 兆焦消化能和 150～160 克可消化粗蛋白质。舍饲情况下,一般每日供给混合精料 0.5 千克,干草 1～3 千克,胡萝卜 0.5 千克,食盐 5～10 克,磷酸氢钙 5 克。种公羊(非配种期)的日粮配方及营养水平见表 5-6。

表 5-6　种公羊(非配种期)的日粮配方及营养水平

日粮组成	饲喂状态	干物质	营养成分	日进食量
青干草/千克	1.5	1.38	干物质/千克	2.40
青贮饲料/千克	1.5	0.54	消化能/兆焦	26.64
玉米/千克	0.7	0.62	粗蛋白/克	192.2
磷酸氢钙/克	10	9.9	钙/克	11.65
食盐/克	15	15	磷/克	4.9
合计/千克	3.73	2.57		

四、种公羊的日常管理

种公羊要单独组群饲养,除配种外,尽量远离母羊,不能公母混养,以防乱配,消耗体力,影响正常配种。种公羊喜欢顶斗,尤其是配种期间,互相争斗,互相爬跨,不仅消耗体力,还易造成创伤。因此,饲养人员应多观察,发现公羊顶架应及时予以驱散。种公羊每天必须坚持运动,使种公羊保持中等膘情。饲养人员最好对舍饲的种公羊实施驱赶运动,每天上午、下午各运动 2 小时左右。当采取快步驱赶时,要在 40 分钟内走完 3 千米。这样可使种羊体质健壮,精力充沛,精子活力旺盛。种公羊圈舍应勤换垫草、垫料,清除粪污,通风良好,保持清洁干燥。夏季在羊运动场内搭建遮阳凉棚,使种公羊在阴凉处休息,同时供给充足的饮水,做好防暑降温工作。定期消毒、定期防疫、定期驱虫、定期修蹄,保证种公羊有一个健康的体魄。要经常观察种公羊的食欲好坏,发现食欲不振时,应立即找出原因,及时解决。种公羊配种期的日常管理见表 5-7。

表 5-7　种公羊配种期的日常管理

时间	管理日程	指标要求	效果评价
6:00～8:00	驱赶运动	3 000～4 000 米	
8:00～9:00	喂料	混合精料占日粮的 1/2,鸡蛋 1～2 枚	
9:00～11:00	配种、采精		精子活力 0.7 以上
11:00～14:00	自由采食青干草、饮水		
14:00～15:00	舍内休息		
15:00～17:00	配种、采精		精子活力 0.7 以上
17:00～18:00	喂料	混合精料占日粮的 1/2,鸡蛋 1～2 枚	
18:00～20:00	自由采食青干草、饮水		
20:00 后	舍内休息		

第三节　种母羊的饲养管理

种母羊具有繁殖的功能,是羊群发展的基础。种母羊的饲养可分为空怀期、妊娠期和哺乳期三个阶段。根据母羊不同生理时期，应采取适宜的营养水平，合理的日粮搭配，保持良好的繁殖体况。突出强化妊娠后期和哺乳前期的补饲，以达到实现多胎、多产、多活、全壮的目的。

一、空怀母羊的饲养管理

空怀母羊是指从羔羊断乳到配种受胎的时期。此期要注意母羊的抓膘复壮，在配种前1～1.5个月实行短期优饲，提高母羊配种时的体况，达到发情整齐、受胎率高。

（一）营养需要

空怀期母羊的营养需要量：以体重60千克为例，每日需要干物质1.7千克，消化能18.4兆焦，粗蛋白质157克，钙5.5克，磷2.9克。

（二）饲养管理

可按每只每日喂给：禾本科干草1千克，玉米青贮2.0千克，混合精料0.45千克，磷酸氢钙15克，食盐10克，添加剂5克。也可按以下配方（表5-8）饲喂。

表5-8　空怀母羊的日粮配方及营养成分

日粮组成	饲喂状态	干物质	营养成分	日进食量
花生秧/千克	0.5	0.46	干物质/千克	1.57
地瓜秧/千克	0.5	0.46	消化能/兆焦	15.43
青贮玉米秸/千克	2.0	0.50	粗蛋白质/克	159
玉米/克	110	100	钙/克	18.82
麸皮/克	50	45	磷/克	5.48
豆粕/克	50	45		
磷酸氢钙/克	15	15		
食盐/克	10	10		
添加剂/克	5	5		
合计/千克	3.2	1.57		

(三)适当运动

空怀母羊所面临的任务是配种繁殖,但是有部分舍饲和圈养的羊,即便是处在发情季节也不发情,而且引进良种母羊和杂交母羊多于地方品种。除了营养的因素外,无放牧条件和缺乏户外运动是主要因素。只有在保证母羊营养需要的基础上,保持运动好、体况佳,发情整齐,才能使空怀母羊按计划配种、怀孕和产羔。

二、妊娠母羊的饲养管理

母羊怀孕的前 3 个月为妊娠前期,后 2 个月为妊娠后期。妊娠前期胎儿发育较慢,所需营养与空怀期基本相同,一般饲喂普通日粮即可满足营养需求。

(一)妊娠前期

以体重 70 千克为例,每日需要干物质 1.4 千克,消化能 14.2 兆焦,粗蛋白质 130 克,钙 3.5 克,磷 2.9 克。日粮可由 50%青干草、30%农作物秸秆、15%玉米青贮料、5%精料配成。此阶段一切管理措施都要围绕保胎来考虑,避免羊群吃霜草和霉烂饲料,避免惊群和剧烈运动等,以防发生早期隐性流产。妊娠前期母羊的日粮配方及营养水平参见表 5-9。

(二)妊娠后期

妊娠最后 5～6 周对营养物质的需要量迅速增加,胎儿生长发育加快,此时母羊本身也需要积蓄大量养分,有的母羊又属多胎高产羊,所以饲养要最大限度地满足其营养需要。管理上要特别精心。这一时期母羊营养供应不足,可导致初生重小,抵抗力弱,成活率低,生长发育缓慢等。

表 5-9 妊娠前期母羊的日粮配方及营养水平

日粮组成	妊娠前期	营养成分	妊娠前期
花生秧/千克	0.6	干物质/千克	1.88
地瓜秧/千克	0.6	消化能/兆焦	18.41
青贮玉米秸/千克	2.0	粗蛋白质/克	184.45
玉米/克	200	钙/克	21.47
麸皮/克	50	磷/克	5.75
豆粕/克	50		
磷酸氢钙/克	15		
食盐/克	10		
添加剂/克	5		
合计/千克	3.54		

母羊妊娠后期的营养需要量:干物质 2.0 千克,消化能 24 兆焦,粗蛋白质 220 克,钙 8.2 克,总磷 8.1 克。妊娠第 4 个月,胎儿平均日增重40～50 克;妊娠第 5 个月,胎儿平均日增重高达 150～250 克,且骨骼已有大量的钙、磷沉积。母羊妊娠的最后 1/3 时期,对营养物质的需要增加 40%～60%,钙、磷的需要增加 1～2 倍。也可在维持需要的基础上加以调整,一般怀双羔的母羊增加 20%,怀三羔的母羊增加 30%～40%。

建议每只每日喂给秸秆 0.5～1 千克、优质干草 0.5 千克、混合精料 0.5 千克。或每只羊每天需补饲精料 450 克、干草 1～1.5 千克、青贮料 1.5 千克、食盐和磷酸氢钙各 15 克,以促进胎儿生长发育。也可参考表 5-10 所给出的日粮配方。

2010 年 10 月山东省农业科学院试验羊场对 10 只鲁西黑头肉羊怀孕后期母羊日采食量进行测定:花生秧草粉 1.24 千克,玉米粒 0.25 千克,精料混合料 0.5 千克,玉米全株青贮 1.7 千克。经观察母羊体况良好,产羔率高,羔羊健壮。

表 5-10　妊娠后期母羊的日粮配方及营养水平

日粮组成	妊娠后期	营养成分	妊娠后期
花生秧/千克	0.8	干物质/千克	2.09
地瓜秧/千克	0.7	消化能/兆焦	21.21
青贮玉米秸/千克	1.5	粗蛋白/克	234.0
玉米/克	220	钙/克	23.64
麸皮/克	100	磷/克	6.16
豆粕/克	100		
磷酸氢钙/克	15		
食盐/克	10		
添加剂/克	5		
合计/千克	2.95		

三、围产期母羊的饲养管理

围产期(产前 10 天和产后 10 天)要让母羊适当运动,注意胎位变化,防止出现难产及产前、产后瘫痪,主要管理措施如下。

(一)补饲精料

在舍饲情况下,每日除满足妊娠母羊 2.5～3 千克优质鲜草外,还要补饲玉米、麸皮、豆粕等混合精料 0.5 千克和适量的矿物质及维生素。在缺乏优质青干草的冬春季节,补饲量要增加到 0.8 千克左右。

(二)预防流产

管理上也要注意做到“三稳三防”,即入出羊舍要稳,防挤撞;放牧要稳,山区应避免在陡坡上放羊,防惊吓猛跑和爬沟坎,以防流产;饮水要稳,防跌倒,以免发生流产、死胎。冬季要给妊娠母羊饮温水,不可饮带冰碴儿的水。怀孕母羊要严禁饲喂发霉变质的饲草饲料,不饮冰冻水。在放牧时，做到慢赶，不打冷鞭，不惊吓，不跳沟，不走冰滑地；出入圈舍不拥挤，不无故拽捉惊扰羊群，及时阻止羊间角斗，以防造成流产。

（三）适当运动

产后1周要做好带羔母羊的运动，到比较平坦的地方吃草、晒太阳；母羊和羔羊放牧时，时间要由短到长，距离由近到远。

（四）抓好营养调控

对于产双羔或多羔的母羊要格外加强管理，并适当增加精料。对即将断奶的母羊要注意减料，特别是减精料和多汁饲料的喂量，防止发生乳房炎。同时对发情羊及时配种，以利进入下一个繁殖周期。

（五）管理上要做到“六净”

所谓“六净”，即料净、草净、水净、圈净、槽净、羊体净。同时要供给充足的饮水。母子圈舍，要勤换垫草，经常打扫，污物要及时清除，保持圈舍清洁、干燥、温暖。定期消毒，以减少疾病的发生。

（六）预防母羊产前产后瘫痪

当母羊怀三羔或多羔，或母羊年老体弱，或日粮中不能提供大量能量时，极易导致母羊产前或产后瘫痪，产生弱羔甚至死胎，是小尾寒羊常见的一种代谢病，多发于产前1～2个月。特别是高产母羊，一旦治疗不当，往往造成不良后果。预防和治疗措施如下：在怀孕后期将可能出现瘫痪的母羊，单独饲养，将日粮能量或谷实类饲料比平时提高50%以上，同时添加磷酸氢钙15克、食盐10克拌料。出现症状的用红糖30～50克、麸皮100～150克，开水冲后调温，让母羊饮用。

（七）做好接产准备、把握接产时机

母羊妊娠后期和分娩前管理要特别精心。一般要准确掌握妊娠母羊的预产期，提前做好接产准备。应对羊舍和分娩栏进行一次大扫除，

大消毒，修好门窗，堵好风洞，备足褥草等。母羊临产前1周左右，不得远牧，应在羊舍附近做适量的运动。若发现母羊肷窝下陷，腹部下垂，乳房胀大，阴门肿胀流黏液，独卧墙角，排尿频繁，时起时卧，不停回头望腹，发出鸣叫时，都是母羊临产前的表现，应随时准备接产。母羊产后，应及时饮红糖麸皮水，并立即生火驱寒，促使母羊借助温度舔干羔羊，尽快给羔羊吃上初乳，并保持母仔在背风朝阳铺有垫草的栏内活动。

四、哺乳期母羊的饲养管理

母羊哺育羔羊时间为2～3个月，分为哺乳前期和哺乳后期。抓好哺乳母羊的饲养管理，母羊产奶多，羔羊发育好，抗病力强，成活率高。如果母羊养得不好，不仅母羊消瘦，产奶量少，而且直接影响羔羊的生长发育。母羊产后1周圈内饲养，1周后可到附近草场放牧，每日返回2～3次，给羔羊哺乳，晚间母仔合群自由哺乳。

（一）哺乳前期

带羔母羊50千克体重，每天产奶2千克，哺育双羔。每日需干物质2.2千克，消化能32.6兆焦，粗蛋白质197克，钙8克，磷5克，食盐10克。因母羊产羔后的体力和水分消耗很大，消化机能较差，产后几天要给易消化的优质干草，饮麸皮水。为了提高母羊泌乳力，除给母羊喂充足的精料、优质干草、多汁饲料外，还应注意矿物质和微量元素的供给。可采用每天补给混合精料0.5～1千克，干草2千克，青贮1～1.5千克，磷酸氢钙10克，食盐10克。

母羊补饲重点要放在哺乳前期。羔羊出生后15～20天内，母乳是唯一的营养来源。母羊乳汁的多少是影响羔羊成活的关键，母羊奶多，则羔羊发育好，抗病力强，成活率高，否则将影响羔羊成活。因此，要特别注意给母羊补饲。产单羔母羊：每天喂精料0.5千克，青贮及鲜草5千克。产双羔母羊：每天喂精料0.75千克，青贮或鲜草5千克。产三羔母羊:每天喂精料 1 千克,青贮及鲜草 7.5 千克。产四羔以上母羊:每天喂精料 1.5 千克,青贮或鲜草 10 千克。

(二)哺乳后期

从 3 月龄起,母乳只能满足羔羊营养的 5%～10%。加之羔羊已具有采食植物饲料的能力,已不再完全依赖母乳生存,补饲标准可降低些,一般精料可减至 0.45 千克,干草 1～2 千克,青贮 1 千克。

哺乳母羊日粮配方及营养水平参见表 5-11。

表 5-11　哺乳母羊日粮配方及营养水平

日粮组成	饲喂状态		营养成分	饲喂状态	
	哺乳前期	哺乳后期		哺乳前期	哺乳后期
苜蓿干草/千克	0.8	0.5	干物质/千克	2.42	1.77
地瓜秧/千克	0.7	0.5	消化能/兆焦	28.79	20.0
青贮玉米秸/千克	1.0	1.7	粗蛋白质/克	346.0	228.1
玉米/克	720	410	钙/克	23.31	18.63
麸皮/克	100	50	磷/克	8.87	7.16
豆粕/克	100	50			
磷酸氢钙/克	15	15			
食盐/克	10	10			
添加剂/克	5	5			
合计/千克	3.46	3.20			

第四节　羔羊培育技术

初生羔羊抵抗力弱,消化机能不完善,对外界适应能力较差,且处于营养来源从母体血液、奶汁转为草料的过程,变化很大。羔羊的发育又同以后的成年羊体重、生产性能密切相关。因此,必须高度重视羔羊的饲养管理,把好羔羊培育关。针对羔羊的生长特点,饲养管理上应把握以下几个环节。

一、护理羔羊

(一)净身

对新生羔羊,接产者要及时清除口、鼻、耳内的黏液,躯体上的黏液让母羊舔干净,并及时让羔羊吃上初乳。舔羔一方面可促进羔羊体温调节、排出胎粪,另一方面可促使母羊排出胎衣。如果母羊不愿舔,可将麸皮撒在羔羊身上,这样母羊就会立即舔干。

(二)保温

初生羔羊毛短,且自身调节体温能力差,对外界环境温度变化非常敏感,天冷时要注意保暖。尤其是我国北方产冬羔和早春羔时,必须做好防寒工作。羊舍要准备取暖设备,如安置火炉、火墙等来提高舍内温度,羔羊舍温一般要保持在10℃以上。同时地面铺垫柔软干草、麦秸,以御寒保温,防止羔羊受冻。

(三)防病

羔羊产后3～5天内的粪便,色黄而黏稠,常堵塞肛门,影响排便。饲养人员要随时检查,发现粪便堵塞肛门,要及时用剪子剪掉,操作时防止剪伤皮肤。

羔羊生后15天左右,部分羔羊有吃土、吃毛的恶习,这一时期容易诱发胃肠疾病。因此,应在保持圈舍干燥卫生的前提下,在羔羊舍内放置食槽和饮水槽,让羔羊自由采食和饮水。

二、吃初乳

分娩完毕,用温消毒水洗涤母羊乳房,擦干后即可辅助羔羊吃初乳。

(一)初乳的营养

初乳系指母羊分娩后1～3天内分泌的乳。初乳为黄色浓稠状,营养成分极为丰富,蛋白质、脂肪和氨基酸组成全面,维生素较为齐全和充足。与常乳相比较,干物质含量高1.5倍,脂肪高1倍,维生素A高10倍以上,而且容易消化吸收。初乳还含有免疫球蛋白和多种抗体。

(二)及早吃初乳

羔羊对初乳的吸收效率,随出生时间的延长而迅速降低,有试验证明,18小时后新生羔羊从肠道吸收抗体的能力开始减弱并逐渐消失。所以,羔羊出生后吃初乳的时间越早越好,初乳吃不好,将给羔羊带来一生中难以弥补的损失。生后10～15小时仍吃不上初乳,羔羊的死亡率相应增高。

(三)初乳的作用

羔羊出生后,应立即辅助其吃到初乳。在羔羊出生后几小时内从初乳中获得的抗体的主要功能是抵御外界微生物侵袭,具有防病和保健作用。初乳含矿物质较多,特别是镁,镁有轻泻作用,可促进胎粪排出。应保证羔羊在产后半小时内吃到初乳,最迟不要超过1小时。早吃、多吃初乳对增强羔羊体质和抗病能力具有重要作用,同时对母羊生殖器官的恢复也有积极作用。

三、辅助哺乳

在正常情况下,羔羊出生后就会吃奶,但初产母羊及哺育力差的母羊所生的羔羊,需要人工辅助哺乳。

(一)引导羔羊吃奶

其中一种方法是先把母羊固定,将羔羊放在母羊乳房前,让羔羊寻找乳头吃奶，经训练很快建立起母仔哺育行为。

（二）强制彼此适应

把母羊的乳汁涂在羔羊身上，或将麸皮撒在羔羊身上让母羊舔食，使母羊从气味上接受羔羊。或将母仔放在同一母仔栏内，强制彼此适应达到哺乳目的。经过几天适应就可认羔哺乳。母羊认羔后可除去母仔栏，放入大群中喂养。

（三）人工投服

如果新生羔羊较弱，通过人工辅助仍不能张口吃到初乳，最好把初乳挤出，让有经验的兽医将细胃管（小动物专用）轻轻插入羔羊食管内灌服。羔羊生后数周内主要靠母乳维持生命。要有专职饲养员照顾好羔羊吃母乳，对一胎多羔的母羊也要人工辅助哺乳，防止强者吃得多，弱者吃得少。

四、选调保姆羊

选保姆羊时最好选带1只羔羊、营养状况良好、泌乳力强的母羊或失去羔羊的母羊。寄养待哺羔羊的日龄与“保姆”羊产羔日数尽量接近（最好前后不超过3天）。可将保姆羊乳汁涂在寄养羔羊的身上，使母羊难以辨认而给予哺乳。如遇母羊不肯给羔羊哺乳，饲养员应定时限制母羊活动或给予适当保定，确保羔羊能吃足吃好“保姆乳”。

五、人工哺乳

随着羔羊日龄和哺乳量的增加，很可能出现母羊奶量不足的情况，这时要给羔羊进行人工哺乳。

（一）用代乳粉哺育羔羊

1．代乳品成分与配方

为方便起见，也可选用羊奶、牛奶和奶粉。当用量较多不能满足需要时，可以配制人工乳。羔羊代乳料营养成分含量见表5-12。

表5-12　羔羊代乳料营养成分含量

营养成分	含量	营养成分	含量
粗脂肪	30～32	乳糖	22～25
粗蛋白质	20～24	灰分	5～10
粗纤维	0～1		

2.哺乳器具

哺乳工具多为奶瓶，用具要经常消毒，保持清洁卫生。

3.喂量与方法

喂量为体重的1/5，要注意奶的清洁，做到定时、定量、定质、定温。奶温以38～40℃为宜，最初每日喂5～8次，每次喂150～200毫升，以后逐渐减少喂奶次数，增加喂奶量，最后每天喂3～4次。喂奶后注意给羔羊擦嘴，以防止互相舔咬，引发疾病。

4.效果

通过以上措施，整个哺乳期羔羊生长迅速，山东省农业科学院畜牧兽医研究所肉羊课题组从2003年开始，用鲜牛奶（加热100℃）调至39℃，用奶瓶饲喂小尾寒羊或杂交羔羊，经多批次测定，平均日增重可达250克左右。国外靠自动喂料系统用人工乳饲喂羔羊，每日消耗180～370克人工乳，日增重180克以上。

（二）代乳粉对羔羊生产性能的影响

李建国等选择80只健康的小尾寒羊羔羊，随机分为4组进行试验，研究代乳粉对羔羊生产性能的影响，并优选出适宜的羔羊代乳粉营养水平和稀释比例。初生羔羊吃足初乳于5天后分组，采用逐渐替代法，将母乳转换成3种不同营养水平的代乳粉（表5-13），分别以一定的稀释比例哺喂3组羔羊，另1组为对照组（喂纯羊乳）。

表 5-13　代乳粉配方组成及养分含量

项目	代乳粉 1	代乳粉 2	代乳粉 3
饲料组成			
豆粕/%	24.5	27.0	33.5
奶粉/%	48.0	27.0	31.0
面粉/%		5.0	5.0
玉米面/%	10.0	10.0	5.0
豆油/%	10.0	9.0	12.0
乳清粉/%	5.0	5.0	5.0
小麦麸/%		3.0	3.0
碳酸钙/%	1.0	2.0	2.0
磷酸氢钙/%	0.5	1.0	2.0
食盐/%			0.5
预混料/%	1.0	1.0	1.0
合计/%	100.0	100.0	100.0
营养成分			
干物质/%	93.0	90.0	90.0
粗蛋白质/%	26.0	24.0	26.4
消化能/(兆焦/千克)	21.4	18.9	19.7
粗脂肪/%	20.5	16.0	19.2
粗灰分/%	6.2	5.5	7.4
粗纤维/%	1.2	1.5	1.7
钙/%	1.2	1.4	1.6
磷/%	0.7	0.75	0.94
食盐/%	0.9	0.62	1.15
赖氨酸/%	1.84	1.52	1.74
蛋氨酸/%	0.41	0.35	0.38

结果(表 5-14)表明:3 个试验组平均日增重以试验 1 组最高为 193 克,试验 2 组平均日增重为 160.5 克,试验 3 组的各个指标均低于对照组,说明与羊乳同等营养水平的代乳粉哺喂羔羊的效果不佳。平均每只羔羊日进食的消化能为 9.21 兆焦,粗蛋白质 106.92 克,哺喂营养含量和

稀释比例适宜的代乳粉(试验1组)能促进早期断奶羔羊的生长发育。

表 5-14　代乳粉饲喂小尾寒羊(羔羊)试验结果

项目	纯羊奶	代乳粉1∶水=1∶4	代乳粉2∶水=1∶4	代乳粉3∶水=1∶5
消化能/兆焦		21.42	18.90	19.65
粗蛋白质/%		26.00	24.00	24.4
稀释后消化能/兆焦	3.28	4.28	3.78	3.28
稀释后粗蛋白质/%	4.40	5.20	4.80	4.40
始重/千克	6.61	6.63	6.61	6.63
末重/千克	12.66	14.35	13.03	10.91
平均日增重/克	151.25	193.00	160.50	107.00

(三)人工乳哺育缺奶羔羊的效果

刘月琴(2001)用人工乳饲喂羔羊生长发育良好，试验期(7～67日龄)平均日增重达250.7克，而对照组(随母羊哺乳)羔羊生长发育较差，平均日增重为153.7克。羔羊人工哺乳方案参见表5-15。

表 5-15　羔羊人工哺乳方案

日龄	日哺乳次数	日采食风干物质			日采食营养		
		人工乳/千克	青干草/千克	混合精料/千克	干物质/千克	代谢能/兆焦	粗蛋白质/克
7～10	6	0.15			0.15	3.5	88
11～20	5	0.2	0.04		0.24	4.6	90
21～30	4	0.25	0.02	0.01	0.28	5.8	95
31～40	4	0.27	0.05	0.05	0.37	7.73	110
41～50	4	0.25	0.1	0.05	0.50	7.95	115
51～60	3	0.2	0.28	0.16	0.64	8.79	120
61～70	3	0.2	0.37	0.28	0.85	9.36	125

(四)羔羊代乳粉的使用

由中国农业科学院饲料研究所研究开发的羔羊代乳粉，选用经浓缩处理的优质动物蛋白、植物蛋白和特殊处理的脂肪等原料，经雾化、乳化等现代加工工艺制成，含有羔羊生长发育所需要的蛋白质、脂肪、乳糖等营养物质。

1. 营养特点

羔羊代乳粉营养成分含量见表 5-16。

表 5-16 羔羊代乳粉营养成分含量

营养成分	含量	营养成分	含量
干物质/%	≥92	维生素 A/(国际单位/千克)	≥15 000
蛋白质/%	≥23	维生素 D/(国际单位/千克)	≥2 500
脂肪/%	≥12	维生素 E/(国际单位/千克)	≥80
钙/(克/千克)	9～16	赖氨酸/(克/千克)	≥25
磷/(克/千克)	5～10	蛋氨酸/(克/千克)	≥15
食盐/(克/千克)	1～30	苏氨酸/(克/千克)	≥12

2. 产品特点

代乳粉营养成分含量丰富，能满足羔羊的营养需要，促进羔羊生长发育，提高羔羊的日增重，使羔羊提前断奶，并可节约大量牛奶，降低饲养成本。

3. 用法与用量

①用法：将羔羊代乳粉用温度 40～60℃已烧开的水冲泡，混匀，用奶瓶或奶盆喂给羔羊。1 份羔羊代乳粉兑 5～7 份水。

②用量：15 日龄前，每日 3 次，每次 20～40 克代乳粉，开始饲喂时从 10 克逐渐增加饲喂量；15 日龄后每日 2 次，每次 40～60 克代乳粉。

4. 具体操作方法

根据羔羊的日龄和体重，量取 20～40 克(15 日龄前)或 40～60 克(15 日龄后)羔羊代乳粉，倒入奶桶中；按照 1∶(5～7)的比例，量取温开水(40～60℃)倒入奶桶中，充分搅拌均匀，温度调至 38℃左右灌入奶瓶饲喂，喂完代乳粉用毛巾将羔羊口部擦净。奶瓶、奶盆用后应用开水或专用消毒液浸泡消毒，并用干净的水冲洗，阴干备用。

5. 注意事项

羔羊出生后应吃足初乳；饲喂羔羊代乳粉应逐渐从少量增加到正常饲喂量，以免发生腹泻；每天每次饲喂代乳粉的时间要固定；代乳粉要即冲即喂。

六、补料

羔羊处于一生中生长发育最快的时期，对蛋白质、能量和矿物质的需要量较高。此阶段单依靠从哺乳中获得营养已满足不了羔羊的营养需要，必须通过补料提供营养才能满足。补料不但使羔羊获得更完善的营养物质，还可以提早锻炼胃肠的消化机能，尤其是建立正常瘤胃功能的作用，促进胃肠系统的健康发育，增强羔羊体质。

（一）营养水平与配方

为了使羔羊生长发育快，对双羔和三羔的群体除吃足初乳和常乳外，还应尽早补料。羔羊补料日粮配方和营养水平见表 5-17。

表 5-17　羔羊补料日粮配方和营养水平

原料种类	前期	后期	营养成分	前期	后期
玉米/%	48.5	43	消化能/(兆焦/千克)	14.54	13.39
小麦麸/%	7.0	7.0	粗蛋白质/%	18.0	16.8
大豆粕/%	21	17.5	钙/%	0.82	0.69
甘薯秧粉/%	10	15	磷/%	0.70	0.49
花生秧粉/%	10	15	粗纤维/%	10.10	13.13
碳酸氢钙/%	2	1	精料比例/%	80	70
添加剂/%	1	1			
食盐/%	0.5	0.5			
合计/%	100	100			

根据小尾寒羊饲养标准推荐，羔羊在 10 千克阶段，日增重 0.2 千克，每天需要消化能 10.0 兆焦，粗蛋白质 144 克，钙 2.4 克，总磷 2.1

克。由此推断,饲料中消化能不低于12兆焦/千克,粗蛋白质不低于14%为宜。此外,还要注意配合日粮的适口性和消化利用率。如日粮中矿物质和微量元素含量不足,羔羊常有吃土、舔墙现象发生。针对这种情况,可将微量元素做成预混料添加在日粮内,也可制作成盐砖放在饲槽内,任其自由舔食。

(二)饲料调制

将玉米适当粉碎加上其他原料,搅拌均匀配成混合料即可喂用。颗粒饲料体积小,营养浓度大,非常适合饲喂羔羊。所以在开展早期断奶,实施强度育肥时,以采用颗粒饲料为好,实践证明同样的配方,颗粒饲料比粉料能提高饲料报酬5%~10%,适口性好,羔羊也喜欢采食。

(三)补料时间

一般在羔羊15日龄开始给予颗粒饲料,供羔羊随时舔食。

(四)补料方法

为了尽早能让羔羊吃料,最初用颗粒或混合饲料均匀放入羔羊饲槽中。这里介绍一个能促进羔羊采食补充料的诀窍,当夜幕降临后,将母羊和羔羊赶到补饲栏周围相对小的空间里,羔羊因不喜欢挤压,就自然钻进补饲栏作为避难所,如果在补饲栏内放1~2只母羊,可引诱羔羊更快进入补饲栏。之后把母羊赶出,羔羊将呆在补饲栏内吃料和饮水。已经证实,在饲槽上方设置照明设备可提高采食量。羔羊在补饲栏内可采食到饲料,在栏外能吃到母乳,两者结合起来才能满足生长发育的需要。

(五)补料量

10~120日龄的羔羊,一般平均日消耗50~600克颗粒饲料,其中3周龄时每日消耗50克,7~8周龄时每日消耗350~550克。也可按15日龄每天补颗粒或混合精料50~75克,1~2月龄100克,2~3月龄 200 克,3～4 月龄 250 克。全期合计为 10～15 千克/只。

(六)饮水

此阶段要在供给母羊饮水的同时,要更加注重在补料栏给羔羊提供清洁的饮水,冬季和早春应给羔羊提供温水。饮水量为采食量的2～3 倍,如果羔羊喝不到清洁而温度适宜的饮水,将严重影响羔羊的采食和生长发育。

七、羔羊补料效果

冯涛(2004)选择 30 日龄无角陶赛特与小尾寒羊杂交一代羔羊 90 只,随机分为 3 组,每组 10 只羔羊(公母各半),比较 19%、17%、15%蛋白质水平日粮(表 5-18)补饲羔羊的效果。试验结果表明:以中蛋白质水平(17%)颗粒饲料补饲羔羊增重效果最好,平均日增重达到 319 克(表 5-19)。

表 5-18　3 种羔羊补饲日粮组成与蛋白质水平

原料种类	高蛋白质日粮	中蛋白质日粮	低蛋白质日粮
玉米/%	42.0	49.2	53
葵花饼/%	11.0	10.0	7.0
苜蓿粉/%	9.7	10.0	13.2
小麦麸/%	10.0	8.5	10.0
菜籽饼/%	7.0	6.2	2.0
大豆粕/%	4.0	3.0	3.0
啤酒酵母/%	6.0	5.0	3.5
棉籽粕/%	6.0	4.0	4.0
石粉/%	1.8	1.8	1.8
磷酸氢钙/%	0.3	0.3	0.3
食盐/%	0.7	0.7	0.7
缓冲剂/%	0.5	0.5	0.5
预混料/%	1.0	1.0	1.0
营养水平			

续表 5-18

原料种类	高蛋白质日粮	中蛋白质日粮	低蛋白质日粮
粗蛋白质/%	19.05	17.07	15.01
消化能/(兆焦/千克)	11.53	11.60	11.59
钙/%	0.95	0.93	0.94
磷/%	0.6	0.55	0.5
粗纤维/%	9.44	8.99	9.35

表 5-19　3 组羔羊的增重效果

项目	高蛋白质组	中蛋白质组	低蛋白质组
日增重/千克	0.29±2.69	0.319±0.45	0.259±2.81
日采食量/千克	0.471±1.71	0.532±2.41	0.484±2.39
料重比	1.642±0.212	1.695±0.23	1.72±0.18

八、适时断奶

羔羊瘤胃发育可分为从出生至 3 周龄的无反刍阶段、3～8 周龄的过渡阶段和 8 周龄以后的反刍阶段。从理论上讲，羔羊断奶的月龄和体重，应以能独立生活并以饲草为主获得营养为准。

(一)断奶时间

从生理角度分析，母羊通常在分娩后 2～3 周达到最大产奶量，其后产奶量下降很快。羔羊 2 月龄时，母乳已不能满足羔羊生长发育的需要。试验证明，羔羊在第 21 天时瘤胃已开始发育，到 49 日龄时瘤胃功能便可达到成年羊状态，羔羊便可利用植物饲料中的营养物质。因此，羔羊以 2 月龄断奶效果为好。

(二)断奶体重

羔羊发育比较整齐一致，可采用一次性断奶。若发育有强有弱，可采用分批断奶法，即强壮的羔羊先断奶，弱小的羔羊仍继续哺乳，断奶时间可适当延长。

（三）断奶方法

断奶后的羔羊留在原圈舍里，母羊关入较远的羊舍，以免羔羊恋母，影响采食。断奶应逐渐进行，开始断乳时，每天早晨和晚上仅让小羊哺乳2次。早期断奶集约化生产要求全进全出，即羔羊进入育肥圈时的体重大致相似，若差异较大则不便管理，影响育肥效果。

九、羔羊的日常管理

（一）编号

为了搞好肉羊育种工作和识别羊，必须进行编号。打耳标是目前最常见的一种方法。用铝或塑料制成圆形或长方形的耳标，用特制的钢字钉（或专用笔）把所需要的号码打（写）在耳标上。安置前先用特制的耳钳在羊耳朵上打一圆孔，再将耳标扣上。耳标应打在左耳中下部，用打耳钳打孔时，要避免血管密集区，打孔部位要用碘酒充分消毒。羔羊生下7天以内应打耳号，并应登记在案。

（二）断尾

断尾时间一般在生后7～10天，断尾常用结扎法。结扎法即用细绳或橡皮筋在羔羊第3～4尾椎间紧紧扎住，阻断血液循环，一般经10～15天尾巴自行脱落。如断尾时尾椎留得太少，日后容易导致羔羊脱肛。此法的好处是经济简便，容易掌握；缺点是结扎部位夏秋季易遭蚊蝇骚扰，造成感染，尾巴脱落时间长。发现上述情况，可用5%碘酊涂擦，也可用抗生素软膏处理。

（三）去角

当羔羊1～2周龄时进行去角。

(四)去势

凡生下花羔、体型不良、发育不好、没有种用价值的公羔，都应及早去势，避免乱交滥配，便于管理和育肥。去势羊可在生后2～3周龄时进行。

(五)修蹄

舍饲的羊要经常修蹄，可用专用修蹄刀或较锋利的小刀，剪去或削去过长部分，使蹄匣与蹄底接近平齐，以利于行走和四肢正常发育。

第五节　优质肥羔生产技术

优质肥羔生产发展如此之快，是因为具有以下优点：一是肉质好。与大羊肉相比，羔羊肉细嫩、瘦肉多、脂肪少、易于消化、营养价值高。国际市场上羔羊肉的价格大大高于大羊肉。二是效益高。羔羊生长速度快，饲料转化率高。据测定，羔羊的饲料报酬为(3～4)∶1。而成年羊为(6～8)∶1。三是加快畜群周转。肥羔生产缩短了生产周期，提高了出栏率，同时又提高了羊群中母羊的比例，提高了繁殖力。

一、小尾寒羊育肥

(一)育肥前的准备工作

(1)选羊与分群　选小尾寒羊50只，按性别、年龄、体重、强弱合理分群。

(2)驱虫　羔羊育肥前要驱除体内外寄生虫，选用驱虫药物应具有高效、低毒、无残留、无公害等特点。可选用阿维菌素(虫克星)0.2克/

千克体重，注射；丙硫咪唑 15 毫克/千克体重，内服。

(3)备齐草料　备齐备足草料，育肥期间不要轻易变更。需要改变时喂量由少到多，逐步代替。待适应之后，方可全部应用。

(4)日粮配合　日粮营养成分要全，营养浓度要高，精粗饲料搭配要合理。根据羔羊的生理特点、营养需要和当地的饲料资源，配制营养全价的日粮。此时羔羊体重 10～20 千克，预期平均日增重 200 克的营养需要量，日粮配方与营养水平见表 5-17。为防止羔羊拉稀，促进羔羊生长，提高饲料报酬，在日粮中可使用无公害抗菌促生长类添加剂。

(5)设施配套　应保持有一定的活动场地，羔羊每只占地 0.75～1 米²。饲槽长度要与羊数相称，每只羊应有 25～40 厘米的槽位。投饲量不宜过多，以吃完不剩为适度。

(6)自由饮水　要确保育肥羊每日都能喝足清洁的水。据估计，气温在 15℃时，育肥羊饮水量在 1 千克左右；15～20℃时饮水量 1.2 千克；20℃以上时饮水量接近 1.5 千克，冬季不宜饮用雪水或冰水。

(7)采用颗粒饲料　颗粒饲料适口性好，羔羊采食颗粒饲料，可以增加采食量，减少饲料浪费，提高饲料的消化利用率。颗粒大小可根据月龄和体重而定，一般羔羊 1～1.3 厘米，大羊 1.8～2 厘米。

(二)育肥效果

(1)增重和饲料报酬　参照美国 NRC 标准配制全颗粒料饲喂肉羊，其平均日增重达到 255 克(表 5-20)，单就增重速度来看，已经达到了国内地方品种的先进水平，接近国外肉羊的生产水平。

表 5-20　小尾寒羊育肥试验(公母各半)增重效果和饲料报酬($n=28$)

品种	始重/千克	末重/千克	期内增重/千克	平均日增重/克	料肉比
小尾寒羊	23.71	46.65	22.94	255	5.15∶1

(2)产肉性能　6 月龄小尾寒羊的屠宰率高于国内地方绵羊品种，胴体净肉率接近国外肉羊品种或略低，其产肉性能参见表 5-21。

表 5-21 羔羊(公母各半)产肉性能测定($n=8$)

品种	宰前活重/千克	胴体重/千克	屠宰率/%	骨重/千克	净肉重/千克	胴体净肉率/%	肉骨比	眼肌面积/厘米^2	内脏油重/克
小尾寒羊	44.4	21.0	47.3	4.4	16.6	79.1	3.83	15.07	500

长期以来,我国肉羊生产依靠成年羊或利用淘汰的老残羊育肥后屠宰,其增重速度、饲料报酬和肉质品质均低于羔羊和肥羔育肥效果。利用小尾寒羊羔羊育肥,与国外肉羊的生产水平相当,但小尾寒羊比国外肉羊品种产羔率高,适应性好,宜舍饲,在较好饲养条件下发展肥羔生产,也能取得较好的饲养效果。

二、杂交羔羊育肥

2005 年山东省农业科学院畜牧兽医研究所肉羊课题组在筛选国外肉羊良种与小尾寒羊杂交组合的基础上,开展了对杂交羔羊育肥和肉质品质的研究,为肉羊杂交改良和发展优质肥羔生产提供科学依据。

(一)杂交组合

(1)选杂交组合 试验选用 3 个组合,即杜泊绵羊(♂)×小尾寒羊(♀)、萨福克羊(♂)×小尾寒羊(♀)、无角陶赛特羊(♂)×小尾寒羊(♀),以小尾寒羊为对照。

(2)分组与试验期 试验羊为 2～3 月龄断奶公羔,按体重对等原则将羔羊分组,每组 10～12 只,每 5～6 只为 1 个重复。预试期为 7 天,平均达 5～6 月龄,体重达到 45～50 千克时试验结束。

(3)日粮组成与配制 日粮组成:玉米 43%,小麦麸 7%,大豆粕 17.5%,甘薯秧粉 15%,花生秧粉 15%,碳酸氢钙 1%,添加剂 1%,食盐 0.5%。按配方加工成全颗粒饲料饲喂。日粮营养水平为:消化能 13.6 兆焦/千克,粗蛋白质 150 克,钙 5.4 克,磷 2.5 克。

(4)屠宰测定 从每个处理组中选取 4 只体重接近的公羊进行屠

宰测定,宰前禁食24小时,禁水12小时。屠宰后取背最长肌和股二头肌,制备成代表4个肉羊品种的4组样品,供化学成分、氨基酸和微量元素分析用。

(二)育肥效果

(1)增重　以杜寒F_1生长速度最快,平均日增重达到313克;增重速度依次为杜寒F_1>陶寒F_1>小尾寒羊(表5-22)。

(2)饲料报酬　以杜寒F_1组合饲料报酬最高,达到5.17∶1,其中精料3.62∶1,干草1.55∶1。饲料报酬依次为杜寒F_1>小尾寒羊>萨寒F_1>陶寒F_1(表5-22)。

表5-22　杂交羔羊育肥试验增重效果和饲料报酬表

项目	小尾寒羊	杜寒F_1	萨寒F_1	陶寒F_1
羊只	12	10	10	10
始重/千克	29.28	28.36	35.58	33.2
末重/千克	45.98	47.14	47.9	47.75
期内增重/千克	16.7	18.78	12.32	12.7
日增重/克	278	313	274	282
料肉比	5.79	5.17	5.93	6.18
精料/千克	4.05	3.62	4.15	4.33
干草/千克	1.74	1.55	1.78	1.85

(3)产肉性能　屠宰测定结果(表5-23)表明,4个处理组胴体重均达到了国家冻羊肉出口标准(SN 0417—1995),杜寒F_1屠宰率分别比小尾寒羊高1.8个百分点。从眼肌面积来看,陶寒F_1(15.5厘米^2)、杜寒F_1(15.3厘米^2)分别比小尾寒羊提高26.02%和24.39%。

表5-23　羔羊产肉性能测定结果($n=4$)

项目	小尾寒羊	杜寒F_1	萨寒F_1	陶寒F_1
宰前活重/千克	43.17	44.5	43.2	46.7
胴体重/千克	20.87	22.3	21.5	23.7

续表 5-23

项目	小尾寒羊	杜寒 F_1	萨寒 F_1	陶寒 F_1
屠宰率/%	48.3	50.1	49.8	50.8
骨重/千克	4.8	4.5	4.2	4.6
净肉重/千克	15.7	17.8	16.8	18.5
胴体净肉率/%	75.2	79.8	78.1	78.1
肉骨比	3.27	3.96	4.00	4.02
眼肌面积/厘米^2	12.3	15.3	13.8	15.5

(4)肉质品质　肉品质测定结果见表 5-24。屠宰后 60 分钟内，各处理肉的 pH 指标比较接近。以陶寒 F_1 失水率稍高。肉色以杜寒 F_1、萨寒 F_1 和陶寒 F_1 为好，小尾寒羊眼肌肉色稍差。大理石纹以萨寒 F_1 最好，杜寒 F_1 居中。肌肉的剪切值以萨寒 F_1 最高(3.68 千克)，相对肉质较粗硬，杜寒 F_1 和陶寒 F_1 肉质较细嫩。

表 5-24　羔羊肉品质测定结果 ($n=4$)

项目	小尾寒羊	杜寒 F_1	萨寒 F_1	陶寒 F_1
肉色	3.8	4.0	4.0	4.0
大理石纹	2.4	3.03	3.6	2.57
pH 值	5.96	6.03	6.0	6.03
失水率/%	8.83	9.5	8.5	14.6
系水率/%	88.5	87.5	88.8	81.0
瘦肉率/%	51.5	51..2	51.9	51.8
剪切值/千克	2.82	2.8	3.68	2.62

(5)化学成分　不同品种杂交肥羔化学成分组成见表 5-25。粗蛋白质含量依次为萨寒 F_1 20.8 %、陶寒 F_1 20.5%、杜寒 F_1 20.1%，均高于小尾寒羊(19.6%)。以小尾寒羊肥羔含磷最高(0.21%)，杜寒 F_1 与小尾寒羊接近，萨寒 F_1 和陶寒 F_1 略低，各组间差异不显著。

表 5-25 不同品种杂交肥羔肉化学成分组成 ($n=4$)

项目	小尾寒羊	杜寒 F_1	萨寒 F_1	陶寒 F_1
干物质	23.17±0.42	23.73^a±0.50	24.01±0.67	23.27±0.34
粗蛋白质	19.6±0.34	20.1±0.83	20.8±0.91	20.5±0.42
粗脂肪	2.24^b±0.48	2.24^b±0.82	2.85^a±0.47	2.49^a±0.47
灰分	1.85±0.11	1.72±0.01	1.70±0.10	1.39±0.21
钙	0.038^b±0.01	0.078^a±0.02	0.104^a±0.07	0.109^a±0.02
磷	0.21±0.041	0.208±0.029	0.20±0.017	0.203±0.094

(6)氨基酸组成　经测定，17 种氨基酸总量以萨寒 F_1 肥羔肉最高(20.09 毫克/100 毫克)；陶寒 F_1 与杜寒 F_1 接近；以小尾寒羊(18.42 毫克/千克)最低。这就进一步证实了采用上述杂交组合生产的羔羊肉，不仅提高了蛋白质含量，而且提高了生物学价值。测定结果还证实，杂交羊的天冬氨酸和谷氨酸含量均高于小尾寒羊。因羊肉的风味(鲜味)与天冬氨酸和谷氨酸含量有直接关系，这说明杂交羊肉不仅营养价值得到了提高，而且肉的风味也得到了较大改善。不同品种肥羔羊肉氨基酸组成见表 5-26。

表 5-26 羊肉的氨基酸组成测定结果($n=4$) 毫克/100 毫克

氨基酸	简写	小尾寒羊	杜寒 F_1	萨寒 F_1	陶寒 F_1
天冬氨酸	Asp	1.80±0.03	1.81±0.07	1.97±0.01	1.93±0.03
苏氨酸	Thr	0.88±0.01	0.89±0.03	0.97±0.01	0.96±0.02
丝氨酸	Ser	0.77±0.02	0.76±0.02	0.84±0.01	0.82±0.01
谷氨酸	Glu	3.21±0.07	3.25±0.13	3.49±0.03	3.45±0.07
甘氨酸	Gly	0.93±0.07	0.91±0.02	1.01±0.02	0.94±0.01
丙氨酸	Ala	1.13±0.03	1.14±0.04	1.23±0.01	1.20±0.02
胱氨酸	Cys	0.09±0.01	0.09±0.01	0.11±0.01	0.11±0.01
缬氨酸	Val	1.04±0.02	1.04±0.04	1.08±0.03	1.08±0.04
蛋氨酸	Met	0.42±0.01	0.50±0.02	0.40±0.10	0.49±0.10
异亮氨酸	Ile	0.92±0.01	0.93±0.03	0.99±0.01	0.99±0.04
亮氨酸	Leu	1.59±0.02	1.61±0.06	1.74±0.01	1.72±0.03
酪氨酸	Tyr	0.63±0.01	0.65±0.02	0.69±0.01	0.70±0.01

续表 5-26

氨基酸	简写	小尾寒羊	杜寒 F_1	萨寒 F_1	陶寒 F_1
苯丙氨酸	Phe	0.79±0.01	0.79±0.03	0.86±0.01	0.85±0.02
赖氨酸	Lys	1.68±0.02	1.71±0.06	1.85±0.01	1.84±0.04
组氨酸	His	0.59±0.01	0.63±0.06	0.71±0.03	0.66±0.22
精氨酸	Arg	1.25±0.03	1.26±0.05	1.36±0.01	1.34±0.02
脯氨酸	Pro	0.72±0.04	0.70±0.03	0.82±0.05	0.75±0.01
17 种氨基酸总量		18.42±0.38	19.13±0.40	20.09±0.13	19.78±0.39

(7)微量元素含量　不同品种肥羔羊肉微量元素含量差异显著，其中杂交羔羊肉铁、锰、硒的含量显著高于小尾寒羊，而小尾寒羊肥羔肉锌和铜的含量均高于杂交羊(表 5-27)。综合看，杂交羊微量元素含量更丰富。

表 5-27　肉品中微量元素含量测定结果(n=4)　毫克/千克

元素	小尾寒羊	杜寒 F_1	萨寒 F_1	陶寒 F_1
铁	59.67±11.57	80±18.4	110±4.32	121.3±2.08
锰	0.43±0.12	1.03±0.12	1.01±0.14	1.01±0.19
锌	34.0±2.83	27.67±3.8	28.33±3.3	29.67±2.6
铜	0.47±0.16	0.30±0.10	0.27±0.06	0.41±0.09
硒	0.046±0.012	0.050±0.005	0.050±0.003	0.06±0.01

小尾寒羊和杂交肥羔肉均未检出重金属元素(表 5-28)，说明小尾寒羊生产的生态环境和饲料条件均能达到无公害和绿色食品的要求。因此，采用以上品种、杂交组合、饲料条件和生产方式，可以生产出无公害、绿色乃至有机羊肉。

表 5-28　肉品中有毒有害元素含量测定结果(n=4)　毫克/千克

元素	小尾寒羊	杜寒 F_1	萨寒 F_1	陶寒 F_1
汞	未检出(＜0.001)	未检出(＜0.001)	未检出(＜0.001)	未检出(＜0.001)
砷	未检出(＜0.005)	未检出(＜0.005)	未检出(＜0.005)	未检出(＜0.005)
铅	未检出(＜0.005)	未检出(＜0.005)	未检出(＜0.005)	未检出(＜0.005)

(8)胆固醇含量　测定结果(表 5-29)表明,萨寒 F_1、陶寒 F_1 和杜寒 F_1 胆固醇含量高于小尾寒羊,平均达到了 59.92 毫克,但仍低于猪肉(81 毫克)和鸡肉(106 毫克)。小尾寒羊含胆固醇 49.21 毫克,低于牛肉(58 毫克)和兔肉(59 毫克)。这表明小尾寒羊羔羊肉在家畜肉类中胆固醇含量也属最低的。因此,小尾寒羊肉尤其是羔羊肉,被誉为是具有营养和保健作用的功能食品,确有科学依据。

表 5-29　肉品中胆固醇含量测定结果(n=4)　毫克/100 克

项目	小尾寒羊	杜寒 F_1	萨寒 F_1	陶寒 F_1
胆固醇	49.21	59.29	62.37	58.10

利用国外肉用绵羊品种与小尾寒羊杂交,既利用了国外肉用绵羊前期生长发育快、饲料报酬高、产肉性能好的特点,又利用了小尾寒羊繁殖率高、适应性好等特点,杂种优势明显。杂交一代羊均表现出良好的适应性,尤其是杜寒杂交羊,不仅表现特耐粗饲,而且特别适合舍饲和圈养。综合评价,杜寒杂交组合是首选。同时采用舍饲圈养的方式不破坏生态,符合肉羊生产的发展规律,也符合我国北方养羊生产实际,具有广阔的开发推广前景。

三、羔羊舍饲育肥技术

要把肉羊舍饲圈养发展好,实现优质、高产、高效,必须把握和推广先进的肉羊舍饲配套技术,现将羔羊舍饲育肥技术要点总结如下。

(一)羊舍

(1)环境　通风干燥,清洁卫生,夏挡阳光,冬避风雪。

(2)面积　羊舍 0.8～1 米^2/只,运动场 2～3 米^2/只。

(3)设施　槽位 20～25 厘米 /只,自由饮水,并配备草架。

(4)消毒　进羊前和每周用 10%漂白粉或 3%～5%的来苏儿消毒 1 次。

(二)选羊

(1)年龄　3～4月龄断奶羔羊,最好为杂交羔羊。

(2)体型　体躯呈桶形,胸宽深,后躯呈“n”形。

(3)膘情　全身发育匀称,体重20～25千克,中上等膘情。

(4)健康　四肢健壮,被毛光亮,精神饱满,上下颌吻合好。

(三)免疫驱虫

(1)休整　新入舍羊要安静休息8小时,当日只给饮水和少量干草。

(2)分群　第2天早晨逐只称重,根据体重大小分群,每群20～30只。

(3)驱虫　苯硫咪唑每千克体重15～20毫克(内服),阿维菌素0.25毫克/千克,皮下注射。

(4)免疫　羊快疫、猝狙、肠毒血症三联苗,每羊5毫升,肌肉注射。绵羊痘疫苗刺种。

(四)育肥前期

(1)1～3天　饲喂青干草或地瓜秧、花生秧(铡短)自由采食,自由饮水。

(2)7～30天　饲喂全混合日粮Ⅰ(玉米43%,小麦麸7%,大豆粕17.5%,甘薯秧粉15%,花生秧粉15%,氢钙1%,添加剂1%,食盐0.5%。加工成全颗粒喂给),日喂3次,投料1～1.5千克,自由采食,自由饮水。

(五)育肥后期

(1)30～60天　饲喂日粮Ⅱ(玉米16.3%,小麦麸7.5%,大豆粕7.5%,甘薯秧粉16.5%,花生秧粉16.5%,苜蓿干草33%,氢钙1.2%,添加剂1%,食盐0.5%,压成颗粒饲料),日投料1.5～2千克,日喂 3 次，自由采食，自由饮水。

(2)饲料加工　苜蓿干草(33％)整株喂给，其他原料(67％)压成颗粒饲料喂给。

(六)出栏

按此规程进行饲养管理，育肥全期平均日增重应达到 250 克以上，混合饲料报酬为(5～5.5)：1，(粗饲料质量要有保障)。每只羊净增重 15 千克，平均体重达到 35～40 千克，肥羔此时(5～6 月龄)出栏，杂交羔羊屠宰率 50％，胴体重 17.5～20 千克。

第六章

羊舍建设与配套饲养设施

导　读　长期以来，羊舍和养羊设备是制约肉羊舍饲和规模化生产的关键因素。目前广大农村养羊大多是庭院饲养，设施简陋，是农村公共卫生的隐患之一，也是实施健康养殖的薄弱环节。为挖掘肉羊生产的潜力，确保畜产品的品质和卫生安全，必须抓好羊舍建设，把饲养设备和设施配备好、建设好，从而提高劳动生产率和养羊生产的经济效益。

第一节　羊舍建设

一、羊场选址

(一)地势高燥平坦

羊场应选建在地势较高、向阳，排水良好和通风干燥的平坦地方。

切忌在低洼涝地、山洪水道、冬季风口处建场。朝向以坐北向南或偏东5°～10°为宜,即场地高于周围地势,地下水位在2米以下。不宜在山洪水道、冬季风口、泥石流通道选址。场址的土壤以沙壤土最好,有利于排出积水、防潮。

(二)草料充足、有清洁水源

以舍饲为主的地区及集中育肥肉羊产区,羊场最好有一定的饲草、饲料基地及放牧草地。

水源供水量充足,水质优良,以泉水、井水和自来水较理想。切记不要在水源不足或受到严重污染的地方建场。

(三)交通、通讯便利

为防止疫病的传播,羊场距离公路、铁路等交通干道、居民点、附近单位和其他畜群应至少保持500米以上。

(四)能源供应充足

电力负荷能满足生产需要和稳定供应。

(五)考虑发展计划

羊场的选址既要与当地畜牧业发展规划和生态环境条件相适应,又要考虑养羊业发展趋势和市场需求的变化,以便确定生产方向和扩大生产规模。此外,种羊场最好建在肉羊生产基础较好的地区,以便于就近推广和组织生产。

二、羊场布局

(一)功能明确

规范化羊场至少要分为生活区、生产区、草料加工区和隔离观察区

4部分，并由低矮灌丛或矮墙将净道、污道隔离开。其中，生活区应安排在地势较高的上风头处，最好能由此望到全场的其他房舍；生产区的羊舍朝向应有利于冬季采光或夏季遮阳；隔离区一般位于地势较低的下风头处。

(二)操作方便

可将羊场划分为种公羊舍、种母羊舍、产房、羔羊和育成羊舍、育肥羊舍等，羊舍间有一定距离，从方便生产操作角度考虑，种公羊舍应靠近人工采精室，并与种母羊舍保持一定距离；种母羊舍应与产羔舍相邻。病羊隔离室、贮粪池、尸坑应在羊舍下风方向。

(三)环境清洁

在生产区、生活区及生产管理区的四周应建有绿化隔离带，有利于改善场区小气候、净化空气、减少尘埃和噪声。粪便及时清理，院落、道路、羊栏等应保持清洁，并定期消毒。

三、羊舍设计与建造

设计和建造羊舍的目的是为羊创造适宜的生产、生活环境，以提高羊的健康和生产力。因此，在设计羊舍时，应遵循下列原则：一是根据当地气候特点和生产要求选择畜舍类型和构造方案；二是尽可能采用科学合理的建设工艺及建筑材料；三是注意节约用地，在满足建筑要求的情况下，尽量降低建设成本。

(一)羊舍建设基本要求

(1)羊舍面积　种羊1.2～1.5米^2/只，成年母羊0.8～1.0米^2/只，羔羊0.5～0.6米^2/只，详见表6-1。

(2)羊舍地面　一是要高出舍外地面20～30厘米；二是要平整，地面应由里向外保持一定的坡度，以便清扫粪便和污水。

(3)运动场　一般运动场为羊舍面积的2～3倍。

表 6-1　各类羊舍所需面积　米²/只

羊别	面积	羊别	面积
单饲公羊	4.0～6.0	育成母羊	0.7～0.8
群饲公羊	1.5～2.0	去势羔羊	0.6～0.8
成年母羊	0.8～1.0	3～4月龄羔羊	0.3～0.4
育成公羊	0.7～0.9	育肥羯羊、淘汰羊	0.7～0.8

(二)羊舍建设的优化设计

(1)符合羊生理和生活习性　尽量满足羊对各种环境卫生条件的要求,包括温度、湿度、空气质量、光照、地面硬度及导热性等。也就是说,既有利于夏季防暑,又有利于冬季防寒;既有利于保持地面干燥,又有利于保证地面柔软和防滑。

(2)符合生产流程要求　既能保障生产环节顺利进行,又能保障各项技术措施的实施。设计时考虑的内容,包括羊群调整和周转、草料运输、给饲、饮水以及称重、防疫、试情、配种、接羔、羔羊护理等。

(3)符合卫生防疫需要　要有利于防病、减少疾病的发生与传播,有利于打扫卫生和粪便的清理。

(4)坚实耐用　羊舍及其内部的一切设施都必须本着实用的原则修筑和建造,特别是像圈栏、隔栏、圈门、饲槽的建造,一定要结实耐用。

(5)造价低廉　尽量做到就地取材,尽可能降低原材料购入价和建造成本。

四、羊舍建筑与施工

(一)羊舍基本构造及方案

1.羊舍基本构造

羊舍的主要部分包括墙体(或柱子)、基础、地面(或楼板)、屋顶、门窗及内外装修(散水、勒脚、踢脚、墙裙、吊顶、内外墙面粉刷等),根据其功能可分为承重部分和围护、分割部分(图 6-1)。

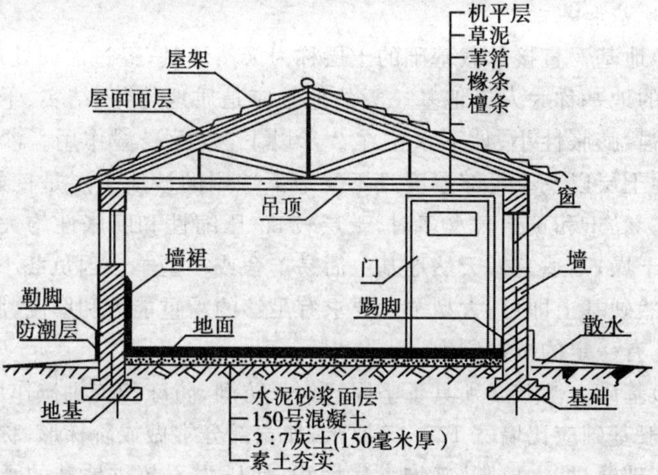

图 6-1　封闭式羊舍主要结构

承重部分有两种形式,第一种是墙体承重,依靠内外墙承载屋顶、楼板层、风雪和墙身自重等各种荷载,并将其传递到基础和地基上,该承重方式坚固、稳定、结构简单、施工方便、造价低,在羊舍建筑中经常使用;第二种是立贴式梁架承重,即由梁、柱承载屋顶重量,墙体起围护作用。采用立贴式梁架承重的墙体可以选用保温隔热性能好,价格低但强度差的材料,这种承重方式一般用于单层羊舍建筑。

2. 羊舍构造方案的确定原则

羊舍要求构造坚固、符合畜牧生产要求、形体和构造简单、整齐、经济美观,适用。在羊舍构造方案选择过程中,应该根据气候因素、肉羊生产特点、建筑材料、建筑习惯和投资能力等因素综合考虑,切不可贪大求洋、生搬硬套,盲目模仿。

(二)主要构造建筑施工

1. 地基和基础

(1)地基　直接承载基础的土层称为天然地基,经过加固处理后承载基础的地基称为人工地基。天然地基应是质地均匀、结实、干燥、抗冲刷力强、膨胀性小、地下水位在 2 米以下,且无浸湿作用。沙砾、碎石、岩性土层以及有足够厚度且不受地下冲刷的沙质土层是良好的天然地基。黏土和黄土含水多时,土层较软,压缩性和膨胀性均大,如不能保证干燥,不适宜做天然地基。简易羊舍或小型羊舍因负载小,一般建于天然硬基上即可;大型羊舍要求有足够的承重能力和厚度,膨胀性小,且具有一定的抗冲刷力。

(2)基础　基础必须具备坚固、耐久、防潮、防冻和抗机械作用等能力。一般基础应比墙宽 10～15 厘米,加宽部分常做成阶梯形,称"大放脚"。基础通过"大放脚"来增大底面积,使压强不超过地基的承载力。基础的地面宽度和埋置深度应根据羊舍的总荷载,地基的承载力、土层的冻涨程度及地下水位状况计算确定。北方基础埋置深度应在土层最大冻结深度以下,但应避免将基础埋置在受地下水浸湿的土层中。

按基础垫层使用材料的不同,基础可以分为灰土基础、碎砖三合土基础、毛石基础、混凝土基础等。目前,在羊舍建筑中,可选择砖、石、混凝土或钢筋混凝土等做羊舍基础建材,山(农)区简易羊舍可用全木建舍。

2. 墙

(1)墙体的作用　墙体是羊舍的主要构造部分,具有承重和分割空间、围护作用。墙体承重作用是指墙体将房舍全部荷载(包括房舍自身重量和屋顶积雪重量及风的压力等)传递给基础或地基。围护、分割作用是指墙体将羊舍与外界隔开或对羊舍空间进行分割的主要构造。既具有围护和分割又具有承重的墙体称为承重墙;只具围护和分割的墙体称为非承重墙。墙体对羊舍内温度和湿度状况影响很大。据测定,冬季通过墙散失的热量占整圈羊总失热量的 35%～40%。外墙与舍外地面接触的部位称勒脚。勒脚经常受屋檐滴下的雨水、地面雨雪的浸溅及地下水的侵蚀。为了防止墙壁被空气和土壤水汽侵蚀，可在勒脚与墙身之间用油毡、沥青、水泥或其他建筑材料铺 1.5～2.0 厘米厚的防潮层。

（2）墙体种类、特点及建筑要求　按墙体所用材料的不同，可分为砖墙、砌块墙、复合板墙、石墙、土墙、灰板条墙等，常用墙的特点如下。

实心砖墙的厚度可为 1/2 砖、3/4 砖、一砖、一砖半、二砖等，其厚度相应为 120、180、240、370、490 毫米。墙厚应根据承重和保温隔热要求经计算来确定。当保温隔热要求高时，可做空气间层，也可在墙内和墙面加保温层。砖墙砌筑方法有多种，要求砖块相互搭接、错缝、砂浆饱满。羊舍外墙面一般不抹灰粉刷，但需用 1∶(1～2) 的水泥砂浆勾缝。

以粉煤灰或炉渣等制成的砌块砌墙。各地生产的砌块长度不同，但宽度和厚度一般分别为 380 和 200 毫米。砌块强度高、保温性能好，便于施工，可用于羊舍建筑。

复合板墙具有造价低、施工快、美观等优点。复合板墙一般由结构层（内层）、保温层和饰面层构成。按抗压强度可分为非承重外挂板和承重外墙板两种类型。外挂板自重 256 千克/米^2。岩棉板是保温层厚度为 80 毫米，总厚度为 160 毫米的外挂板，其热阻值为 1.76℃·米^2/瓦，是厚度为 490 毫米砖墙热阻值的 2 倍多。

墙必须具备坚固、耐久、抗震、防潮、抗冻、结构简单、表面平整、便于清扫和消毒等优点，同时应考虑造价低，具有良好的保温隔热性能。为便于墙内表面清洁和消毒，地面或楼面以上 1～1.5 米高的墙面应设水泥墙裙，以防冲洗消毒时溅湿墙面或防止羊只弄脏，损坏墙面。隔墙可用砖墙、铝板、玻纤板等材料，也可用竹木作隔墙。

3. 柱

柱是根据需要设置的房舍承重构件。用于立贴梁架、敞棚、房舍外廊等的承重时，一般采用独立柱，可为木柱、砖柱、钢筋混凝土柱等；如用于加强墙体的承重能力或稳定性时，则做成与墙合为一体但凸出墙面的壁柱。柱的用材、尺寸及其基础均须计算确定。独立柱的定位一般以柱截面几何中心与平面纵、横轴线相重合；壁柱的定位则纵向以墙的定位轴线为准，横向以柱的几何中心与墙的横向轴线相重合。

4. 屋顶

屋顶是羊舍上部的外围护结构，主要起遮风、避雨雪和隔绝太阳辐射的作用，对冬季保温和夏季隔热都有重要意义。

单坡式屋顶跨度小，结构简单，利于采光，适用于单列羊舍；双坡式屋顶跨度大，易于修建，保温隔热性能好。羊舍常用的坡式屋顶表面常用黏土瓦挂平，一般是在檩条上钉椽子，其上铺苇箔、油毡，然后再钉挂瓦条挂瓦。采用挂瓦条构造的屋面，保温隔热性能较差，可将挂瓦条截面高度加大，其间填充保温材料；亦可在铺 2 层苇箔后抹一层 30～50 毫米厚的草泥，将黏土瓦黏座在草泥上，其造价低，保温隔热性能较好。

5. 地面

(1)地面的作用及基本要求　羊舍地面的作用不同于工业与民用建筑，特别是采用地面平养的羊舍，其特点是羊的采食、饮水、休息、排泄等生命活动和一切生产活动均在地面上进行；羊舍必须经常冲洗、消毒；羊蹄对地面有破坏作用，而坚硬的地面易造成蹄部伤病和滑跌。因此，羊舍地面必须具备下列基本要求：一是具有高度的保温隔热特性；二是不透水，易于清扫消毒；三是易于保持干燥，平整，无裂纹，不硬不滑，有弹性；四是有足够的强度，坚固、防潮、耐腐蚀；五是向排尿沟方向应有适当的坡度(羊舍 1%～1.5%)，以保证污水的顺利排出。

(2)羊舍地面种类　羊舍地面可分实体地面和缝隙地板两类。根据使用材料的不同，实体地面有素土夯实地面、三合土地面、砖地面、混凝土地面等；缝隙地板有木地板、塑料地板、金属网地板等。

①土质地面：属于暖地(软地面)类型。土质地面柔软，富有弹性也不光滑，易于保温，造价低廉。缺点是不够坚固，容易出现小坑，不便于清扫消毒。用土质地面时，可混入石灰增强黄土的黏固性，也可用三合土(石灰：碎石：黏土＝1：2：4)地面。

②砖砌地面：属于冷地面(硬地面)类型。因砖的空隙较多，导热性

小,具有一定的保温性能。成年母羊舍粪尿相混的污水较多,容易造成环境不良。又由于砖地易吸收大量水分,破坏其本身的导热性而变冷变硬。砖地吸水后,经冻易破碎。

③水泥地面:属于硬地面。其优点是结实、不透水、便于清扫消毒。缺点是造价高,地面太硬,导热性强,保温性能差。为防止地面湿滑,可将表面做成麻面。

④漏缝地板:集约化饲养的羊舍可建造漏缝地板,用厚 3.8 厘米、宽 6～8 厘米的水泥条筑成,间距为 1.5～2.0 厘米。漏缝地板羊舍需配以污水处理设备,造价较高,国外大型羊场和我国南方一些羊场已普遍采用。这类羊舍为了防潮,可隔日抛撒木屑,同时应及时清理粪便,以免污染舍内空气。

⑤羊床:多采用竹、木原料制成漏缝地板。木条宽 6 厘米,厚 3 厘米,间距宽 1.5～2 厘米,10 月龄以下的羔羊可为 1～1.5 厘米,可为固定式或活动式两种。

6.通道或加料道

这是专门用于添加饲料及观察羊只的过道,双列式羊舍过道一般为 1.2～2 米宽,单列式羊舍通道为 1～1.2 米宽,便于运输饲料及环境卫生打扫。

7.运动场

运动场面积应为羊舍面积的 2 倍以上,羊舍与羊舍之间可单独设运动场,其位置略比羊舍位置低 20～30 厘米。地面处理要求致密、坚实、平整、无裂缝、不打滑,达到卧息舒服。为防止四肢受伤或蹄病发生,可采用砖铺地面或混凝土地面,还可利用草坪作运动场,四周围墙不得低于 2～2.5 米。

五、实用羊舍类型与示范

按羊舍外围护结构封闭的程度大小,可将羊舍分为封闭式羊舍、半开放式羊舍和开放式羊舍三大类型。

(一)封闭式羊舍

封闭式羊舍(图 6-2 至图 6-5)是由屋顶、围墙以及地面构成的全封闭状态的羊舍,通风换气仅依赖于门、窗或(和)通风设备,该种羊舍具有良好的隔热能力,便于人工控制舍内环境。封闭式羊舍四面有墙,纵

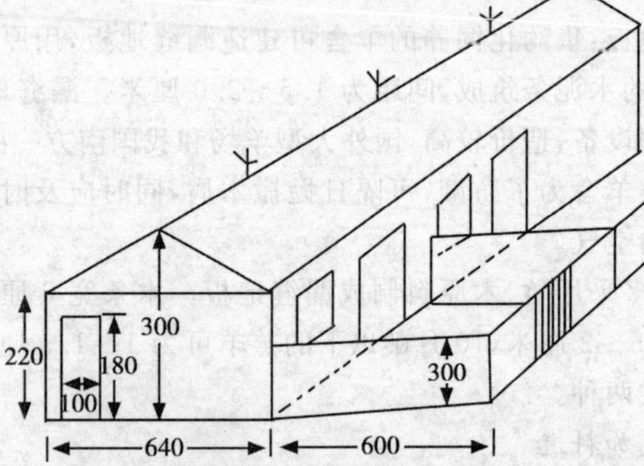

图 6-2 封闭式单列羊舍示意图(单位:厘米)

图 6-3 封闭式单列羊舍实际效果图

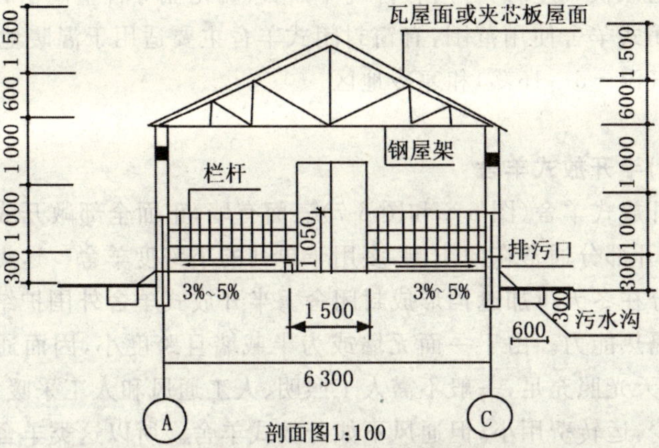

图 6-4　封闭式双列羊舍示意图(单位:毫米)

图 6-5　封闭式双列羊舍实际效果图

墙上设窗,跨度可大可小。可开窗进行自然通风和光照,或进行正压机械通风,亦可关窗进行负压机械通风。由于关窗后封闭较好,防寒保暖效果较半开放式好。封闭式羊舍外围护结构具有较强的隔热能力,可以有效地阻止外部热量的传入和羊舍内部热量的散失,封闭式羊舍内空气温度往往高于舍外。空气中尘埃、微生物含量舍内大于舍外,封闭式羊舍通风换气差时，舍内有害气体如氨、硫化氢等含量高于舍外。

封闭式羊舍使用范围：有窗封闭式羊舍主要适用于温暖地区（1 月份平均气温 $-5\sim15^\circ C$）和寒冷地区。

（二）半开放式羊舍

半开放式羊舍（图 6-6 和图 6-7）三面有墙，正面全部敞开或有部分墙体，敞开部分通常在向阳侧，多用于单列的小跨度羊舍。这类羊舍的开敞部分在冬天可加遮挡形成封闭舍。半开放式羊舍外围护结构具有一定的隔热能力。由于一面无墙或为半截墙且跨度小，因而通风换气良好，白天光照充足，一般不需人工照明、人工通风和人工采暖设备，基建投资少，运转费用小，但通风不如开放式羊舍。所以这类羊舍适用于冬季不太冷而夏季又不太热的地区使用。为了提高使用效果，也可在半开放式羊舍的后墙开窗，夏季加强空气对流，提高羊舍防暑能力，冬季将后墙上的窗子关闭，还可在南墙的开敞部分挂草帘或加塑料窗，以提高保温性能。

图 6-6　平顶式半开放羊舍

半开放式羊舍外围护结构具有一定的防寒防暑能力，冬季可以避免寒流的直接侵袭，防寒能力强于开放舍和棚舍，但空气温度与舍外差别不大。半开放式羊舍跨度较小，仅适用于小型牧场，温暖地区可用作成年羊舍,炎热地区可用作羔羊舍。

图 6-7　单坡式半开放羊舍

(三)开放式羊舍

开放式羊舍(图 6-8 和图 6-9)是指一面(正面)或四面无墙的羊舍,后者也称为棚舍。其特点是独立柱承重,不设墙或只设栅栏或矮墙,其结构简单,造价低廉,自然通风和采光好,但保温性能较差。

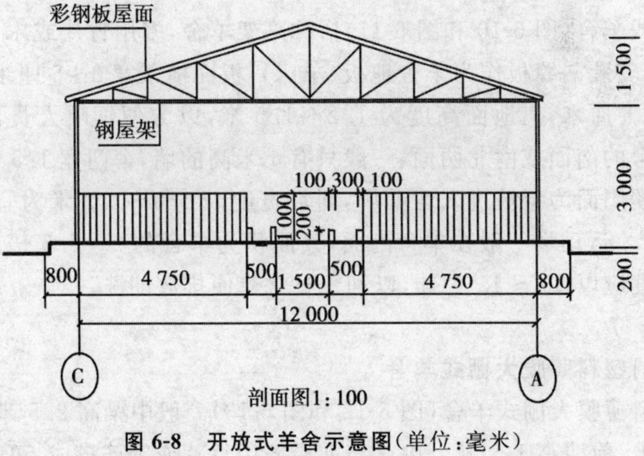

图 6-8　开放式羊舍示意图(单位:毫米)

图 6-9　开放式羊舍实际效果图

开放舍可以起到防风雨、防日晒的作用，小气候与舍外空气相差不大。前敞舍在冬季对无墙部分加以遮挡，可有效地提高羊舍的防寒能力。

开放式羊舍适用于炎热地区和温暖地区养羊生产，但需做好棚顶的隔热设计。

(四)楼式羊舍

楼式羊舍(图 6-10 和图 6-11)俗称高架羊舍，多用竹片或木条作建筑材料，安装漏缝板作为羊舍地板(羊床)，板面横条宽 3～5 厘米，漏缝宽 1～1.5 厘米，离地面高度为 1.2～1.5 米，以方便饲喂人员添加草料。羊舍的南面或南北两面，一般只有 1 米高的墙，舍门宽 1.5～2 米。漏缝板朝阳面为斜坡进入运动场，斜坡宽度以 1.0～1.2 米为宜，坡度小于 45°。运动场一般在羊舍南面，其面积为羊舍的 2～2.5 倍。积粪斜面坡度应以 30°～45°为佳，以利于日常粪便排放冲洗。

(五)塑料薄膜大棚式羊舍

塑料薄膜大棚式羊舍(图 6-12 和图 6-13)一般中梁高 2.5 米，后墙高 1.7 米，前墙高 1.2 米。中梁与前沿墙用竹片或钢筋搭成，可选用木

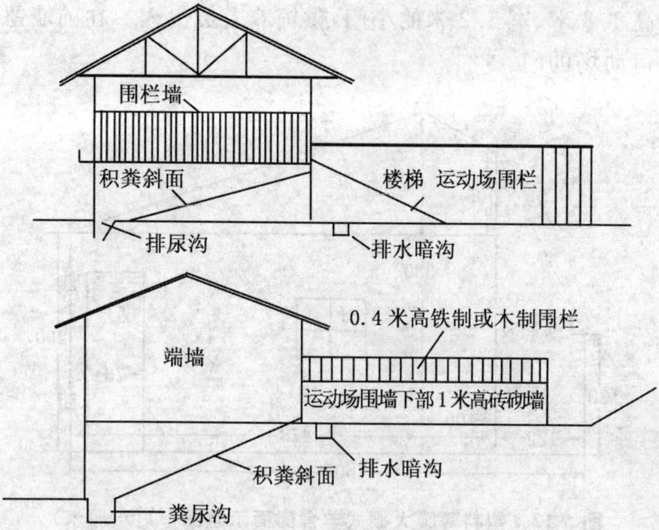

图 6-10　楼式羊舍示意图

图 6-11　楼式羊舍实际效果图

材、钢材、竹竿、铁丝和铝材等，上面覆盖单层或双层膜，塑料薄膜可选用白色透明、透光好、强度大、厚度为 100～120 微米、宽度 3～4 米，抗老化、防滴和保温好的膜，如聚氯乙烯膜、聚乙烯膜、无滴膜等。在侧面开一个高 1.8 米、宽 1.2 米的小门，供饲养人员出入。在前墙留有供羊群出入运动场的门。

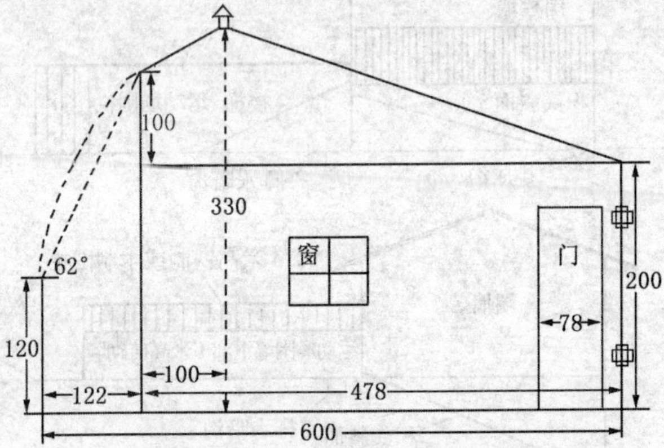

图 6-12　塑料薄膜大棚式羊舍侧面示意图(单位：厘米)

图 6-13　塑料薄膜大棚式羊舍实际效果图

在北方较寒冷地区，采用塑料薄膜大棚式羊舍效果明显，可提高羊舍温度，基本能满足羊的生长发育要求。在一定程度上改善寒冷地区冬季养羊的生产条件，有利于发展适度规模经营，而且投资少，易于修建。

第二节　饲养设施

一、饲槽

饲槽是舍饲养羊的必备设施，用它喂羊既节省饲料，又干净卫生。饲槽有固定式长方形饲槽、移动式木饲槽或用镀锌板定制的饲槽。

固定式长方形饲槽（图 6-14）一般设在羊舍或运动场上，用砖石、水泥砌成长条状。为便于羊只采食和清扫，要求槽内面和边缘成光滑的圆形，多采用圆底式，并留有一定坡度。靠近羊的一侧设铁颈枷，便于固定羊位，颈枷的宽度根据羊的个体大小而定。固定式长方形饲槽主要饲喂精料、青贮料、铡碎的草等。

图 6-14　固定式长方形饲槽

移动式木槽用厚木板钉制（图 6-15），铁槽用铁皮打制，上缘卷成圆形。视羊群数量多少决定制作数量。总的要求是以羊只采食不互相拥挤为宜。

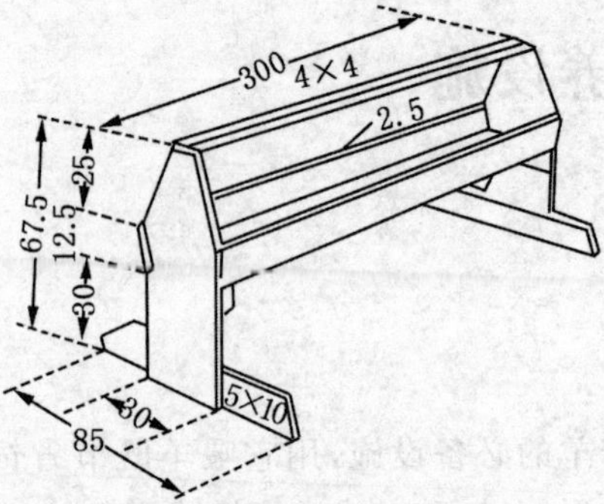

图 6-15 移动式木制饲槽(单位:厘米)

二、草架

草架是用来饲喂长草或草捆的用具,主要有移动式、悬挂式、固定式和结合式 4 种,可以用木材、竹条、钢筋等制作。利用草架喂羊可以减少饲草的浪费,避免践踏和粪尿污染。

双面草架从侧面看为三角形,上宽下窄,用钢筋或木条制成,条间距为 10 厘米,羊可从两面采食饲草。单面草架借助一面墙,采草面有隔栏,与墙形成一个上宽下窄的直角三角形。

(1)简易草架 先用砖、石头砌成一堵墙,或直接利用羊圈的围墙,然后将数根 1.5 米以上的木杆或竹竿下端埋入土墙根底,上端向外倾斜 25°,并将各个竖杆的上端固定在一根横棍上,横棍的两端分别固定在墙上即可(图 6-16)。

(2)木制活动草架 先做一个高 1 米、长 3 米的长方形立体木框,再用 1.5 米高的木条制成间隔 12～18 厘米的“V”形的装草架,最后将草架固定在立体木框之间即成(图 6-17)。

图 6-16　靠墙固定的单面草架示意图

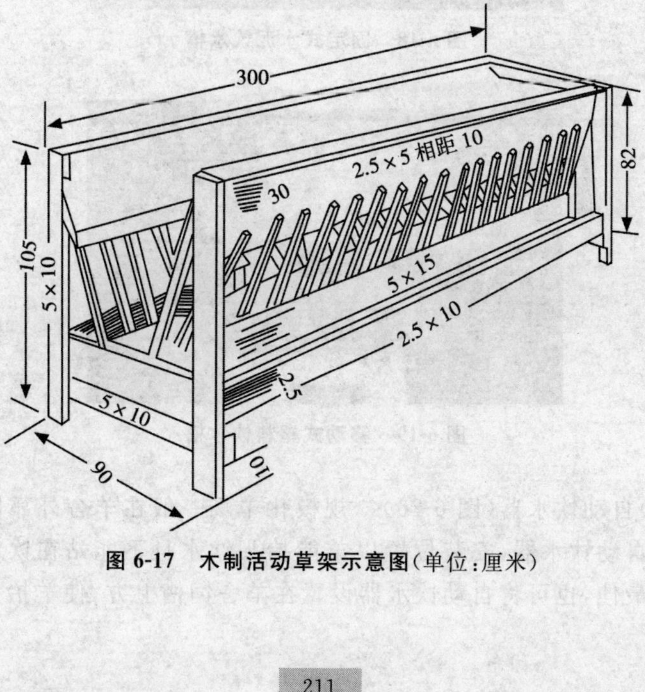

图 6-17　木制活动草架示意图(单位:厘米)

三、水槽

(1)饮水槽(图 6-18 和图 6-19)　一般固定在羊舍或运动场上,可用镀锌铁皮制成,也可用砖、水泥制成。槽高离地面 30 厘米,宽 30 厘米,长度根据羊群规模大小设定。在下部设置排水口,以便清洗水槽,保证饮水卫生,水槽高度以羊方便饮水为宜。

图 6-18　固定式水泥饮水槽

图 6-19　移动式塑料饮水槽

(2)自动饮水器(图 6-20)　规模化羊场一般在羊舍外靠围墙边沿安装自动饮水器,安装位置以羊能抬头饮水且不能站在饮水器上蹭痒为最佳,也可将自动饮水器设置在羊舍饲槽上方,使羊抬头就能饮水。

图 6-20　羊用饮水器

四、围栏设备

1. 围栏

围栏的作用是将不同大小、性别和类型的羊只相互隔开，并将其限制在一定的活动范围之内，以利于提高生产效率和便于科学管理。围栏通常设在羊舍内和运动场四周，栏的高度视其用途而定，一般羔羊栏 1～1.5 米，成年羊栏 1.5～2 米。围栏必须有足够的强度和牢度，可用木栅栏、铁丝网、钢管、原竹等制作，分移动式（图 6-21）和固定式（图 6-22）。母羊产羔时，可用活动围栏临时间隔为母仔圈。根据其结构不同，通常有重叠围栏、折叠围栏和三脚架围栏等类型。羔羊补饲栏可用多个栅栏、栅板或网栏，在羊舍或补饲场靠墙围成足够面积的围栏，并在栏间插入一个仅供羔羊能自由出入的采食栅门。

2. 羔羊补饲栏

一般情况下，羔羊生后 10～14 天就应补给草料。由于母羊和羔羊同圈饲养，补喂时羔羊不能自由而有效地采食补喂饲料，必须设专门的羔羊补饲栏。

羔羊的补饲栏应在母羊圈内适当的地方，或靠近圈的一侧墙边，使母羊不能通过，羔羊可以自由出入。具体办法是：用木栅栏做围墙，用两根圆木做门柱，固定在木栅上，柱与柱间距为 20 厘米即可（图 6-23）。

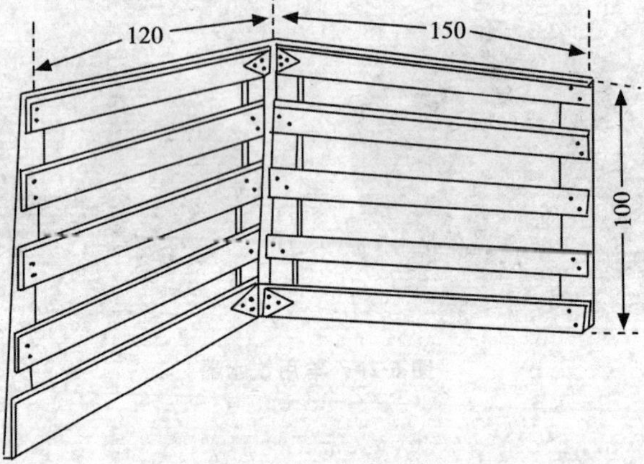

图 6-21　活动围栏(单位:厘米)

图 6-22　固定式钢管围栏

3. 母仔栏

将两块栅栏板用铰链连接,每块高 1 米,长 1.2～1.5 米,将此活动木栏在羊舍角隅呈直角展开,并将其固定在羊舍墙壁上(图 2-24),可围成 1.2～1.5 米^2 的母仔间,目的是使产羔母羊及羔羊有一个安静又不受其他羊只干扰的环境,便于母羊补料和羔羊哺乳,有利于产后母羊和羔羊的护理。

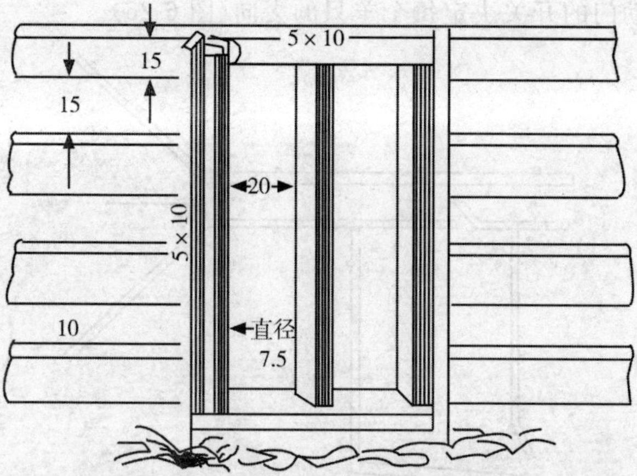

图 6-23　补饲栏(单位:厘米)

图 6-24　母仔栏

4. 分群栏

分群栏供羊分群、鉴定、防疫、驱虫、称重等日常管理和生产中使用,可提高分群工作的效率。分群栏由许多栅板连接或网围栏组成,可以是固定的也可临时搭建,其规模视羊群的大小而定。分群栏设有一窄而长的通道,通道的宽度比羊体稍宽,羊在通道内只能单独前进,在通道的两侧设若干个只能出不能入的活动门,门外围以若干贮羊圈,通过控制活动门的开关决定每个羊只的去向(图 6-25)。

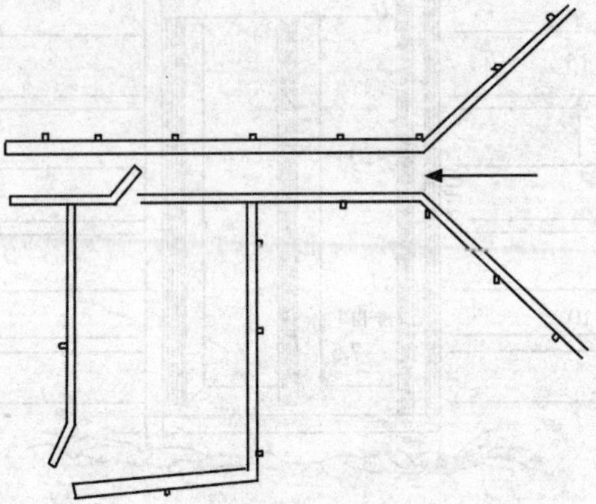

图 6-25　分群栏

五、羊床

羊床是羊躺卧和休息的地方,要求洁净、干燥、不残留粪便和便于

图 6-26　羊床

清扫。羊床由木条或竹竿制作，缝宽 1.8～2.2 厘米，铺设高度 0.5～1 米，每块的长度与宽度以 1～2 米为宜。羊床大小可根据圈舍面积和羊的数量而定，以易于搬动、安放为宜。

第三节　附属设施

肉羊规模化养殖场附属设施主要有饲料库、晒场、草棚、饲料青贮设施、供水设施及其他设施。

一、饲料库

饲料库是指专门用于存放谷物、饼（粕）类和各种辅助性用料的房屋。为方便加工和配料，在料库的一端应留出专门摆放加工机械的地方。库房建筑主要组成部分及技术要求如下。

（1）地坪　地坪的作用主要是承受货物、货架以及人和机械设备等的荷载，因此，地坪必须有足够的强度以保证安全使用。根据使用的建筑材料可分为三合土、砖石、混凝土以及土质地坪等。对地坪的基本要求是平坦坚实，耐摩擦和冲击，表面光洁不起灰尘。地坪的承载能力应视堆放物品性质、当地地质条件和使用的建筑材料确定，一般载荷量在 5～10 吨/米^2。

（2）墙体　墙体是库房建筑的主要组成部分，起着承重、围护和分隔等作用。墙体一般可分为内墙和外墙；按承重与否可分为承重墙和不承重墙。对于起不同作用的墙壁可以根据不同的要求，选择不同的结构和材料。对承重外墙除要求其满足具有承重能力的条件外，还需要考虑保温、隔热、防潮等围护要求，以减少外部温湿度变化对库存物品的影响。

（3）屋顶　屋顶的作用是抵御雨雪、避免日晒等自然因素的影响，它由承载和覆盖两部分构成。承载部分除承担自身重量外,还要承担风、雪的荷载;覆盖部分主要作用是抵御雨、雪、风、沙的侵袭,同时也起保温、隔热、防潮的作用。对屋顶的要求是防水、保温、隔热,并具有一定的防火性能,符合自重要轻、坚固耐用的要求等。

(4)门窗　门窗是库房围护结构的组成部分,要求具有防水、保温、防火、防盗等性能。其中,库房窗户主要是用于通风和采光,因此窗户的形状、尺寸、位置和数量应能保证库内采光和通风的需要,而且要求开闭方便,关闭严密;库门主要是供人员和搬运车辆通行,同时作业完毕后要关闭,以保持库内正常温度、湿度,保证物品存放安全,因此对库门要求关启方便、关闭精密。此外,库门的数量、尺寸应考虑库房的大小、吞吐量的多少、运输工具的类型、规格和储存物品的形状等因素。

二、饲料青贮设施

青贮料是农区舍饲养羊的主要饲料来源,为制作和保存青贮料,应在羊舍附近修建青贮设施。常用的青贮饲料容器主要有青贮窖、青贮壕、青贮塔及青贮袋等。

(一)青贮设施的要求

根据地下水位的高低可建成地上式、半地下式和地下式 3 种。对这些设施的基本要求是:场址要选择在地势高燥,地下水位较低,距羊舍较近而又远离水源和粪坑的地方。装填青贮饲料的设施,必须具备以下条件。

(1)不透空气　青贮窖(壕、塔)壁最好是用石灰、水泥等防水材料填充、涂抹,如能在壁裱衬一层塑料薄膜更好。

(2)不透水　青贮设施不要靠近水塘、粪池,以免污水渗入。地下式或半地下式青贮设备的底面要高出地下水位 0.5 米以上,且四周要挖排水沟。

(3)内壁要平直　内壁要求平滑垂直,墙壁的角要圆滑,以利于青贮料的下沉和压实。

(4)要有一定的深度　青贮设施的宽度或直径一般应小于深度，宽深比以1∶(1.5～2)为好，以便青贮料能借助自身的重量压实。

(5)防冻　地上式的青贮窖(池)，在寒冷地区要有防冻设施，防止青贮料冻结。

(二)青贮设施的容量和容积

青贮料单位体积重量与原料的种类、含水量、切碎压实程度等有关。常见青贮料的重量估计见表6-2。

表6-2　常见青贮料的重量估计　　千克/米^3

青贮原料种类	青贮饲料重量	青贮原料种类	青贮饲料重量
全株玉米、向日葵	500～550	去穗玉米秸	450～500
甘薯秧	700～750	牧草、野草类	550～600
萝卜叶	600	叶菜类	800

(三)常见青贮设施

(1)青贮窖　以长方形为多，根据具体情况可建造全地上、全地下或半地上和半地下等形式(图6-27和图6-28)。地下式适用地下水位低的地区，永久型用砖混垒砌。青贮窖的壁要光滑、坚实、不透水、上下垂直。一般要求窖底应高出地下水位0.5～1米，窖口制成“凹”字形，便于封顶压膜。一般深2.53米，宽3～4米，长20米，长度不一，可根据养羊多少自定。特点是建造简单，成本低，易推广，适合于小型养羊农户。但窖中易积水，常引起青贮霉烂，因此应注意在周围设排水沟。

(2)青贮壕　青贮壕的建造与青贮窖大致相同。近年来，大型羊场采用地上式青贮代替青贮壕，用大型机具操作填压，厚塑料膜加盖，效果好、使用方便。

(3)青贮袋　青贮袋为一种特制的塑料大袋，袋长可达36米，直径

2.7 米，塑料薄膜用 2 层帘子线增加强度，非常结实。袋式青贮损失少，成本低，适用性强，可推广利用。

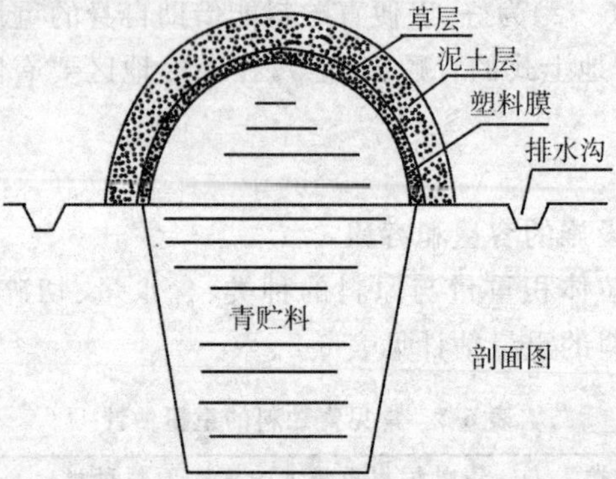

图 6-27　地下式青贮窖

图 6-28　地上青贮窖

三、供水设施

配置合理的供水设施，保证羊场人畜用水做到清洁卫生是十分必要的。因此，应修建相应供水设施，如水井、水塔或蓄水池，安装管道等予以保证。

四、其他设施

(1)人工授精室　人工授精室要求保温,采光好。要求精液检查室温度能达到25℃,输精、采精室达到20℃,其他房舍不低于15℃,北方寒冷地区应配置取暖设备。输精室的采光系数不低于1∶5,人工授精站建设原则上靠近羊舍。为便于管理,在人工授精室中间隔成几个相应大小的小房舍,分别是采精室、精液检查室、输精等待室、输精室、贮藏室、已输精母羊室。

(2)兽医室　中型以上羊场均要建设独立的兽医室,配备有专门的兽医人员、常用兽医器械、药物。可以与人工授精室合建或在生产管理区单独建设,兽医室离羊舍不宜太远,以便于兽医随时观察检查羊只。一般饲养农户必须配备兽医保健箱及常用器械、药物。

(3)磅秤及羊笼　为了解饲养管理情况,掌握羊只生长发育动态及对外销售和定期进行称(测)体重的需要,羊场应设置小型地磅(≤100吨)或普通台秤(≤1 000千克)。

羊笼一般长1.4米,宽0.6米,高1～1.2米,两端设活动门供羊进出,底部可设4个轮子,使活动自如,供称重或羔羊转群时使用。羊笼多用竹条、木条或钢筋制成。

(4)盐槽　给羊群供给食盐和其他矿物质时,如果不在室内或不混在饲料内饲喂,为防止在舍外被雨水淋潮化,可设一有顶盐槽,任羊随时舐食。

(5)隔离圈舍　养羊小区应建专门的隔离羊舍,并与羊舍保持一定的距离。羊患病后,应及时将其放入隔离舍内进行观察治疗,待痊愈后再归群;新购进的羊,为防止疫病传播,也应先饲养在隔离舍内,通过一段时间的饲养观察,确定无疫病后再归群。隔离羊舍要在羊出入前出后进行消毒。

第四节　常用机械与设备

随着传统粗放型养羊业向现代规模化养羊业的转变，势必导致农牧民对养殖机械产生更深层次和更高档次的需求。实现肉羊生产机械化，可降低生产成本，使生产效率与经济效益提高，促进肉羊生产持续、稳定发展。饲草、饲料加工机械的技术进步，为饲草饲料加工业的发展和相关成果转化成实际生产力提供了技术保障。

一、铡草机

(1)类型及构成　目前，铡草机和青贮饲料切碎机主要有 2 种类型，即滚筒式和圆盘式，用于切碎秸秆和青贮饲料。铡草机主要由喂入机构、铡切机构、抛送机构、传动机构、行走机构、防护装置和机架等部分组成。

(2)工作原理　由电机作为配套动力，将动力传递给主轴，主轴另一端的齿轮通过齿轮箱、万向节等将经过调速的动力传递给压草辊，当待加工的物料进入上下压草辊之间时，被压草辊夹持并以一定的速度送入铡切机构，经高速旋转的刀具切碎后经出草口抛出机外。

如 9Z-9A 型铡草机(图 6-29)，主要用于羊场各种牧草和秸秆的切碎，其生产效率见表 6-3。

(3)圆盘式铡草机(又称轮刀式)　主要工作部件由喂入、切碎、抛送和传动机构组成。工作时，喂入链和上、下喂入辊把饲料不断地向里喂入，送到切割部分，被传动刀片和支撑刀片切成碎段，切下的碎片被风扇叶片抛送出去，抛送的高度可以达到 10 米以上。大中型铡草机一般为圆盘式。

图 6-29　9Z-9A 型铡草机

表 6-3　9Z-9A 型铡草机生产效率

性能	含水率/%	生产效率/(吨/小时)
青玉米秸秆	65	9
干玉米秸秆	17	4
青牧草	65	7
干稻草	17	4
干麦秸	17	3

(4)应用铡草机注意事项

①操作人员先学习安全使用和防护知识。

②严禁酒后、带病或过度疲惫时开机作业。

③未成年人及未掌握机器应用规则的人不准单独作业。

④在规定的转速下工作,严禁超速、超负荷作业。

⑤工作人员喂草时,严禁双手伸进喂料口的护罩内。

⑥严防木棒、金属物、砖石等进入机内,以免损机伤人。

⑦发现异常,应立即停机检查,检查前必须切断动力。

⑧结束工作前,应先把变位手柄扳至 0 位,让机器空转 2 分钟左右

再停机。

二、粉碎机

(一)饲料粉碎机

饲料原料的粉碎是饲料加工中非常重要的一个环节。通过粉碎可增大单位质量原料颗粒的总表面积,增加饲料养分在动物消化液中的溶解度,提高饲料的消化利用率。

(1)主要类型　根据粉碎物料的粒度可分为普通粉碎机、微粉碎机、超微粉碎机;根据粉碎机的结构可分为锤片式、劲锤式、对辊式和齿爪式。

(2)工作原理　一般的畜禽料通常采用普通的锤片粉碎机,其工作原理是将物料引入冲击齿板、筛板与旋转锤片之间的空间,利用锤片等对物料的打击和搓擦作用,将物料破碎成若干小粒,是一种冲击式粉碎设备。

(3)锤片式粉碎机　具有占地面积小、粉碎效率高、耗电量小等优点。锤片式粉碎机基本构造包括圆筒筛板、锤片转子、锤片和固定在锤片转子周围的冲击齿板。如广州国伟机械有限公司研制生产的代风机锤片式粉碎机——9FQ-400型饲料粉碎机(图6-30),其生产效率见表6-4,主要技术规格如下:主轴转速5 800转/分钟;配套电机7.5千瓦/380伏;全机重量100千克;外形尺寸980毫米×900毫米×950毫米。

(二)饲草粉碎机

饲草粉碎机主要用于粉碎各种饲草,如玉米秸、豆秸、花生秧、甘薯秧、干杂草等。也可加工鲜玉米秸、鲜甘薯秧、青杂草、青菜、鲜马铃薯等饲料。

(1)产品结构　粉碎机主要由上机体、进料斗、下机体、喂入辊切刀、转子、风机、出料管、底架、电机等部分组成。

图 6-30 9FQ-400 型锤片式饲料粉碎机

表 6-4 9FQ-400 型饲料粉碎机的生产效率

种类	筛孔直径/毫米	生产效率/(千克/小时)
玉米	5.0	≥15 000
玉米	2.0	≥15 000
水渍大豆	2.0	≥800
鲜地瓜	1.2	≥1 000

(2)工作原理　将物料均匀、适量地喂入粉碎室内,粉碎室内有高速旋转的锤片,上机体上装有齿板,加入的物料在锤片的强烈打击、撕裂和搓擦等作用下迅速被粉碎成粉状,由于离心力和粉碎机下腔负压的作用,细碎的物料通过筛孔落到下腔之后被风机吸走,又由风机送到离心卸料器或集料间内。

9CJ-500 型饲草粉碎机见图 6-31,其技术参数及特点见表 6-5。

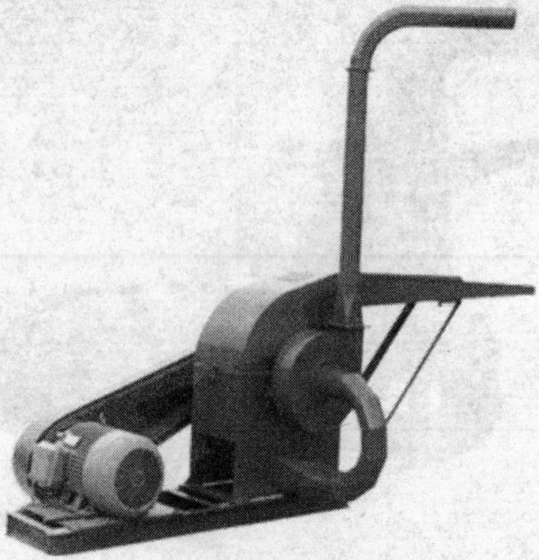

图 6-31　9CJ-500 型饲草粉碎机

表 6-5　9CJ-500 型饲草粉碎机技术参数及特点

配套动力	设备产量	设备外形	适用范围	设备特点
18.5/22 千瓦	500 千克/小时（筛孔孔径为 3 毫米）	3 100 毫米×3 100 毫米×2 785 毫米	农场、牧场及专业户加工草粉	1.是粉碎多种干草及农作物秸秆等粗饲料的专用设备；2.可和其他设备配套组成以草和秸秆为要原料的粗饲料加工机组，生产粉状或颗粒饲料

三、饲料混合机

饲料混合是确保配合饲料质量和提高应用效果的重要环节。目前国内常用的饲料混合机种类主要有卧式环带混合机、立式混合机和双轴桨叶式混合机等。

(1)卧式环带混合机　卧式环带混合机由机体、转子、进料口、出料口和传动机构等组成（图 6-32）。其优点是混合效率高，混合质量好，卸料迅速，物料在机内残留少，不仅能混合散落性好的饲料，而且能混合散落性差、黏附力较大的饲料，必要时还能加入一定量的液体饲料。

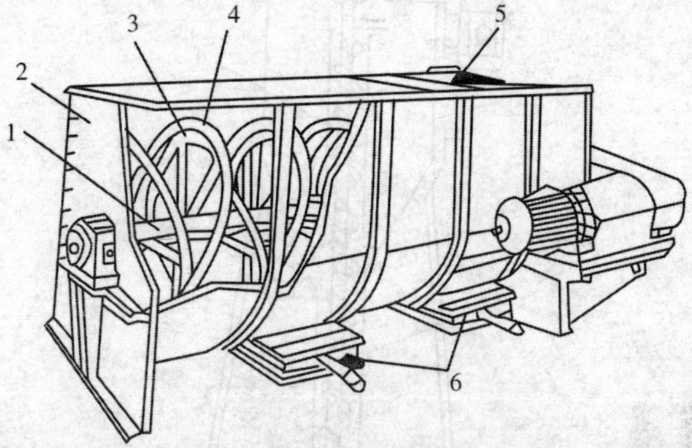

图 6-32　卧式环带混合机示意图

1. 主轴　2. 机壳　3. 内环带　4. 外环带　5. 进料口　6. 出料口

表 6-6　卧式环带混合机的主要技术参数

型号规格	有效容积/米^3	混合量/吨	均匀度变异系数(CV)/%	混合时间/分钟	配用动力/千瓦
SLHY0.25	0.25	0.1	≤7	3～6	2.2
SLHY0.6	0.6	0.25	≤7	3～6	5.5
SLHY1.0	1	0.5	≤7	3～6	11

卧式环带混合机在配合饲料生产中应用广泛。混合周期一般为 3～6 分钟/批，混合均匀度变异系数(CV)≤10%。表 6-6 列出了卧式环带混合机的主要技术参数。

(2)立式混合机　立式混合机又称为垂直式螺旋式混合机，适于粉状配合饲料的混合，由接料斗、垂直螺旋、螺旋外壳、机壳、卸料口、支架和电动机传动部分组成(图 6-33)。特点是配套动力小，占地面积小，一次装料多，适合小型饲料加工机组使用。

(3)双轴桨叶式混合机　双轴桨叶式混合机的结构示意图见图 6-34，由机壳、转子、液体添加喷管、排料门和转动机构组成。机体截面

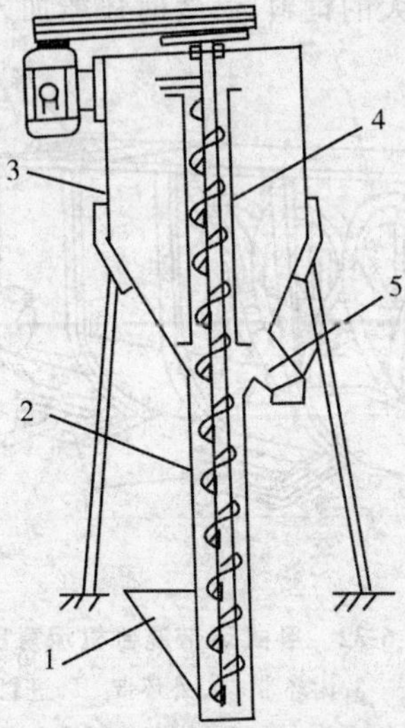

图 6-33　立式混合机示意图

1. 接料斗　2. 垂直螺旋 3. 圆筒　4. 螺旋外壳　5. 卸料口

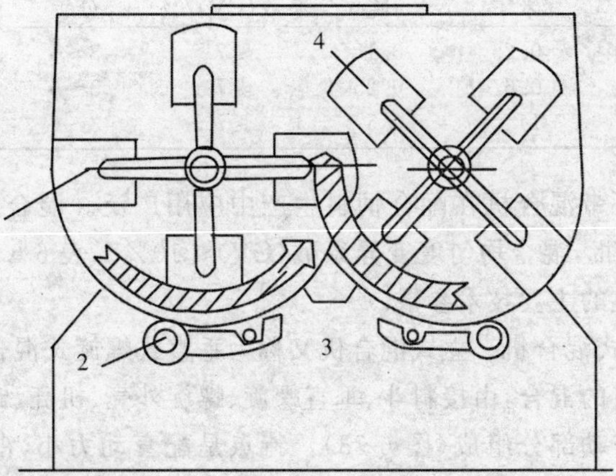

图 6-34　卧式双轴桨叶式混合机示意图

1. 桨叶　2. 排料门　3. 排料室　4. 混合室

呈“W”形，顶盖上开有2个进料口，2个机槽底部各有1个排料口，机体内安装2个转子，转子上不同角度安装多组桨叶片。其混合方式为集合式，即扩散对流和剪切混合。这种混合机的特点是使用物料范围广，混合速度快，通常一批饲料的混合时间1～3分钟；混合均匀度高，混合均匀度变异系数(CV)≤5%；能混合黏性物料，添加20%的液体，原料仍可混合均匀；混合均匀度受物料充满系数的影响小，充满系数为0.4～0.8；单位产品能耗低，噪声低；结构紧凑，占地面积空间小，安装、使用、维修保养方便。混合周期一般为1.5～2分钟/批。

四、配合饲料机组

配合饲料机组具有体积小、结构紧凑、操作方便等特点。粉碎机安装在中间仓上面，粉碎室在中间仓内噪声小、粉尘少、耗电低、效率高、变异系数(CV)≤8%等特点，适于各种类型羊场使用。

9ST-1型配合饲料机组示意图见图6-35。9PS系列配合饲料机组

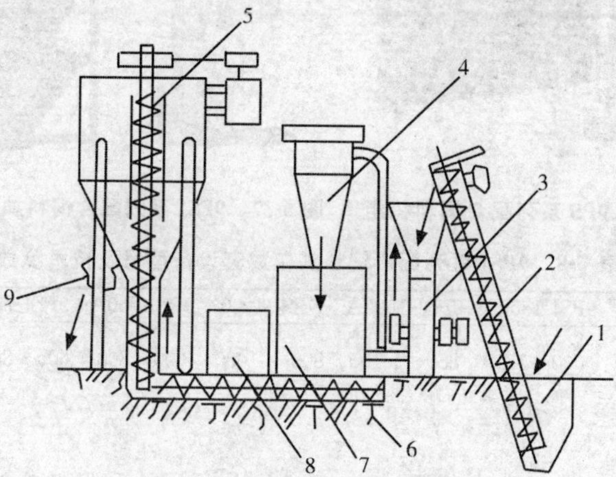

图6-35　9ST-1型配合饲料机组示意图

1.地坑　2.搅龙　3.粉碎机　4.旋风分离器　5.立式混合机
6.横向搅龙　7.主料箱　8.辅料箱　9.出料口

如图 6-37 所示，其型号及生产性能参数见表 6-7，9PSJ 系列配合饲料加工成套设备如图 6-38 所示，其型号及生产性能参数见表 6-8。

表 6-7 9PS 系列配合饲料机组型号及生产性能参数

设备型号	产量/(吨/小时)	功率/千瓦
9PS500C	0.5	9.7
9PS1000C	1.0	14.7
9PS1000H	1.0	12.65

图 6-36 9PS 系列配合饲料机组

图 6-37 9PSJ 系列配合饲料加工成套设备

表 6-8 9PSJ 系列配合饲料加工成套设备型号及技术参数

项目	9PSJ-1500A	9PSJ-1000A	9PSJ-1000	9PSJ-750A	9PSJ-750	9PSJ-300
生产率/(千克/小时)	1 000～1 500	850～1 100	800～1 000	600～800	600～800	280～320
吨耗电量/度	<8	<8	<6	<7	<5	<5
配套动力/千瓦	14	12.5	9	7	5.5	4.8
配合均匀度	<10	<8	<8	<8	<8	<8
操作人数	2～3	2～3	2～3	2～3	2～3	2～3
机重/千克	1 200	1 000	800	800	600	400

五、全混合日粮(TMR)饲料搅拌机

1. TMR 及特点

TMR 是一种将粗料、精料、矿物质、维生素和其他添加剂充分混合均匀，并能满足舍饲肉羊营养的日粮。TMR 饲喂技术已在国内外大中型舍饲肉羊养殖场广泛应用。采用该技术可避免挑食和营养失衡；提高增重和提高饲料转化率；降低饲喂成本，减少饲料浪费；减少工人数量和劳动强度；可实现分群管理，提高劳动生产率，降低管理成本。

2. TMR 饲料搅拌机类型

常用的是卧式饲料搅拌机、立式饲料搅拌机，有牵引式、固定式等多种规格。如河北华昌机械设备有限公司生产的 TMR 饲料搅拌机（图 6-38），司达特（北京）畜牧设备有限公司生产的 TMR 饲料搅拌机（图 6-39 和图 6-40）等。

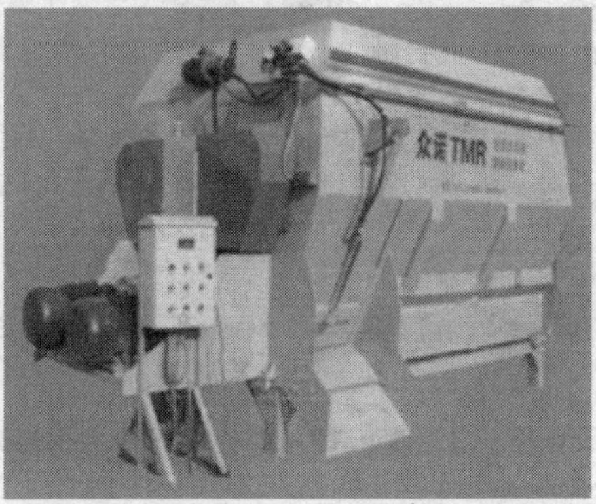

图 6-38　卧式固定式 TMR 饲料搅拌机

3. 使用 TMR 饲料搅拌机注意事项

①根据搅拌车的说明，掌握适宜的搅拌量，避免过多装载，影响搅拌效果。通常装载量占总容积的 70%～80%为宜。

图 6-39　立式牵引式 14 立方 TMR 饲料搅拌机

图 6-40　立式自走式 12 立方 TMR 饲料搅拌机

②严格按日粮配方，保证各组分精确给量，定期校正计量控制器。

③根据青贮及各类饲料等的含水量，掌握控制 TMR 水分。

④添加过程中，防止铁器、石块、包装绳等杂质混入搅拌车，造成车辆损伤。

六、颗粒饲料机

颗粒饲料机是舍饲肉羊养殖的理想设备。饲料制成颗粒后，体积小，密度大，便于贮藏和运输，并可熟化饲料、增加营养、提高吸收、杀灭病菌、降低成本、提高肉羊增重和饲料转化效率，实现高产高效具有重要意义。

(1)环模式颗粒机　环模式颗粒饲料机(图 6-41)具有产量高、使用寿命长、可配套使用、自动化程度好、适用于连续作业、饲料质量均匀、维护成本低等特点，适用于大中型养羊场(户)。其中应用最多的是卧轴环模式颗粒机。

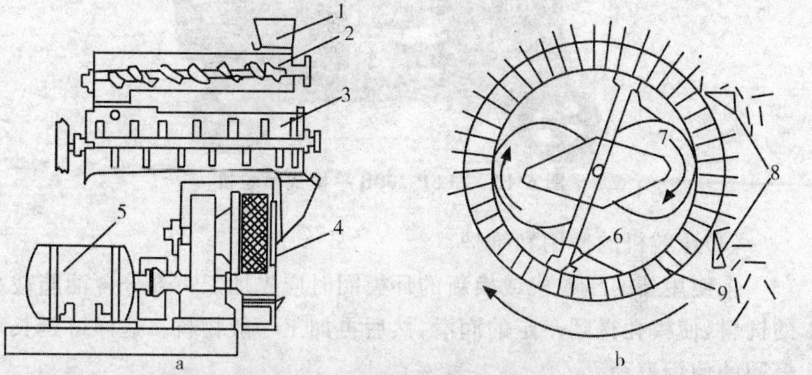

图 6-41　环模式颗粒机示意图

a. 环模制粒机　b. 压模圈及压辊

1. 料斗　2. 螺旋供料器　3. 搅拌调质器　4. 制粒机　5. 电动机　6. 分配器　7. 压辊　8. 切刀　9. 压模圈

(2)平模式颗粒机　平模式颗粒机(图 6-42)有动辊式、动模式和动辊动模式 3 种，其结构简单、制造容易、造价低，使用方便、维护简单，特别适用于加工纤维性的物料，适用于中小型舍饲养羊场(户)。表 6-9 为 ZLSP 系列平模式颗粒机的主要参数。

表 6-9　ZLSP 系列平模式颗粒机主要参数

型号	动力	饲料产量/(千克/小时)	机重/千克
ZLSP120B	三相 3 千瓦电机	75～100	210
ZLSP230B	三相 11 千瓦电机	300～400	290

图 6-42　ZLSP-200B 平模式颗粒机

(3)压粒机的使用和维护

①使用新的压粒机或换新的环模圈时应先加工一部分含油脂较高的饲料,使模孔得到一定的润滑,然后再加工一般物料。这样可延长环模圈的使用寿命。

②压粒前在粉料中可滴加 4%左右的水或蒸汽,有时也可加入不超过 3%的油脂和不超过 10%的糖蜜。

③若压粒机需较长时间停歇时,则应在工作快结束时,加入油质粉料,或经油浸的锯末屑来填充模孔,以防生锈。

七、割草压扁机

割草压扁机可将牧草秆压裂或压扁,并不损伤叶片,以加快茎秆中水分的蒸发，促使茎叶干燥趋于一致，其干燥时间可缩短30%～50%。割草压扁机的结构主要由割台、压扁辊等组成，工作时，牧草经切割后送入压辊压扁，然后地面上形成一定形状和厚度的草铺。

(1)主要类型　割草压扁机的主要功能是对牧草进行切割与压扁，按照切割部件的结构分类，可分为往复式割草压扁机和圆盘式割草压扁机；按照行走动力驱动方式分类，可分为自走式与牵引式。牵引式又有牵引架式与中枢轴牵引架式之分；按照割草幅宽分类，有窄幅与宽幅之分；按照压扁方式进行分类，有橡胶辊、钢辊和锤片式之分。

(2)往复式割草机　往复式割草机(图6-43)所需拖拉机配套动力相对较小，幅宽可选择范围大，机械造价相对较低，投资较小，运行成本比圆盘式高。如美国纽荷兰公司生产的472型、488型、499型、1465型割草机，割幅一般在2.2～3.7米，工作效率为15～25亩/小时(1亩＝666.67米^2)，需要动力为50～80马力(1马力＝735.50瓦)，国内用的较多的为488型割草机。国产化的有迪尔-佳联生产的割幅为3米的725型割草机。

图6-43　往复式割草机

(3)圆盘式割草机　圆盘式割草机(图6-44)使用高速旋转圆盘上的刀片冲击切断茎秆，特别适于切割高而较粗茎秆的作物。该机割草效率高，作业幅宽大，需要配套拖拉机的功率较大，机械造价相对较高，投资较高，运行成本比往复式低。如法国 KUHN（库恩）公司生产的 FC202R、FC250RG、FC302RG 割草机，割幅一般在 2～3 米，工作效率为 20～45 亩/小时，所需动力为 60～90 马力，国内用的较多的为前 2 种机型。实际应用证明，圆盘式割草机维修成本低、工作效率高，同等割幅条件下，圆盘式割草机较往复式割草机平均每小时多割 5～10 亩地。

图 6-44　悬挂式圆盘割草机

八、搂草机

搂草机是将割后铺放在地上的牧草搂集成条，以便于集堆捡拾打捆，提高打捆效率，同时在搂草的过程中不同程度地起到了翻草的目的，以利于牧草尽快干燥。按照草条的方向与机具前进方向的关系，搂草机可分为横向（图 6-45）和侧向两大类。

（1）指盘式搂草机　利用高速旋转的轮齿进行搂草，特点是作业效率高，投资成本相对较低。

（2）栅栏式搂草机　其工作原理是利用搂草筐的弹齿将作物轻柔地横向翻转或集拢完成搂草作业，适合苜蓿草的搂集与翻晒作业，投资比指盘式搂草机高。

目前应用较多的搂草机，如纽荷兰公司生产的栅栏式 256 型搂草机，工作幅宽 2.5 米，此搂草机能一次性将草集成条，减少由于多次传送对叶片的损伤，但工作效率较低，平均每小时搂草 30 亩左右；法国 KUHN 公司生产的 GA4121GM 型搂草机，工作幅宽从 3.8 到 4.3 米可调，采用传动轴传动，集草过程一次完成，每小时工作效率为 45 亩左右；新疆元农机械设备有限责任公司生产的 470S 型搂草机的工作宽度是 4.6 米，运输宽度是 2 米，有 13 个搂草臂，每个搂草臂上有 4 个双联齿，动力输出(PTO)装置转速要求是 540 转，需要动力是 40 千瓦。

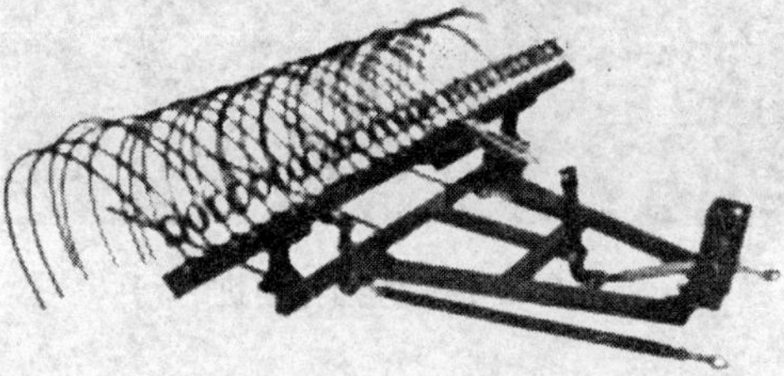

图 6-45　9LC-4.0 机引悬挂横向搂草机

九、打捆机

打捆机分为方捆打捆机(图 6-46)和圆捆打捆机。打捆机可将牧草包装成规则的形状便于运输并长期保存。打捆机的压实系统可以使打成的草捆从内到外一样密实。

(1)小型方捆打捆机　由于草捆较小，可在牧草水分相对较高时进行打捆作业，牧草的收获质量较高，喂饲方便，造价相对较低，投资较小；适于长途运输；草捆可采用人工装卸。

(2)中、大型方捆打捆机　作业效率较高，运输方便，可直接打包，制作青贮饲料；打捆机的造价相对较高，需要拖拉机发动机功率较大；草捆必须采用机械化装卸与搬运。

(3)圆捆打捆机　作业效率比小型方捆打捆机高,可在打捆后进行打包,直接制作青贮饲料;配套拖拉机功率高于小型方捆打捆机,低于大型方捆打捆机;草捆必须采用机械化装卸与搬运,不适于长途运输。

图 6-46　方捆打捆机

十、青贮饲料收获机

国内青贮生产中使用的青贮饲料收获机主要有悬挂式、牵引式、自走式三类。

(1)4QZ-5.0 型自走式青贮饲料收获机(图 6-47)　适用于玉米、高

图 6-47　4QZ-5.0 型自走式青贮饲料收获机

粱、苜蓿及其他青贮作物的收获，在田间作业时能一次完成对青贮作物的收割、粉碎、揉搓、输送、装车。

(2)9QZ-2800 自走式青贮饲料收获机(图 6-48)　石家庄藁城丰收机械厂生产的 9QZ-2800 自走式青贮饲料收获机主要技术规格：整机重量 7.2 吨；效率 8～10 亩/小时；发动机功率 162 千瓦(220 马力)，转速 2 200 转/分钟。

图 6-48　9QZ-2800 自走式青贮饲料收获机

(3)配套式中型玉米收获、青贮回收机(图 6-49)　整体配套建议首选以下机型：山东兖州玉丰农业装备有限公司生产的 4YW-3 背负式

图 6-49　配套式中型玉米收获、青贮回收机

玉米收获机(3割道)、德州华北农机装备有限公司生产的“牦牛”牌4Q180型秸秆青贮收获机,配套动力为福田雷沃国际重工股份公司生产雷沃欧豹DT1000轮式拖拉机。配套整体价格补贴后9.67万元,目前比较受市场欢迎。

第五节　保健机械与设备

一、剪毛机

剪毛机类型很多,按其动力可分为机械式、电动式和气动式几种。按剪毛组织形式可分为移动式和固定式2种。移动式剪毛机组适用于广大牧区放牧场剪毛。固定式剪毛机组适用于大型农牧场等羊群比较集中的地方,其中以挠性轴式剪毛机应用最广。

挠性轴式剪毛机由电动机、挠性轴和剪头等组成(图6-50和图6-51)。动力由电动机通过挠性轴传递给剪头,带动剪头上的剪切装置的活动刀片进行剪毛。剪头也可由内燃机通过传动箱来带动。

二、药浴设施

为了防治疥癣及其他寄生虫病,应在场内选择适当地点修建药浴池,每年定期给羊群药浴。小型羊场或分散农户可用浴槽、浴缸、浴桶代替,也可机械喷雾。

(一)固定药浴池

常用的药浴池一般用水泥、砖、石料等砌成,表面光滑,呈长方形,羊能通过但不能转身。一般长10～12米,池底宽0.4～0.6米,池顶宽

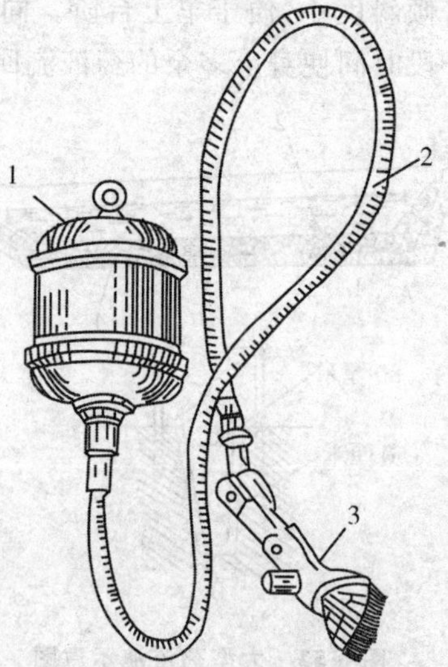

图 6-50　挠性轴式剪毛机示意图

1. 电动机　2. 挠性轴　3. 剪头

图 6-51　挠性轴式剪毛机实景图

0.6～0.8 米，池深 1～1.2 米(图 6-52)。池底设活动排水孔一个，便于污水排放。池入口处设漏斗型围栏，池入口为陡坡，使羊很快滑入池中，出口处斜坡台阶倾斜度小，便于羊上台阶。同时，在出口处设滴流台，羊出浴后停留一段时间使身上多余的药液流回池内。

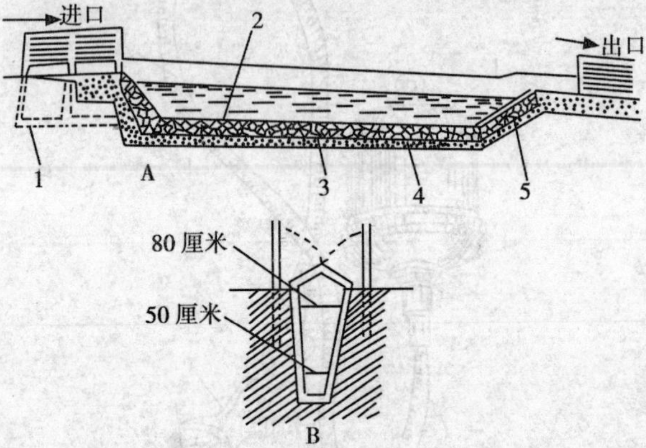

图 6-52　大型药浴池示意图

A. 横断面　B. 竖断面

1. 基石　2. 水泥面　3. 碎石基　4. 沙底　5. 厚木板台阶(0.05 米)

(二)药淋机械

我国近年来研究成功了药淋装备(图 6-53)，通过机械对羊群进行药淋，可加快药淋的速度，减少羊只伤亡，降低劳动强度，提高工作效率。

(1)9AL-8 型药淋装置　该药淋装置由机械和建筑两部分组成。机械部分包括上淋管道、下喷管道、喷头、过滤筛、搅拌器、螺旋式阀门、水泵和柴油机等；地面建筑包括淋场、待淋场、滴液栏、药液池和过滤系统等，可使药液回收，过滤后循环使用。工作时，用 295 型柴油机或电动机带动水泵，将药液池内的药液送至上、下管道，经喷头对羊进行喷淋。上淋管道末端设有 6 个喷头，利用水流的反作用，可使上淋架均匀旋转。圆形淋场直径为 8 米，可同时容纳 250～300 只羊淋药。

(2)流动药浴车　由于每户饲养的羊群较少，因此，在防疫上要用

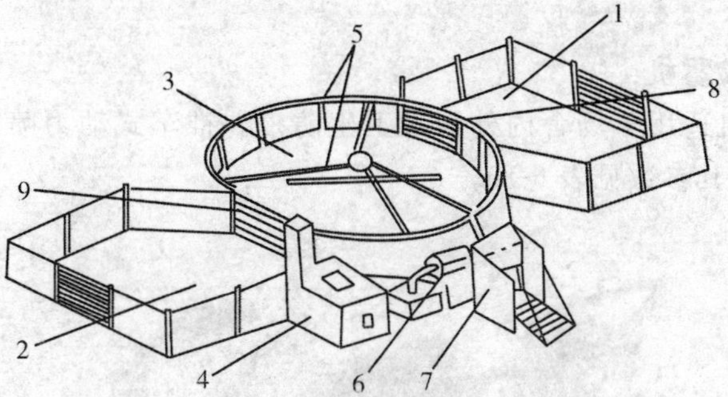

图 6-53　淋浴式药淋装置示意图

1. 未浴羊栏　2. 已浴羊栏　3. 药浴淋场　4. 炉灶及加热水箱　5. 喷头　6. 离心式水泵　7. 控制台　8. 药浴淋场入口　9. 药浴淋场出口

小型流动药浴装置。目前应用的主要型号有 9A-21 型新长征 1 号羊药浴车、9LYY-15 型移动式羊药淋机、9AL-2 型流动小型药淋机以及 9YY-16 型移动式羊只药浴车等。如 9YL-1 小型移动式羊用药淋机，以 2.9 千瓦汽油机为动力，驱动 2ZC-22 自吸泵，将药液泵入药浴走廊及手持式扁嘴喷头，对羊进行药淋，每小时药淋 300～400 只羊。

三、消毒设施

(一)消毒池

在羊场大门口和人员进入生产区的通道口，分别修建供车辆和人员进行消毒的消毒池，以对进入车辆和人员进行常规消毒。消毒池常用钢筋水泥浇筑，车辆用消毒池长 4 米、宽 3 米、深 0.15 米。池底低于路面，坚固耐用，不透水；在池上设置棚盖，以防降水时稀释药液，并设排水孔以便换液。供人用的消毒池长 2.5 米、宽 1.5 米、深 0.1 米，采用踏脚垫浸湿药液放入池内进行消毒。消毒液应维持经常有效。

(二)喷雾机

喷雾机适用羊场舍内外消毒卫生防疫。推车式动力喷雾机如图6-54所示,其参数见表6-10。

图 6-54　推车式动力喷雾机

表 6-10　DA-160B 型电动推车式喷雾机参数

功率/千瓦	柱塞泵	额定流量/(升/分钟)	额定转速/(转/分钟)	工作压力/兆帕	最远射程/米	药箱容积/升	外形尺寸/厘米
1.5(单相电机)	26型	25～29	800～1 000	1.5～3.5	12～16	160	110×80×100

(三)喷雾器

气溶胶喷雾器是一种新型多用途的喷雾消毒器械,采用双旋风气流雾化喷头与药瓶构成喷洒部件,以电动离心风机及机座组成动力部件,由波纹软管将喷洒部件与动力部件连接在一起而构成(图6-55)。

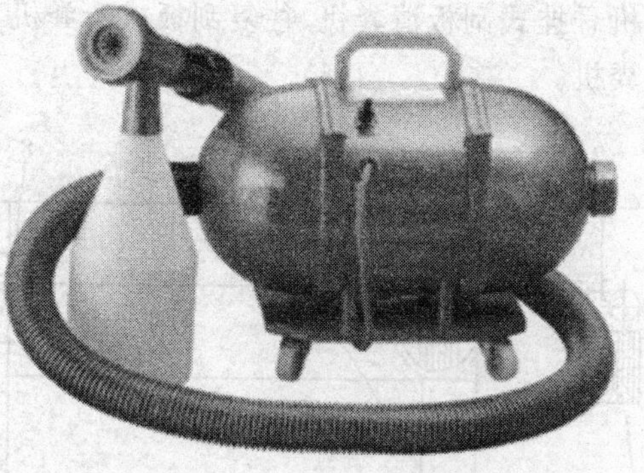

图 6-55　气溶胶电动喷雾器

四、清粪设施

(一)清粪方式

(1)机械清除　当粪便与垫料混合或粪尿分离时,粪便若呈半固体状态,可用机械的方法清除畜舍粪便。清粪机械包括人力小推车、电动或机动铲车、地上轨道车、单轨吊罐、牵引刮板和往复刮粪板装置。

(2)人工清粪　人工清扫粪便,用手推车将粪便运输到贮粪场。这种方法投资小,但效率低,劳动强度大。

(3)自流式清粪　自流式清粪是在漏缝地板下设沟,沟内粪尿定期或连续地流入室外贮粪池。

(4)水冲清粪　水冲清粪是以较大的水流同时流过一带坡度的浅沟或通道,将家畜粪便冲入贮粪坑。

(二)清粪设备

(1)输送器式清粪设备　输送器式清粪设备有刮板式、螺旋式和传送带式 3 种,其中刮板式清粪设备(图 6-56)最多。常见的输送器式清粪设备有拖拉机悬挂式刮板清粪机、往复刮板式清粪机、输送带式清粪机和螺旋式清粪机。

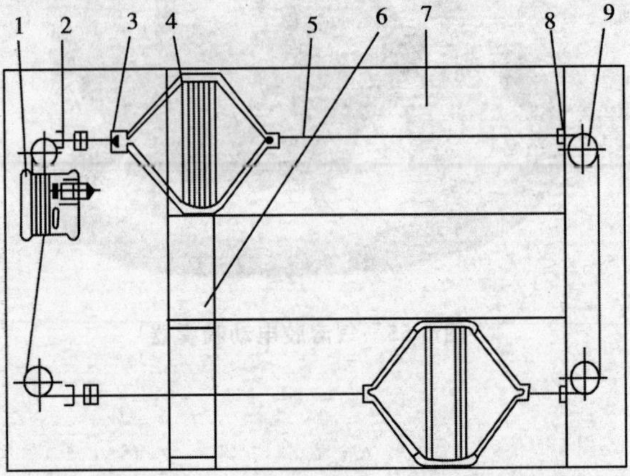

图 6-56　9FZQ-1800 型刮板式清粪机平面图

1. 牵引装置　2. 限位清洁器　3. 张紧器　4. 刮粪板　5. 牵引钢丝绳　6. 横向粪沟　7. 纵向粪沟　8. 清洁器　9. 转角轮

(2)自落积存式清粪设备　包括漏缝地板、舍内粪坑和铲车。舍内粪坑位于漏缝地板的下面。舍内地下粪坑由混凝土砌成，上盖漏缝地板。粪坑贮存一批粪便的时间为 4～6 个月。坑的深度为 1.5～2.0 米。采用机械清粪，运输至农田或堆粪场。

第七章

肉羊健康养殖与卫生防疫

导　读　本章重点介绍环境绿化、羊场消毒、免疫接种、疫病防控和羊场环境监测等方面技术知识。要求技术人员根据当地实际，制订完善羊场卫生防疫、日常管理、环境清洁消毒、废弃物及病、死羊处理等在内的各项规章制度，并设专职人员监督管理，以减少疾病的发生与传播，确保羊场和羊群安全。

第一节　建立卫生消毒及管理制度

一、建立完善的疾病预防和卫生管理制度

（一）建立健全的防疫机构和制度

按照卫生防疫的要求，根据羊场实际，制订和完善羊场卫生防疫制

度，建立健全包括肉羊日常管理、环境清洁消毒、废弃物及病畜和死畜处理等在内的各项规章制度。建立专职环境卫生监督管理与疫病防治队伍，确保严格执行羊场各项卫生管理制度。

(二)做好卫生管理工作

1.确保肉羊生产环境卫生状况良好

按照规章制度及时清理羊舍粪便和排出污水；保持地面、墙壁、设施及用具的清洁卫生；确保饮水安全；定期对羊场环境、羊舍及用具进行消毒；对粪便和污水进行无害化处理；妥善处理病死羊及其他废弃物，防止疾病传播；加强通风换气，保持良好的空气卫生状况。

2.防止人员和车辆流动传播疾病

羊场应谢绝外来人员参观，尽量减少外来人员进入生产区。必须进入羊场的外来人员应按照羊场卫生防疫要求，经严格消毒、更换衣帽后方可进入生产区。场内工作人员应严格遵守各项规章制度，每次进入生产区前，必须经过消毒后才可进入生产区。工作人员在上班期间不可串岗、串舍。场内技术人员因工作需要进入各生产区时，应按羔羊、种羊、生产群的顺序进行，并应在进入各小区或羊舍前更衣、消毒。生产区内专用的工作服应严禁穿、带出区外。

3.严防饲料霉变或掺入有毒有害物质

认真做好饲料质量监控工作，确保饲料质量安全、可靠，符合卫生标准。严格检验饲料原料，防止被农药、病原微生物等污染的原料以及有毒和霉变原料进入生产过程。做好饲料的贮藏和运输工作，确保饲料不发生霉变和不混入有毒有害物质。

4.做好防寒防暑工作

环境过冷或过热都会对肉羊健康产生危害，直接或间接诱发多种疾病。为此，应做好羊舍冬季防寒和夏季防暑工作，以减少疾病发生。

(三)加强卫生防疫工作

1. 做好计划免疫工作

应根据本地区肉羊疾病的发生情况、疫苗的供应条件、气候条件及其他相关因素和抗体检测结果，制订本场免疫接种程序，并按计划及时接种疫苗进行免疫，以减少传染病的发生。

2. 严格消毒

按照卫生管理制度，严格执行各种消毒措施。为了便于防疫和切断疾病传播途径，应尽量采用“全进全出”的生产工艺。出栏后对羊舍、用具、场地等进行全面的清洁和彻底消毒，并经过至少2周的闲置期后，再接纳下一批肉羊。

3. 隔离

对羊场内出现的病畜，尤其是确诊为患传染性疾病或不能排除患传染病可能的病羊，应及时隔离、治疗或按兽医卫生要求及时妥善处理。由场外引入的肉羊，应首先隔离饲养2～3周，经检疫确定健康无病后方可进入羊舍。

4. 检疫

对于引进的羊只，必须进行严格的检疫，只有确定无疾病和不携带病原后，才可进入羊场；对于要出售的羊及产品，也须进行严格检疫，杜绝疫病扩散。

二、羊场消毒

在肉羊生产过程中，场内环境、羊体表面以及饲养设施、器具等随时可能受到病原体的污染，从而导致传染病的发生，给生产带来巨大的损失。为此，做好消毒工作，是搞好健康养殖，预防肉羊传染病发生的最重要和最有效的措施之一。

(一)常见的消毒方式

消毒是指以物理的、化学的或生物学的方法清除或杀灭由传染源排放到外界环境中的病原微生物，以切断传播途径，预防或防止传染病发生、传播和蔓延的措施。常见的羊场消毒方式主要有经常性消毒、定期消毒、突击性消毒、临时消毒和终末消毒等几种。

1.经常性消毒

经常性消毒是指在未发生传染病的条件下，为了消灭可能存在的病原体，预防传染病的发生，根据日常管理的需要，随时或经常对羊场环境、有关生产人员及一些设施、车辆等进行的消毒。主要对象是易受病原体污染的器物（如工作服）、设施和出入羊场的人员、车辆等。

常见方式如在羊场或生产区大门口设置消毒池，在池内放置消毒剂，对于过往车辆人员进行消毒。在场舍入口处设消毒走廊和紫外线杀菌灯，是经常性消毒最简单易行的办法。生产人员必须更换场内专用的服装、鞋帽，并经过消毒后方可进入羊舍。

2.定期消毒

定期消毒是指为了预防传染病的发生，对有可能存在病原体的场所或设施，如圈舍、栏圈、设备用具等进行定期消毒。如当羊群育肥出栏后，对羊舍及设备、设施进行全面清洗和消毒，以彻底消灭病原微生物。

3.突击性消毒

突击性消毒是指在某种传染病暴发和流行过程中，为了切断传播途径，防止其进一步蔓延，对羊场环境、设施等进行的紧急性消毒。

所采取的措施主要有：

①封锁羊场，谢绝外来人员和车辆进场，本场人员和车辆出入也须严格消毒。

②与患病羊接触过的所有物品，均应用强消毒剂消毒。

③尽快焚烧或填埋垫草。

④对舍内空间进行气雾消毒。

⑤将舍内设备移出，清洗、暴晒，再用消毒溶液消毒。

⑥墙裙、混凝土地面用4%氢氧化钠或其他清洁剂热水溶液清洗，再用1%的新洁尔灭溶液清洗。

⑦素土地面用1%福尔马林浸润，在严重污染地区，最好将表土铲去10～15厘米。

⑧将羊舍密闭，将设备用具移入舍内，用甲醛气体熏蒸消毒。

4.临时消毒

在非安全地区的非安全期内，为消灭病羊携带的病原传播所进行的消毒，称为临时消毒。临时消毒所采取的措施有：

①羊舍内的设备装置，搬移至舍外，小件的浸泡消毒，大件的喷洒消毒。

②清扫干净屋顶、天棚及墙壁、地面的尘埃，进行喷洒消毒。

③墙壁与混凝土地面用3%氢氧化钠或其他清洁剂的热水溶液刷洗，再用新洁尔灭溶液刷洗。

④羊舍及其设备清洗消毒后，再用甲醛熏蒸消毒。

5.终末消毒

发病地区消灭了某种传染病，在解除封锁前，为了彻底消灭病原体而进行的最后消毒，称为终末消毒。终末消毒不仅要对病羊周围一切物品及羊舍进行消毒，而且要对痊愈羊的体表、羊舍和羊场及其环境进行消毒。

(二)消毒类型

1.物理消毒法

(1)机械性清除　在进行消毒前，用清扫、铲刮、洗刷等机械方法清除降尘、污物及沾染在墙壁、地面以及设备上的粪尿、残余饲料、废物、垃圾等。

(2)日光照射消毒　日光照射消毒是指将物品置于日光下暴晒，利用太阳光中的紫外线、阳光的灼热和干燥作用使病原微生物灭活的过程。常见的病原微生物被日光照射杀灭的时间，巴氏杆菌为6～8分钟，口蹄疫病毒为1小时，结核杆菌为3～5小时。该方法适用于对羊场、运动场、垫料和可以移出室外的用具等进行消毒。

(3)辐射消毒　辐射消毒是用紫外线灯照射杀灭空气中或物体表

面的病原微生物的过程。紫外线照射消毒常用于兽医室以及人员进入之前羊舍的消毒。

(4)高温消毒　高温消毒是利用高温环境破坏细菌、病毒、寄生虫等病原体结构，杀灭病原的过程，主要包括火焰、煮沸和高压蒸汽等消毒形式。火焰消毒常用于畜舍墙壁、地面、笼具、金属设备等表面的消毒。煮沸消毒常用于体积较小而且耐煮的物品，如衣物、金属、玻璃等器具的消毒。高压蒸汽消毒常用于医疗器械等物品的消毒。常用的温度为115、121或126℃，一般需维持20～30分钟。对于受到污染的易燃且无利用价值的垫草、粪便、器具及病死羊等，则应焚烧以达到彻底消毒的目的。

2.化学消毒法

化学消毒法是使用化学消毒剂，通过化学消毒剂的作用破坏病原体的结构以直接杀死病原体或使病原体的增殖发生障碍的过程。化学消毒法比其他消毒方法速度快、效率高，能在数分钟内进入病原体内并杀灭之。化学消毒法是羊场最常用的消毒方法。

(1)化学消毒剂的主要种类　按照杀灭微生物的作用机理，化学消毒剂主要可以分类为以下几种。

①凝固蛋白质及溶解脂肪类消毒剂：如酚类(甲酚及其衍生物——来苏儿、克辽林)、醇类和酸类等。

②溶解蛋白质类消毒剂：如氢氧化钠、石灰等。

③氧化蛋白质类消毒剂：如高锰酸钾、过氧乙酸、漂白粉、氯胺、碘酊等。

④阳离子表面活性剂：如洗必泰、新洁尔灭等。

⑤具有脱水作用的消毒剂：如福尔马林、乙醇等。

(2)选择消毒剂的原则

①适用性：不同种类的病原微生物构造不同，对消毒剂反应不同，如有些消毒剂只对有限的几种微生物有效。因此，应根据消毒的目的、对象以及消毒剂的作用机理和适用范围选择最适宜的消毒剂。

②杀菌力和稳定性：在同类消毒剂中注意选择消毒力强、性能稳

定，不易挥发、不易变质或不易失效的消毒剂。

③毒性和刺激性：应尽量选择对人、畜无害或危害较小的，不易在畜产品中残留的并且对畜舍、器具无腐蚀性的消毒剂。

④经济性：应优先选择价廉、易得、易配制和易使用的消毒剂。

(3)化学消毒剂的使用方法

①清洗法：清洗法是用一定浓度的消毒剂对消毒对象进行擦拭或清洗，以达到消毒的目的。常用于对羊舍地面、墙裙、器具进行消毒。

②浸泡法：浸泡法是一种将需消毒的物品浸泡于消毒液中进行消毒的方法。常用于对医疗器具、小型用具、衣物进行消毒。

③喷洒法：喷洒法是将一定浓度的消毒液通过喷雾器或洒水壶喷洒于设施或物体表面以进行消毒。常用于对羊舍地面、墙壁、用具及动物产品进行消毒。喷洒法简单易行、效力可靠，是羊场最常用的消毒方法。

④熏蒸法：熏蒸法是利用化学消毒剂挥发或在化学反应中产生的气体，以杀死封闭空间中病原体。这是一种作用彻底、效果可靠的消毒方法，常用于羊舍等空间进行消毒。

⑤气雾法：气雾法是利用气雾发生器将消毒剂溶液雾化为气雾粒子对空气进行消毒。此法消毒效果较好，是消灭气源性病原微生物的理想方法。

(4)影响消毒剂消毒效果的因素

①消毒剂的浓度与作用时间：任何一种消毒剂都必须达到一定浓度后才具有消毒作用。因此，在使用某种消毒剂时应注意其有效浓度。一般而言，消毒剂与微生物的接触时间越长灭菌效果越好。

②温度与湿度：温度与消毒剂的杀菌效力呈正相关。一般温度每增加 10℃，消毒效果可增加 1～2 倍。在一定环境中，不同的消毒方式需要不同的湿度环境。通常环境湿度过低，消毒效果差。

③pH 及拮抗作用：许多消毒剂的消毒效果受环境 pH 的影响。例如酸类、碘制剂、阴离子消毒剂(来苏儿等)在酸性溶液中杀菌力增强，而阳离子消毒剂(新洁尔灭等)和碱类消毒剂则在碱性溶液中杀菌力

增强。

此外,消毒剂之间因化学或物理性质不同,往往可能产生拮抗作用。比如阳离子消毒剂和阴离子消毒剂之间,酸性和碱性消毒剂之间便存在着拮抗作用。

④有机物的存在:所有的消毒剂对任何蛋白质都有亲和力。所以,环境中的有机物可与消毒剂结合而使其失去与病原体结合的机会,从而减弱消毒剂的消毒能力。因此,在对畜牧场环境进行化学消毒时,应首先通过清扫、洗刷等方式清除环境中的有机物,以提高消毒剂的利用率和消毒效果。

⑤微生物的特点:微生物的种类或所处的状态不同,对于同一种消毒剂的敏感性不同。因此,在消毒时应根据消毒的目的和所要杀灭对象的特点,选择病原敏感的消毒剂。

(5)常用消毒剂　常用消毒剂有氢氧化钠(烧碱)、石灰乳(氢氧化钙)、漂白粉、克辽林、石炭酸、高锰酸钾、氨水、碘酊等(表 7-1),应根据需要选择合适消毒剂。

表 7-1　常用消毒剂的种类及使用

消毒剂名称	使用浓度/%	消毒对象	注意事项
氢氧化钠	1～4	畜舍、车间、用具	防止对人畜皮肤腐蚀,消毒完用水冲洗
生石灰	10～20	畜舍、墙壁、地面	必须现配现用
草木灰	10～20	畜舍、用具	草木灰与水按 1∶5 比例混合,煮沸,过滤
漂白粉	0.5～20	饮水、污水、畜舍、用具	含有效氯＞25%,新鲜配用
氨水	5	用具、地面	使用时应戴口罩
来苏儿	2～5	畜舍、笼具、洗手、器械	先清除污物,再消毒,效果好
克辽林	2～5	畜舍、笼具、洗手、器械	先清除污物,再消毒,效果好
福尔马林(甲醛溶液)	5～10	畜舍、仓库、车间	1%可用作畜体消毒,与高锰酸钾混合可用于熏蒸消毒
过氧乙酸	0.2～0.5	畜舍、体表、用具、地面	0.3%溶液可作带畜喷雾消毒
新洁尔灭	0.1	畜舍、食槽、体表	不可与碱性物质混用

3. 生物消毒法

生物消毒法是利用微生物在分解有机物过程中释放出的生物热，杀灭病原性微生物和寄生虫卵的过程。如在有机物分解过程中，畜禽粪便温度可以达到60～70℃，可以使病原性微生物及寄生虫卵在十几分钟至数日内死亡。生物消毒法是一种经济简便的消毒方法，能杀死大多数病原体，主要用于粪便消毒。

(三)羊场环境消毒方法

(1)带羊消毒 在日常管理中，对羊舍应经常进行定期消毒。消毒的步骤通常为清除污物、清扫地面、彻底清洗器具和用品、喷洒消毒液，有时在此基础上还需以喷雾、熏蒸等方法加强消毒效果。可选用2%～4%的氢氧化钠、0.2%～0.5%的过氧乙酸或0.2%的次氯酸钠、0.3%的漂白粉溶液进行喷雾消毒。这种定期消毒一般带羊进行，每隔2～3周进行一次。

(2)羊场空舍消毒 羊出栏后，应对畜舍进行彻底清扫，将可移动的设备、器具等搬出畜舍，在指定地点清洗、暴晒并用消毒液消毒。用水或用4%的碳酸钠溶液或清洁剂等消毒墙壁、地面、用具等，干燥后再进行喷洒消毒并闲置2周以上。

在新一批羊进入羊舍前，可将所有洗净、消毒后的器具、设备及欲使用的垫草等移入舍内，密闭门窗，以福尔马林(40%甲醛溶液)熏蒸消毒。福尔马林的用量一般为25～40毫升，与高锰酸钾的比例以10∶(5～6)为宜。该消毒法消毒时间一般为12～24小时，然后打开门窗通风3～4天。

(3)饲养设备及用具的消毒 应将可移动的设施、器具定期移出羊舍，清洁冲洗，置于太阳下暴晒，再用1%～2%的漂白粉、0.1%的高锰酸钾及洗必泰等消毒剂浸泡或洗刷。

(4)粪便及垫草的消毒 一般情况下，家畜粪便和垫草最好采用生物消毒法消毒。

(5)畜舍地面、墙壁的消毒　对地面、墙裙、舍内固定设备等,可采用喷洒法消毒。如对圈舍空间进行消毒,则可用喷雾法。喷洒要全面,药液要喷到物体的各个部位。

(6)羊场及生产区等出入口的消毒　在羊场入口处供车辆通行的道路上应设置消毒池,池的长度一般要求大于车轮周长1.5倍。在供人员通行的通道上设置消毒槽,池(槽)内用草垫等物体作消毒垫。消毒垫以20%新鲜石灰乳、2%～4%的氢氧化钠或3%～5%的煤酚皂液(来苏儿)浸泡,对车辆、人员的足底进行消毒。

(7)工作服消毒　洗净后可用高压消毒或紫外线照射消毒。

(8)运动场消毒　清除地面污物,用10%～20%漂白粉液喷洒,运动场围栏可用15%～20%的石灰乳涂刷。

第二节　生物安全与免疫

一、生物安全

生物安全即羊的疾病控制坚持"以预防为主,防重于治"的原则。用药物对无症状的动物进行群体预防,是防治某些疫病的一种有效手段。羊群除了用药物驱虫、药浴外,也可以用安全而价廉的抗菌药物加入饲料或饮水中进行群体防治。预防、治疗和诊断疾病所用的兽药必须符合《中华人民共和国兽药规范》《兽药管理条例》《中华人民共和国兽药典》《中华人民共和国动物防疫法》《兽用生物制品质量标准》《进口兽药质量标准》《饲料药物添加剂使用规范》《兽药质量标准》等有关规定,其生产企业必须具有生产许可证,兽药产品必须具有产品批准文号。

(一)使用兽药注意事项

①采取各种措施以减少应激,增强羊的自身免疫力。

②最大限度地减少化学药品和抗生素的使用。

③严格按规定的使用对象、使用途径、剂量及停药期执行。

④禁止用放射性药品、解毒药品、激素类药品以及有致畸、致癌、致突变等毒副作用较大的兽药。

⑤优先使用有机农业标准和条例中列出的中草药,如植物提取物(抗生素除外)、香精等。非化学合成的兽药或抗生素,如果治疗效果较好则只能在特殊情况下可以使用。

⑥建立并保持患病羊的治疗记录,包括患病羊号、发病时间、发病症状、治疗用药物、治疗时间、治疗经过、所用药物的商品名称及成分。

⑦正确利用羊和环境之间的相互关系和调控机制,使羊既健康生长又降低兽药的使用。

(二)合理用药

在治疗羊病时,合理用药可促使疾病早日痊愈,否则不仅拖延病程,浪费药品,还会导致死亡。为此应重视合理用药问题。

1. 用药剂量比例

羊的年龄不同,用药量比例不同(表 7-2),一般随着年龄增加,用药量比例增加,用药量增大。不同用药途径,其用药量比例也有差别(表 7-3)。因此,应根据羊的年龄和不同用药途径,合理选择用药量比例和剂量。

表 7-2　羊不同年龄用药量比例

年龄	比例	年龄	比例
2 岁以上	1	3～6 月龄	1/8
1～2 岁	1/2	1～3 月龄	1/16
6～12 个月	1/4		

表 7-3 羊不同用药途径与用药量比例

用药方法	剂量比例	用药方法	剂量比例
内服	1	肌肉注射	1/3～1/2
灌服	1/2	静脉注射	1/4～1/3
皮下注射	1/3～1/2	气管内注射	1/4

2. 磺胺类药与抗生素的应用

(1)磺胺类药　磺胺嘧啶(SD)每日给药以 2～3 次为宜;磺胺甲氧比嗪(长效磺胺,SMP)每日给药以 1～2 次为宜;磺胺邻二甲氧嘧啶(周效磺胺,SDM),静脉注射时以 1 天 1 次为宜;磺胺对甲氧嘧啶(长效磺胺 D,SMD),用药间隔时间为 12 小时;磺胺间甲氧嘧啶(制菌磺,SMM),建议 3～4 小时给药 1 次。

(2)抗生素　链霉素、红霉素、庆大霉素肌肉注射以每日 2～3 次为宜。除羔羊患细菌性肠炎口服外,一般应避免口服。

3. 联合用药

目的是为了获得协同作用,从而提高抑菌或杀菌效果,更好地控制感染,降低毒性,减少或避免产生抗药性。

(1)联合用药的对象　一是病因未明;二是严重感染;三是混合感染;四是感染部位为一般抗菌药不易透入者;五是需要长期应用抗菌药而细菌易产生抗药性者。

(2)联合应用效果　抗菌药物按对细菌作用性质可分为 4 类(表 7-4)。联合应用效果如表 7-5 所示。

表 7-4 抗菌药物分类

类别	对细菌作用性质	实例
第一类	繁殖期杀菌剂	青霉素类、头孢霉素类等
第二类	静止期杀菌剂	链霉素、庆大霉素、卡那霉素等
第三类	速效抑菌剂	四环素、土霉素、红霉素等
第四类	慢效抑菌剂	磺胺类、呋喃类

表 7-5　联合应用效果

联合应用	效果	实例
第一类和第二类	有增强作用	青链霉素合用
第一类和第三类	可降低抗菌效能	青霉素与氯霉素合用
第二类和第三类	可获得增强或相加作用,一般不会产生拮抗作用	
第三类和第四类	可获得相加作用	
第四类和第一类	一般无重大影响	青霉素与磺胺嘧啶治疗流行性脑膜炎

二、免疫接种

(一)肉羊疫病的综合防疫措施

对于肉羊疫病,首要是防止其发生与流行。只要通过控制传染来源、切断传播途径和增强肉羊的免疫力三个方面进行综合防制,就能取得好的成效。

(1)控制传染来源

①防止外来疫病的侵入。有条件的地方应坚持“自繁自养”,以减少疫病的传入。必须引入羊时,应从非疫区购买。新购入的羊只需进行隔离饲养、观察,确认健康后方可混群饲养。饲养场均应设立围墙和防护沟,门口设置消毒池,严禁非生产人员、车辆入内。当周围地区发生疫病时,要做好隔离消毒工作,杜绝外来疫病的侵入。

②严格执行检疫制度。经常检查羊群疫情,加强羊群检疫工作。对有些传染病如结核、布鲁氏菌病应定期进行检疫。对所查出的病羊或可疑羊,根据情况及时进行隔离、治疗或扑杀。

③一旦发生传染病要向有关部门报告疫情,并立即隔离病羊及可疑羊,专人饲养管理,固定用具,并加强消毒工作,防止疫病蔓延。

(2)切断传染途径

①做好日常环境卫生消毒工作。对粪便、污水进行无害化处理;定期杀虫、灭鼠;对不明死因的羊只严禁随意剥皮吃肉或丢弃,应采用焚烧、深埋或高温消毒等方式处理,以切断传播途径。

②一旦发生传染病,要根据不同种类传染病的传染媒介,采取相应的防制对策。如发生经消化道传染的疫病时,应停止使用已污染的草料、饮水、牧场及饲养管理用具,禁止病羊与健康羊共同使用一个水源、牧场或同槽饲养。对寄生虫病,应尽量避免中间宿主与羊只接触。另外,应加强环境卫生管理,对病羊的粪便、排泄物、尸体等所有可能传播病原的物体进行严格处理。

(3)增强肉羊的免疫力

①加强饲养管理工作。经常检查羊只的营养状况,防止营养物质缺乏。严禁饲喂霉变饲料、毒草和农药喷过不久的牧草。禁止羊只饮用死水或污水,以减少病原微生物和寄生虫的侵袭。保持羊舍干燥、清洁、通风。

②进行免疫接种。根据本地区常发生传染病的种类及当前疫病流行情况,制订切实可行的免疫程序。按免疫程序进行预防接种。

③紧急免疫。当易感羊受传染威胁时,可用疫苗或抗血清进行紧急预防注射,以提高免疫力。

(二)肉羊的免疫接种

(1)预防接种　预防接种是为了防止某种传染病的发生,定期有计划地给健康羊进行的免疫接种。通常采用疫苗、菌苗、类毒素等生物制品,采用皮下、皮内、肌肉注射或饮水、喷雾等不同的接种方法。

(2)紧急接种　紧急接种是为迅速扑灭疫病的流行而对尚未发病的羊只进行的临时性接种,一般用于疫区周围的受威胁区,也可以用于疫区内受传染威胁还未发病的健康羊。

(3)免疫接种的注意事项

①接种疫苗前,必须检查羊只的健康状况,凡身体瘦弱、体温升高、

临近分娩或分娩不久的母羊，一般不要注射。

②疫苗在使用之前，要逐瓶检查。发现盛药的玻璃瓶破损、瓶塞松动、没有标签或瓶签不清、过期失效、制品的色泽和形状与制品说明书不符或没有按规定方法保存的，都不能使用。

③接种时，注射器械和针头事先要严格消毒，吸取疫苗的针头要固定，做到一只一针，以避免从带菌羊把病原体通过针头传染给健康羊。

④接种疫苗后，在反应期内应注意观察，若出现体温升高，不吃食、精神委靡或表现出有某传染病的症状时，必须立即隔离进行治疗。

⑤疫苗必须根据其性质妥善保管。油苗、死菌苗、类毒素、血清及诊断液要保存在低温、干燥、阴暗的地方，温度维持在2～8℃，防止冻结、高温和阳光直射。冻干弱毒疫苗最好在－15℃或更低的温度下保存。保存的期限不得超过该制品所规定的有效保存期。

(4)肉羊常用疫苗及其使用方法　肉羊常用的几种疫苗及其接种方法见表7-6。

表7-6　肉羊常用的几种疫苗

疫苗名称	预防的疫病	接种方法和说明	免疫期
羔羊痢疾菌苗	羔羊痢疾	孕羊分娩前20～30天皮下注射2毫升，10～20天后皮下注射3毫升，第2次注射后10天产生免疫力	母羊5个月，经乳汁使羔羊被动免疫
羊猝狙、快疫、肠毒血症三联苗	羊猝狙、快疫和肠毒血症	羊不论年龄大小，肌肉注射5毫升，14天后产生免疫力	1年
绵羊痘鸡胚化弱毒苗	绵羊痘	按瓶签上疫苗量，用生理盐水稀释，不论羊只大小，一律皮下注射0.5毫升，注射后6天产生免疫力	绵羊1年，山羊6个月
山羊痘细胞化弱毒苗	山羊痘，也可用于绵羊痘	适应各种年龄羊及孕羊，于尾内侧或股内侧皮下注射，一律0.5毫升，也可用于紧急接种	1年

续表 7-6

疫苗名称	预防的疫病	接种方法和说明	免疫期
口蹄疫双价灭活苗	口蹄疫	肌肉注射,4～12 月龄羊 0.5 毫升,12 月龄以上 1.0 毫升	4～6 个月
山羊传染性胸膜肺炎疫苗	传染性胸膜肺炎	皮下或肌肉注射,羔羊 2 毫升/只,青年羊、成年羊 4 毫升/只。每年 5 月份、10 月份各防疫 1 次	5 个月

三、驱虫药浴

寄生虫病是羊临床上较为普遍的一种疾病,它不仅影响肉羊生长发育、降低健康养殖经济效益,而且还会给其他病原的侵入创造条件,从而导致肉羊出现各种病状,如严重消瘦、咳嗽,被皮瘙痒等,给养羊业造成重大损失。防治寄生虫病要贯彻"预防为主"、"防重于治"的方针,采取综合性防治措施,才能收到较好效果。

(一)净化环境

大部分线虫不受中间宿主的限制,分布范围广,感染机会多。因此,防治线虫病的重点应当是减少环境的污染,并注意杀灭中间宿主。羊舍要经常清扫,定期消毒;保持饮水卫生,切断传播途径。

(二)处理老弱羊

老弱羊多数感染寄生虫,是较严重的带虫者。因此,每年入冬前应对羊群中的老弱羊进行淘汰处理,以减少寄生虫病传播的机会。

(三)驱虫

驱虫是杀灭羊体寄生虫的重要措施,驱虫的目的是控制和消灭传染源。驱虫可分为预防性驱虫和治疗性驱虫 2 种。

1. 预防性驱虫

在肉羊的寄生虫病发生季节到来之前，用药物给羊群进行预防性驱虫，能有效预防寄生虫病。肉羊在育肥前驱虫，能提高育肥效果。预防性驱虫通常在春季和秋季进行，一般 4～5 月份及 10～11 月份各驱虫 1 次。

2. 治疗性驱虫

治疗性驱虫一般以肉羊粪便的检查情况或对死羊的解剖结果，依感染轻重对症驱虫。

3. 常用的驱虫药物

常用的驱虫药物有硫双二氯酚、左旋咪唑、丙硫苯咪唑、阿维菌素等。

(1)左旋咪唑　片剂，主要驱除胃肠线虫及其幼虫，对肺线虫有特效。口服剂量按每千克体重 8 毫克计算。

(2)丙硫苯咪唑　片剂，是广谱高效、低毒低残留驱虫药。它对大多数体内线虫及其幼虫、绦虫、吸虫均有良好的驱虫效果。口服剂量：对线虫为每千克体重 10 毫克，对吸虫为每千克体重 15～20 毫克。

(3)阿维菌素　有片剂和针剂，可去除体内外多种寄生虫，广谱、高效、安全、使用方便。片剂口服用量为每千克体重 5 毫克，针剂为每千克体重 0.025 毫克，皮下注射。

4. 应注意的问题

①驱虫方法主要为口服或拌料喂给，也有皮下或肌肉注射的药物，使用时要认真阅读说明，准确按药品说明书配制药液浓度。

②驱虫时间最好在晴朗天气及放牧之前进行。

③准确掌握好用量，保证用药安全。先要正确估计个体重量，然后按大小准确计算药量，严格按操作规程给药。对新药应先做小群安全试验，确认安全后方可大批使用。

④驱虫后 1 周内坚持天天彻底清扫圈舍，粪便堆积发酵，以彻底消灭虫卵。放牧羊只应轮换草场，防止二次感染。

⑤驱虫药要经常更新换代或交替使用，防止虫体产生抗药性，影响

驱虫效果。

(四)药浴

药浴的主要目的是为了预防和治疗羊体外寄生虫,如羊虱、蜱、疥癣等。药浴的时间可根据具体情况而定。在疥癣病常发生的地区,一年可进行2次药浴,一次是治疗性药浴,在春季剪毛后7～10天进行;另一次是预防性药浴,在夏末秋初进行。

(1)常用的药浴药物　有敌百虫、辛硫磷、舒利保等。

(2)药浴设施　主要有药浴池、药浴锅或药浴缸、药浴桶以及药浴机械设备等。如药浴池,一般用水泥砌筑,长方形水沟状,池深1米,长10～15米,底宽30～50厘米,上宽60～100厘米,以1只羊能通过而不能转身为宜,池的入口陡坡,出口为台阶。入口端设贮羊圈,出口端设滴流台,使羊身上的药液流回到池内。

(3)药浴时注意问题

①药浴应选择在晴朗、气温较高的上午进行,以便在中午时羊毛能晾干。

②药浴前要停止放牧和饲喂,浴前2小时让羊充分饮水,防止药浴时羊口渴误饮药液。

③药浴前要用体质较差的3～5只羊进行试浴,确定药液安全后再按计划组织药浴。先浴健康羊,后浴病弱羊,有外伤的羊只暂不药浴。

④药浴持续时间:治疗为2～3分钟,预防为1分钟。

⑤在药浴期间,为防止人员中毒,药浴人员应戴口罩和胶皮手套。

⑥用完的药液应集中作无害化处理,防止羊只误饮。

第三节　疫病控制

一、疫病的控制与扑灭

《中华人民共和国动物防疫法》将动物疫病分为三类：一类疫病是指对人畜危害严重、需要采取紧急、严厉的强制预防、控制、扑灭措施的；二类疫病是指可造成重大经济损失、需要采取严格控制、扑灭措施，防止扩散的；三类疫病是指常见多发、可能造成重大经济损失、需要控制和净化的。对于《中华人民共和国动物防疫法》所规定的这三类疫病，主要采取隔离、消毒、药物预防、免疫接种、灭鼠、杀虫、检疫检测等措施，同时结合加强饲养管理和健康羊培育，可使羊群中的有关疫病逐步得到净化。

(一)疫病的防治与净化

(1)隔离　隔离在扑灭动物疫病工作中是一项经常运用的强制性措施。其基本做法是动物防疫人员对易感羊只进行检查后，将患有疫病或者疑似疫病的羊，与健康羊隔离开来，以防止疫病扩散，把损失限制在最小的范围内。

隔离措施的具体要求如下：

①隔离场所应选择不易散布病原体，方便消毒，便于实施处理措施的地方，并严格进行消毒。

②隔离期间严禁无关人员、动物出入隔离场所。

③疑似疫病羊只应另选场所严格消毒后进行隔离，并采取紧急预防措施。

④疫区易感动物应同患有疫病或疑似疫病的羊只分开，并采取预

防接种等预防措施。

⑤隔离场所的废弃物，应进行无害化处理，同时，密切注意观察和监测，加强保护措施。

(2)疫病检测与检疫　由当地动物疫病预防控制部门实施，肉羊饲养场应积极配合。羊场常规检测的疾病应包括口蹄疫、羊痘、炭疽、布鲁氏杆菌病等。此外，还应根据当地疫病流行情况，选择其他一些疾病进行检测。同时做好肉羊产地检疫工作。

(3)治疗　疫病的治疗与一般普通病不同，特别是一些流行性强、危害严重的传染病，一定要在严密封锁和隔离的条件下进行，必须使治疗病羊不致成为散播病原体的传染源，并且及早进行。在治疗的同时，应加强对病羊的饲养管理。

(4)杀虫灭鼠　鼠类不但偷食饲料、破坏建筑物和场内设施，而且是众多病原体的携带者，能够传染多种疾病(如鼠疫、肠道传染病、血吸虫病、结核病、布鲁氏杆菌病等)，对肉羊健康和畜牧场生产危害极大。应加强羊场建筑设施的坚固性和严密性，防止鼠类进入羊舍，以减少鼠害。同时可采取器械、化学药物等方法灭鼠。

羊场粪便和污水等废弃物适于蚊、蝇等有害昆虫的滋生，肉羊和饲料也易于招引蚊、蝇及其他害虫。这些昆虫叮咬骚扰肉羊、污染饲料及环境，携带病原传播疾病。防治羊场害虫，应首先搞好羊场环境卫生，不留卫生死角，及时清除粪便、污水，避免在场内及周围积水，保持羊场环境清洁干燥。另外，可以采取药物灭虫。

(二)疫情的控制与扑灭

《中华人民共和国动物防疫法》规定，发生一类动物疫病时，应当采取下列控制和扑灭措施：一是当地县级以上地方人民政府兽医主管部门应当立即派人到现场，划定疫点、疫区、受威胁区，调查疫源，及时报请本级人民政府对疫区实行封锁。疫区范围涉及两个以上行政区域的，由有关行政区域共同的上一级人民政府对疫区实行封锁，或者由各有关行政区域的上一级人民政府共同对疫区实行封锁。必要时，上级人民政府可以责成下级人民政府对疫区实行封锁。二是县级以上地方人民政府应当立即组织有关部门和单位采取封锁、隔离、扑杀、销毁、消毒、无害化处理、紧急免疫接种等强制性措施，迅速扑灭疫病。三是在封锁期间，禁止染疫、疑似染疫和易感染的动物、动物产品流出疫区，禁止非疫区的易感染动物进入疫区，并根据扑灭动物疫病的需要对出入疫区的人员、运输工具及有关物品采取消毒和其他限制性措施。

发生二类动物疫病时，应当采取下列控制和扑灭措施：一是当地县级以上地方人民政府兽医主管部门应当划定疫点、疫区、受威胁区。二是县级以上地方人民政府根据需要组织有关部门和单位采取隔离、扑杀、销毁、消毒、无害化处理、紧急免疫接种、限制易感染的动物和动物产品及有关物品出入等控制、扑灭措施。

疫区内有关单位和个人，应遵守县级以上人民政府及其畜牧兽医行政管理部门依法作出的有关控制、扑灭动物疫病的规定。任何单位和个人不得藏匿、转移、盗掘已被依法隔离、封存、处理的动物和动物产品。

疫点、疫区、受威胁区的撤销和疫区封锁的解除，按照国务院兽医主管部门规定的标准和程序评估后，由原决定机关决定并宣布。

二、病死羊及其产品的生物安全处理

为规范病死及死因不明动物的处置，消灭传染源，防止疫情扩散，保障畜牧业生产和公共卫生安全，根据《中华人民共和国动物防疫法》等有关规定，农业部制定了《病死及死因不明动物处置办法（试行）》，适用于饲养、运输、屠宰、加工、贮存、销售及诊疗等环节发现的病死及死因不明动物的报告、诊断及处置工作。此外，国家还制定了《病害动物和病害动物产品生物安全处理规程》（GB 16548—2006），规定了病害动物和病害动物产品的销毁、无害化处理的技术要求。

1. 运送

运送病死羊及其产品应采用密闭、不渗水的容器，装前卸后必须消毒。

2.销毁

销毁处理的方法主要是焚毁和掩埋。

(1)焚毁　就是将病害动物尸体、病害动物产品投入焚化炉（焚烧炉)或用其他方式烧毁炭化。焚毁是最可靠的无害化处理方法，也是杀灭病原微生物最彻底的方法，其优点是设备简单，操作方便，消毒可靠。缺点是焚烧尸体可能会对环境造成污染。

确认为口蹄疫、蓝舌病、小反刍兽疫、绵羊痘和山羊痘、山羊关节炎脑炎、炭疽、狂犬病、羊快疫、羊肠毒血症、肉毒梭菌中毒症、羊猝狙、钩端螺旋体病、布鲁氏菌病的病害羊尸体、病害羊产品，必须运送到指定地点投入焚化炉或用其他方式烧毁炭化。

(2)掩埋　具体掩埋要求如下：

①掩埋地应远离学校、公共场所、居民住宅区、村庄、动物饲养和屠宰场所、饮用水源、河流等地区。

②掩埋前应对需要掩埋的病害动物尸体和病害动物产品实施焚烧处理。

③掩埋坑底铺 2 厘米厚生石灰。

④掩埋后需将掩埋土夯实，病害动物尸体和病害动物产品上层应距地表 1.5 米以上。

⑤焚烧后的病害动物尸体和病害动物产品表面，以及掩埋后的地表环境应使用有效消毒药喷洒消毒。

3.无害化处理

无害化处理是指对带有或疑似带有病原体的动物尸体、动物产品及其他废弃物，经过物理、化学或生物学方法处理后，使其失去传染性、毒性而不对环境产生危害，保障人畜健康安全的一种技术措施。目的是消灭传染病流行的传染源，切断传染病流行的传播途径，阻止传染病病原体的扩散。

(1)化制　对于除了规定销毁处理的疫病以外的其他疫病的染疫羊尸体或胴体、内脏，应利用干化、湿化机，将原料分类、分别投入化制。

(2)消毒　对于除了规定销毁处理的疫病以外的其他疫病的染疫羊的生皮、原毛以及未经加工的蹄、骨、角、毛等产品进行消毒处理，使之达到无害。主要有高温处理法、盐酸食盐溶液消毒法、过氧乙酸消毒法、碱盐液浸泡消毒法和煮沸消毒法。

三、废弃物的处理

肉羊养殖对环境的影响，主要是羊粪、尿、尸体及相关组织、垫料、过期兽药、残余疫苗、一次性使用的畜牧兽医器械及包装物和污水等废弃物对环境的污染。为避免环境污染，羊场场区内净道和污道要分开，应设有废弃物贮存设施和场所，设有废弃物处理设施。采取清污分流和粪尿的干湿分离等措施，实现清洁养殖。

1. 污水处理

羊场排放的污水成分复杂，其中病原菌和寄生虫卵可随污水传播，对人、畜造成严重威胁。因此，羊场应设有污水处理设施，如污水处理池。羊场排放的污水可采用物理、化学或生物学方法进行处理。

物理处理法是利用格栅、化粪池或滤网等设施进行处理的方法。经物理处理的污水，可除去40%～65%的悬浮物，并使五日生化需氧量(BOD_5)下降25%～35%。化学处理法是根据污水中所含主要污染物的化学性质，用化学药品除去污水中的溶解物质或胶体物质的方法。如使用消毒剂处理污水，一般每升水中加入2～3克漂白粉。生物处理法就是利用污水中微生物的代谢作用分解其中的有机物，对污水进行处理的方法。

污水经过处理后应达到GB 18596《畜禽养殖业污染物排放标准》的规定。

2. 粪便无害化处理

羊场粪便的贮存场所及设施，必须距离羊场供水设施400米以上，并应有防止渗漏和溢流等措施。羊粪宜采用条垛式、机械强化槽式和密闭仓式堆肥技术进行无害化处理。

堆肥发酵处理是目前羊粪便处理与利用较为传统可行的方法，运用堆肥技术，可以在较短的时间内使粪便减量、脱水、无害，取得较好的处理效果。粪便经过堆放发酵，利用自身产生的温度来杀死虫卵和病原菌。经过高温处理的粪便呈棕黑色、松软、无特殊臭味、不招苍蝇、卫生、无害。

另外，沼气发酵处理、干燥处理等也是羊场粪便常用的处理方法。

不论采用哪种方法处理粪便，都应参照农业部颁布的《畜禽粪便无害化处理技术规范》(NY/T 1168)执行。粪便经无害化处理后应达到有关排放标准(如 GB 18596)后才能排放。发生重大疫情后的粪便，必须按照国家动物防疫有关规定处理。

第四节　环境绿化及检测

羊场环境状况与肉羊生产关系非常密切，环境不良或恶化，轻则导致肉羊生产力降低，重则致使发病率增高，甚至疫病流行。因此，对羊场环境进行绿化和监测管理，及时掌握环境状况，采取有效控制措施，是改善羊场环境，提高肉羊生产力，防止疾病传播的有效途径。

一、环境绿化

加强羊场环境绿化建设，可以有效防止污染扩散，改善羊场生态环境，促进肉羊健康养殖生产持续稳定发展。

(一)环境绿化的作用

1. 改善场区小气候

(1)绿化可以明显改善羊场内温度状况　如在炎热夏季，绿色植物能够减少地面对太阳辐射的吸收量，降低空气温度。

(2)绿化可以明显增加羊场的湿度　如绿化区域空气的湿度,包括绝对湿度和相对湿度均普遍高于非绿化区。

(3)绿化可以明显减少羊场场区气流速度　如在冬季的主风向方向种植高大的乔木,组成绿化带,对于减少冷风对畜牧场的侵袭,形成较为温暖、稳定的小气候环境具有重要意义。

2.净化空气环境

(1)吸收空气有害气体　绿色植物能够吸收畜群呼吸排出的二氧化碳,释放氧气。一些树木(如云杉、龙柏、紫穗槐、桑树、泡桐等)还具有吸收二氧化硫、氟化氢等有害气体的作用。因此,畜牧场内及周围地区种植绿色植物既可以降低场区氨气浓度,减少空气污染,又能够为植物自身提供氮素养分,减少施肥量并促进植物生长。

(2)吸附空气灰尘　绿色植物具有吸附和滞留空气灰尘微粒的作用。对畜牧场场区进行绿化,能明显地减少空气微粒,净化空气环境。

(3)减少空气微生物含量　花草树木能够吸附空气尘粒,使空气中细菌因失去了附着物而减少。许多植物的芽、叶和花粉能分泌挥发性的物质,这些挥发性物质能杀死细菌、真菌和原生动物。根据资料,气流通过绿化带后,可使空气微生物含量减少21.7%～79.3%。

3.防疫防火、降低噪声

在羊场周围及场内各区之间种植林带,能有效地防止人员、车辆随意穿行,使之相互隔离;植物净化空气环境、杀灭细菌及昆虫等作用均可减少病原体的传染机会,对于防止疫病发生和传播具有重要意义;由于树木枝叶含水量大,加之绿色植物所具有的固水增湿、降低风速等作用。因此,羊场环境绿化对于防止火灾发生和蔓延具有重要作用。另外,场区内设置绿化带,还可以降低畜牧场噪声。

(二)羊场绿化的种类及植物

羊场主要有场界绿化带、场内隔离林带、道路两旁林带、运动场遮阳林带和草地绿化等几种形式。

(1)场界绿化带　主要是在场界周边种植乔木、灌木混合林带或规划种植水果类植物带。

(2)场区隔离林带　场内各区,如生产区、生活区及行政管理区的四周,都应设置隔离林带,一般可采用绿篱植物如小叶杨树、松树、榆树、丁香、榆叶等,或以栽种刺笆为主。

(3)场区道路绿化　宜采用乔木为主,乔灌木搭配种植。如选种塔柏、冬青、侧柏、杜松等四季常青树种,并配置小叶女贞或黄洋成绿化带。

(4)运动场遮阳林带　在运动场的南、东,西三侧,应设 1～2 行遮阳林。一般可选择枝叶开阔,生长势强,冬季落叶后枝条稀少的树种,如杨树、槐树、法国梧桐等。

(5)草地绿化　应种植低矮的花卉或草坪,如紫花苜蓿、红三叶、白三叶、黑麦草、牡丹、金银花等。

二、羊场环境监测

(一)羊场环境监测的目的和任务

环境监测是指对羊场环境中某些有害因素进行调查和度量,目的是为了查明被监测环境变异幅度以及环境变异对肉羊健康生产的影响,以便采取有效措施,减少环境变异对健康养殖造成的不良影响。

通过环境卫生监测可及时了解羊舍及羊场内的环境状况,如温湿度变化、环境污染程度等,根据测定的数据和环境卫生标准,结合羊群健康和生产状况,及时采取应对措施,确保肉羊生产正常进行。

(二)羊场环境监测的基本内容和方法

1. 羊场环境监测的内容

羊场环境监测的内容主要包括两方面:一是对肉羊健康生产所利用的羊舍、水源、土壤、空气、饲料等进行监测;二是对健康生产所排放的污水、废弃物以及畜产品进行监测,以免羊场环境污染影响人体健康。

2.空气环境监测的内容与方法

(1)空气环境监测的内容

①温热环境:气温、气湿、气流、羊舍的通风换气量。

②光环境:光照强度、光照时间、羊舍采光系数。

③空气卫生指标:空气卫生监测主要是对羊场空气中污染物质和可能存在的大气污染物进行监测。主要为恶臭气体、有害气体(氨气、硫化氢、二氧化碳等)、细菌、灰尘、噪声、总悬浮微粒、飘尘、二氧化硫、氮氧化物、一氧化碳等。

(2)空气环境监测的一般方法

①经常性监测:即常年在固定测点设置仪器,供管理人员随时监测。如在羊舍内设置干湿球温度表,随时观察羊舍的空气温度、湿度。

②定期监测:是指按照计划在固定的时间、地点对固定的环境指标进行的监测。如在一年中每季度确定一天或连续数天对羊舍的温热环境进行定点观测。

③临时性监测:即当环境出现突然的异常变化时,为了掌握变化和对肉羊环境的影响程度所进行的测定。如当呼吸道疾病发病率升高时一般需进行临时性监测。

3.水质环境监测的内容

水质环境监测包括对羊场水源的监测和对羊场周围水体污染状况的监测。羊场水源水质监测指标如下。

①物理指标:温度、颜色、浑浊度、臭和味、悬浮物(SS)。

②化学指标:溶解氧(DO)、化学耗氧量(COD)、生化需氧量、氨氮、亚硝酸盐氮、硝酸盐氮、磷、pH 等。

③细菌学指标:细菌总数、总大肠菌群数、蛔虫卵等。

4.土壤环境监测的内容

羊场土壤环境主要监测项目为土壤肥力指标和卫生指标。前者主要包括有机质、氮、磷、钾等,后者主要包括大肠菌群数、蛔虫卵等。

(三)羊场环境质量评价技术与方法

环境质量的评价就是按照一定的评价标准和评价方法对环境质量状况进行定量评定、解释和预测。它对于确切了解羊场环境状况，制订和实施羊场环境管理措施以及检验评价羊场环境管理措施的实施效果具有重要意义。目前环境质量评价主要集中在对大气和水质进行评价。

1.空气环境评价

(1)小气候环境的评价　目前主要是对肉羊生产中所需要的气候因素，主要是温度、相对湿度、气流速度、光照强度等进行检测和评价，检验羊舍或羊场等小气候环境是否符合要求，从中发现问题及原因，制订相应的解决措施。

(2)空气质量评价　空气环境质量评价是依据相应环境质量标准对空气中有害物质进行评价。应参照我国已颁布的大气环境质量标准，如《环境空气质量标准》(GB 3095—2012)、《恶臭污染物排放标准》(GB 14554—93)、《工业企业设计卫生标准》(GB 21—2010)等相关内容，并结合羊场大气污染物的特点，制定监测内容及质量标准。

监测内容应以羊场主要污染物为主，监测点以离羊场周边 400～500 米范围和在下风向为宜；主要监测项目与环境标准为：恶臭强度 2 级以下；氨气 5 毫克/米^3；硫化氢 2.5×10^{-6} 毫克/米^3；二氧化碳 0.1%；细菌总数 1 万～1.5 万个/米^3。

2.水体环境质量评价

在羊场水源的选择和保护中，水体环境质量评价主要依据为《地面水环境质量标准》(GB 3838—88)和《生活饮用水卫生标准》(GB 5749—85)。

在对污水排放及羊场周围环境水体质量的评价中，主要依据除《地面水环境质量标准》(GB 3838—88)外，还有《污水综合排放标准》(GB 8978—88)、《农田灌溉水质标准》(GB 5074—92)等。

第八章

肉羊健康养殖规程与示范

导　　读　本章介绍肉羊健康养殖饲养管理技术规程、健康养殖示范和有机羊肉生产加工技术等技术知识。学习借鉴健康养殖典型先进经验和做法，结合本地实际情况，按照饲养管理技术规程搞好科学饲养，不仅能提高健康养殖生产水平，而且还能提升羊肉品质，取得良好的经济、社会和生态效益。

第一节　肉用绵羊饲养管理技术规程

一、范围

本规程主要适用于舍饲条件下肉用绵羊的饲养管理。

二、饲料

粗饲料有苜蓿、花生秧、甘薯秧、青贮玉米秸等；精饲料有玉米、豆粕（饼）、麸皮等；矿物质饲料包括钙、磷、氯、钠等常量元素和铁、铜、锰、锌、钴、硒、碘等微量元素。日粮配方的制订参照美国绵羊营养需要标准（NRC，1985），并做适当调整。

三、圈舍

羊舍要符合排水好、采光充足、冬暖夏凉、通风良好的要求，硬质地面或漏空地板，内设饲槽、水槽或接触式饮水器，面积 0.8～1 米^2/只；运动场面积 5～10 米^2/只。羊舍每周用 2%火碱或 3%～5%的来苏儿消毒 1 次，进羊前再消毒 1 次。

四、饲养管理

（一）合理分群

为了便于管理，羊场各类羊只按品种、性别、年龄等，分为种公羊群、母羊群、后备公羊群、后备母羊群。母羊群按饲养阶段又分为空怀母羊、怀孕母羊和哺乳母羊。科学、合理的分群，是羊场有序生产和规范管理的基础。

（二）鉴定羊群

对羊场，尤其是种羊场来说，这是一项常规生产和育种工作。鉴定可分为初生羔羊鉴定、断奶羔羊鉴定、周岁羊鉴定和成年羊鉴定。鉴定内容主要包括体重，体尺（体高、体长、胸宽、胸围、管围）和等级。另外，羔羊初生鉴定时，还要给羔羊佩戴耳标或打耳缺（表示胎别）。耳标的编号包括羔羊的出生年份、品种、杂交代数、序号等。最后根据鉴定结果进行整群，断奶羔羊按性别、等级组群，核心群母羊要调出或淘汰群体中老、弱、病残及不符合品种要求的羊，补充进后备羊，从而保持群体最佳年龄结构和生产水平不断提高。

(三)种公羊的饲养管理

1. 非配种期

驱赶公羊多运动，定期修蹄。每天补饲精料 0.5～0.6 千克，青贮 2.5～3 千克，优质青绿干草 1.5 千克，胡萝卜等多汁饲料 0.5 千克。精料配方：玉米 64%，麸皮 15.5%，豆粕 15.0%，碳酸氢钙 1.5%，预混料 1.0%，食盐 3.0%。

2. 配种期

配种前 1.5 个月，种公羊日粮改为配种期日粮，每日精料 1～1.5 千克，青贮 1.5～2.5 千克，优质青绿干草 2 千克，胡萝卜等多汁饲料 1 千克，鸡蛋 2 枚。精料配方：玉米 64%，麸皮 17.75%，豆粕 15%，氢钙 0.75%，预混料 1.0%，食盐 1.5%。

成年公羊开始采精，每日 1 次，1 个月后减少采精次数，隔天 1 次，配种前 1 周停止采精。同时，要对育成公羊进行调教，训练其正确的爬跨动作，适应人工采精环境。配种期间，加强种公羊运动，每天运动时间不少于 2 小时，运动距离不少于 2 千米。

(四)母羊的饲养管理

1. 空怀母羊

配种前 2～3 周开始加强饲养，每日精料 0.3～0.4 千克，青贮 2～2.5 千克，优质青干草 1 千克。

2. 怀孕前期(3 个月)

逐步提高日粮标准，每日精料 0.5～0.6 千克，青贮 2～2.5 千克，干草 1 千克。

3. 怀孕后期(2个月)

每日精料0.7～0.8千克,青贮2～2.5千克,干草1.5千克。

4. 哺乳前期

每日精料0.7～0.8千克,青贮2.5～3千克,优质干草1.5千克,胡萝卜等多汁饲料1.5千克。精料配方:玉米54%,麸皮11.8%,豆粕31.0%,碳酸氢钙1.2%,预混料1.0%,食盐1.0%。

5. 哺乳后期

减少精料饲喂量,每日精料0.5～0.6千克,青贮2.5～3千克,优质干草1.5千克,胡萝卜等多汁饲料1.5千克。羔羊断乳时,提前几天减少母羊多汁饲料的补喂量,以防乳房炎。

6. 配种

每天早、晚2次试情,每次试情时间2小时。为防止偷配乱配,试情公羊要系好试情布或进行输精管结扎。配种要严格遵守人工授精操作规程,每天早、晚各1次;使用鲜精配种,精液活力要达到0.8以上。

7. 接羔

提前做好产羔准备工作,产房要在产前1周进行消毒,铺上干净的垫草。为防止流产,母羊怀孕后期要分群管理,出入圈时避免拥挤;不喂霜草、霉烂变质饲料,不饮不洁和冰水。母羊临产前,要将母羊尾根、外阴部、肛门等处用温水洗净,用1%～2%来苏儿溶液消毒。羔羊出生后,立即用消毒过的纱布抹净口腔、耳鼻内的黏液,并让母羊舐净羔羊身上的黏液。若羔羊不能自断脐带,在距脐窝5～8厘米处人工剪断,再用5%碘酊消毒。羔羊在半个小时内要吃上初乳。对假死羔羊需进行急救,可一手提起羔羊后肢,一手拍打羔羊背、胸部,数分钟后便可苏醒。羊水破后30分钟,胎儿仍不能顺利产出,即可判断为难产,要及时进行人工助产或剖腹产。

8. 产后母羊护理

母羊产后1小时左右,饮温水或温红糖麸皮水1～1.5升,重新换上干净褥草,以便母羊哺乳羔羊和休息。母羊胎衣排出后立即取走,若产羔后 6 小时胎衣还不下时，需进行治疗。母羊产羔后消化机能减弱，腹压突然降低，体质虚弱，应先喂优质青绿（干）草，待 3～4 天后再逐渐增喂精料和多汁饲料。经常检查乳房，如果发现乳孔闭塞、乳房炎、乳汁异常等情况，及时予以处理和治疗。

（五）羔羊的饲养管理

（1）登记　羔羊毛干后，在第一次吃初乳前，立即进行称重，佩戴耳标，填写产羔记录表。若产羔多，难以辨别，可在母羊和羔羊躯体临时打上相同记号。

（2）保温　羔羊出生后 1 周，产房温度要保持在 15℃左右。羔羊吃饱后，要经常驱赶运动，以防受凉。

（3）哺乳　羔羊因失去母亲或母羊奶量不足，产羔多、哺乳困难的，可用保姆羊代养或用牛奶、羊奶和代乳粉等替代部分母乳，但必须让其吃上初乳，以增加抵抗力。人工哺乳时，奶温以 38～39℃为宜。在整个喂奶期要保持“四定”，即定时、定量、定质、定温。

（4）断尾　羔羊出生 7 天进行断尾，断尾常用结扎法。即用细绳或橡皮筋在羔羊 3～4 尾椎间紧紧扎住，阻断血液循环，一般经 10～15 天尾巴自行脱落。

（5）补料　羔羊达到 15 日龄，开始诱饲训练，将加工好的颗粒饲料放在饲槽中，引导羔羊采食。开始每日投喂 10～50 克，之后日喂量逐渐增加，以吃完为原则。另加喂胡萝卜和幼嫩苜蓿草等。

羔羊哺乳期颗粒料配方：玉米 47%，麸皮 7%，豆粕 23%，草粉 20%，碳酸氢钙 1.5%，食盐 0.5%，预混料 1%，复合维生素 0.02%，土霉素 0.05%。

（6）运动　羔羊要多运动、多晒太阳，天气好时让羔羊在舍外活动场或院内自由活动，天冷时让羔羊在中午到舍外活动，但应注意天气变化，防止感冒发病。

（7）断奶　羔羊 2～3 月龄断奶，断奶时要进行羔羊断奶鉴定，填写断奶记录表等。

(六)后备羊的饲养管理

羔羊断奶后转入后备管理阶段(3～15 月龄),要根据性别和体重变化,适时调整日粮配方,确保羔羊正常生长发育的营养需要。表8-1 是一个后备羊日粮配方,在此基础上后备公羊和母羊可作适当调整。

表 8-1　后备羊日粮配方　　千克/(只・天)

序号	体重/千克	混合精料	青贮玉米秸	青绿干草	多汁料
1	30	0.2～0.3	1～1.5	0.3	0.2
2	40	0.3～0.4	1.5～2.0	0.5	0.3
3	50	0.4～0.5	2.0～2.5	0.6	0.4
4	60	0.5～0.6	2.5～3.0	0.8	0.6
5	70	0.6～0.8	2.5～3.0	1.0	0.8

(七)羔羊育肥

要想把肉羊舍饲圈养发展好,实现优质、高产、高效,必须把握和推广先进的肉羊舍饲配套技术,现将羔羊舍饲圈养技术的要点总结如下。

1. 羊舍

(1)环境　通风干燥,清洁卫生,夏挡阳光,冬避风雪。

(2)面积　羊舍 0.8～1 米^2/只,运动场 2～3 米^2/只。

(3)料槽　槽位 20～25 厘米 /只,自由饮水,并配备草架。

(4)消毒　进羊前及每周用 10%漂白粉或 3%～5%的来苏儿消毒1次。

2. 选羊

(1)年龄　3～4 月龄断奶羔羊,最好为小尾寒羊或杂交羊。

(2)体形　体躯呈桶形,胸宽深,后躯呈“n”形。

(3)膘情　全身发育匀称,体重 20～25 千克,中上等膘情。

(4)健康　四肢健壮，被毛光亮，精神饱满，上下颌吻合好。

3.免疫驱虫

(1)休整　新入舍羊要安静休息 8 小时，当日只给饮水和少量干草。

(2)分群　第 2 天早晨逐只称重，根据体重大小分群，每群 20～30 只。

(3)驱虫　苯硫咪唑每千克体重 15～20 毫克(口服)，或阿维菌素 0.25 毫克/千克，皮下注射。

(4)免疫　羊快疫、猝狙、肠毒血症三联苗，每羊 5 毫升，肌肉注射。绵羊痘疫苗尾根部皮下刺种。

4.育肥前期日粮

(1)1～3 天　饲喂青干草或地瓜秧、花生秧(铡短)自由采食，自由饮水。

(2)7～30 天　饲喂全混合日粮，日喂 3 次，投料 1～1.5 千克，自由采食、自由饮水。日粮由玉米 43%，小麦麸 7%，大豆粕 17.5%，甘薯秧粉 15%，花生秧粉 15%，氢钙 1%，添加剂 1%，食盐 0.5%组成。每 100 千克添加维生素 A 0.4 克、维生素 D 0.04 克、维生素 E 3 克，加工成全颗粒喂给。

5.育肥后期(30～60 天)日粮

日投料 1.5～2 千克，日喂 3 次，自由采食，自由饮水。日粮由玉米 32%，小麦麸 6%，大豆粕 9.5%，甘薯秧粉 25%，花生秧粉 25%，氢钙 1.0%，添加剂 1%，食盐 0.5%组成。每 100 千克添加维生素 A 0.4 克、维生素 D 0.04 克、维生素 E 3 克加工成全颗粒喂给。

6.出栏

按此规程进行饲养管理，育肥全期平均日增重可达到 250 克以上，混合饲料报酬在(5～5.5)：1(保证粗饲料质量)。每只羊净增重 15 千克，平均体重达到 35～40 千克，肥羔此时(5～6 月龄)出栏，杂交羔羊屠宰率 50%，胴体重 17.5～20 千克。

五、疾病防治

(一)常见病防治

1. 羊传染性病毒性脓疱病

羊传染性病毒性脓疱病是一种接触性传染病，又称口疮。病羊和带毒羊是该病的传染源，传染途径主要是损伤的皮肤、黏膜。以羔羊、幼年羊易感，常呈流行性。

(1)症状　病羊表现为唇等处皮肤和黏膜形成丘疹、脓疱、溃疡。体温升高41～42℃，食欲减退，重症食欲废绝，病程拖长，羔羊死亡率在10%左右。

(2)治疗　以抗病毒、防继发感染为主，用病毒唑、板蓝根以及大剂量静注青霉素进行治疗，无食欲羊只，可静脉滴注高渗葡萄糖及氨基酸。

(3)预防　采用羊传染性脓疮弱毒苗(口疮弱毒细胞冻干苗)，在患羊口腔黏膜内划痕或注射，每只0.2毫升，一般10天产生免疫，免疫期为6个月。

2. 羊肺炎

多因羊只患感冒、饲养管理不当、营养下降，使机体抵抗力减弱，某些病菌侵入致病。

(1)症状　病初患羊精神沉郁，食欲减退，饮水量增加，体温稍升高，呼吸浅快，进入中后期体温升高在41～42℃，呼吸加快，心悸亢进，常发干痛咳嗽，呼吸喘息，喜站立，不愿躺卧。

(2)治疗

①青霉素160万单位，链霉素100万单位，溶于5毫升0.9%盐水中一次肌肉注射，每日2次，连续注射3天。

②重症者青霉素800万单位，链霉素200万～300万单位，病毒灵

10 毫升，溶于 250 毫升 0.9%盐水中一次静脉滴注，连注 5 天。

（3）预防　羊舍注意卫生，经常消毒，通风良好，冬暖夏凉。高温季节，必须保证营养需求。

3. 羔羊痢疾

该病呈地方性流行，主要发生于 7 日龄羔羊，其中以 2～5 日龄多发，以剧烈腹泻为特征，常引起羔羊大量死亡。

（1）症状　病初羔羊精神沉郁，低头弓背，不久发生腹泻，粪便呈粥样或水样，呈黄色、黄绿、灰白色，恶臭。后期大便带血，眼窝下陷，卧地不起，最后衰竭而死。

（2）治疗

①恩诺沙星按每千克体重 5 毫克，肌肉注射，每天 1 次，连用 3～5 天。

②乙酰甲喹按每千克体重 2.5～5 毫克，肌肉注射，每天 1 次，连用 3～5 天。

③用氯霉素、新生霉素、红霉素治疗，每千克体重内服 30～50 毫克，第 2 次减 1/2 或 1/3 量。每隔 8 小时内服 1 次，连用 3～5 天。

（3）预防

①产羔前用 1%～2%的烧碱水或 20%～30%的石灰水，对产房进行彻底消毒，保证母羊体躯和乳房卫生，初生羔羊脐带严格消毒，注意保暖并吃足初乳。

②此病多发地区，可在羔羊出生后 12 小时内口服土霉素 0.15～0.2 克，每天 1 次，连续灌服 3 天。

4. 绵羊传染性胸膜肺炎

绵羊传染性胸膜肺炎俗称“烂肺病”，是由支原体引起的接触性传染病，主要存在于病羊的肺、胸膜和纵隔淋巴中。在自然条件下，健康羊与病羊接触，经由飞沫感染。

（1）症状　病程呈急性或慢性经过，以急性病例为常见。病羊精神沉郁，食欲不振，咳嗽，出现明显肺炎及胸膜炎症状，病末期常继发胃肠炎，剧烈腹泻，粪便中带有多量肠黏膜，间有血液。

(2)治疗

①长效土霉素每千克体重20毫克,皮下注射,48～72小时注射1次。

②氟苯尼考每千克体重20毫克,肌肉注射,2天1次。

(3)预防

①本病可用山羊传染性胸膜肺炎氢氧化铝菌苗皮下或肌肉注射,免疫期为1年。

②购入羊进场时,须隔离观察。病羊羊舍及用具等,均应用5%克辽林溶液、2%苛性钠溶液或10%生石灰溶液彻底消毒。

(二)消毒、驱虫、防疫管理流程

1.消毒

羊舍用白石灰消毒,每半月1次;消毒液喷雾消毒,每月1次。产房及病羊隔离室消毒,每周1次。

2.驱虫

阿维菌素注射液,皮下注射,每千克体重0.02毫升。每年春、秋两季各驱虫1次。也可用丙硫苯咪唑与虫克星交替使用。

3.防疫

(1)山羊痘疫苗　羊尾根内侧皮内注射,不分大小羊只,每只0.5毫升。每年5月份、10月份各防疫1次。

(2)羊三联四防疫苗　皮下或肌肉注射,不论年龄大小,每只5.0毫升。每年5月份、10月份各防疫1次。

(3)山羊传染性胸膜肺炎疫苗　皮下或肌肉注射,羔羊2毫升/只,青年羊、成年羊4毫升/只。每年5月份、10月份各防疫1次。

(4)口蹄疫苗　颈部肌肉注射,每只1毫升。每年春、秋两季各防疫1次。

第二节　肉羊健康养殖示范

近年来,各地立足当地资源优势,把肉羊产业化开发作为调整农业产业结构,振兴经济的重要措施来抓。加大科技投入,瞄准高档主导产品——肥羔肉,使优质肉羊生产得到了较快发展,已逐渐形成不同类型的优势产业基地,涌现了一批辐射带动力强的示范典型。现介绍如下。

一、肉羊种羊场典型经验

山东鲁良优质肉羊科技示范有限公司于2002年投资建设,总占地面积135亩,羊舍面积1.05万米^2。该公司是山东凯银清真肉业公司所属企业,重点为企业培植优质羊源基地。2008年成为肉羊产业技术体系东营试验站依托单位,承担国家现代肉羊产业赋予的新技术试验推广和示范县建设任务。经多年的不懈努力,公司得到长足发展,整体规模、良种质量、辐射带动能力都有大幅度提高。公司现饲养肉羊良种基础母羊群1 640只,主要有黑头杜泊绵羊、白头杜泊绵羊、波尔山羊、特克塞尔等著名肉羊良种,其中杜泊基础母羊群达860只。2011年销售良种肉羊1 300多只,其中杜泊绵羊1 200多只,收入800多万元。近年来主要抓了以下2个方面的工作。

(一)良种选育

1.技术措施

参考国外杜泊绵羊标准,制订了本场杜泊绵羊选择标准作为选种依据,落实了选种计划:一是搞好以羔羊生产记录为主的档案管理。二是后裔测定分析,以此为基础做好3月龄、6月龄为主的2次种羊鉴定。三是生产记录连贯、完整、确实。四是运用快速扩繁、分子育种技术加快选育进度。五是搞好选种选配，认真选好种羊，制订个体明细配种计划。

2. 主要指标完成情况

经多年来共同努力，基本完成了各项计划和选育目标。共繁育杜泊良种 8 000 余只，其中特一级良种 5 000 余只。经多个世代选育，品种质量有明显提高。经测定，周岁公羊体高、体长、胸围分别提高 1.6、2.5、3.1 厘米，1～3 胎繁殖率由 120％提高到 145％；基本形成以 4 个种公羊后代为主的长大型、矮壮型、高繁型、短毛型 4 个品系类型，育种核心群达到 800 多只。其杜泊绵羊质量和数量在国内名列前茅。2010 年通过了农业部标准化养殖示范场验收。

(二)杂交改良

几年来，肉羊良种除供应本省杂交羊生产基地外，已推广到河北、河南、安徽、山西、内蒙古、四川、辽宁、宁夏等 9 个省、市、自治区，均表现良好，特别是其抗病力强，耐粗饲、产肉多等性能深受用户欢迎。

1. 筛选最佳杂交组合

2002 年开始连续 3 年开展杂交试验，2004 年筛选出 3 个最佳杂交组合：首选杜泊绵羊×小尾寒羊，各方面生产性能最佳；其次选择杜泊绵羊×洼地绵羊，适宜在自然条件、饲养水平较差地区推广；无角陶赛特×小尾寒羊适应性较差，但体格大，生长速度较快，适合在自然条件、饲养水平较好地区推广。

2. 设立杂交改良示范点

2003 年以来，共建杂交改良示范户 61 处，配备各类良种公羊 1 512只，下设输精网点 147 个，共杂交配种 86.8 万只，生产各类杂交羊 176.5 万只。

3. 推广肉羊生产配套技术

按最新技术要领和各类法规要求，结合当地实际，总结制订出肉羊杂交选育、规模舍饲日常管理等 10 项实用技术规程，推行标准化管理。

二、肉羊育肥、屠宰交易大市场典型介绍

山东省利津县盐窝镇位于利津县中部，辖50个行政村，总人口3.6万人，其中农业人口3.3万人，具有畜牧养殖和畜产品加工运销的传统优势。该镇因势利导，支持成立养羊协会和肉羊专业合作社，加强信息、技术交流，把活羊采购—饲草料供应—饲养育肥—屠宰加工—羊产品销售等环节有机结合起来，形成了以盐窝镇为中心，合作组织为支撑，鲁北畜产品大市场为龙头的肉羊育肥产业完整链条，育肥、屠宰、销售规模逐年提高。2011年全镇存栏肉羊50万只，出栏销售屠宰肉羊130万只以上。该镇生产的肉羊和羊肉产品占据京、津两大销售区市场的较大份额，产业链延伸至内蒙古、新疆、黑龙江、河北等17个省(自治区)，产品还出口到哈萨克斯坦、俄罗斯等国家。其主要做法如下。

(一)建设育肥示范园区

盐窝镇政府在2004年就划拨荒碱地220亩，投资700万元建设可容纳40户、总存栏能力达5万只、年出栏可达15万只的育肥羊示范园区。园区内设施完备、科学、适用，优惠租给有条件的大户施行标准化饲养，统一服务，分户独立经营管理。多年来，园区示范带动作用，促进了市场的繁荣和发展，养殖规模不断扩大，效益逐年提高。

(二)成立合作组织

该镇先后成立了肉羊生产协会和各类肉羊育肥、生产资料等相关专业合作社，协会主要体现政府的引导、服务作用，以提供信息、技术交流为主；专业合作社立足生产合作共赢，增强抵御市场风险的能力，保证市场健康发展，调动了养殖积极性。2011年肉羊育肥规模比上一年增长30%以上，其中存养1 000只以上的养殖大户达到200户。

(三)注重关键技术推广

在掌握常规饲养技术的基础上,对于实用新技术传播快、落实快、见效快是市场的突出特点。

①注重羊源信息,靠专人严把选购关,逐渐利用电子商务平台开展业务。

②购进羊后必做的剪毛、驱虫、免疫三件事始终坚持雷打不动,落实到位。

③日粮以当地产量高、适口性好、价格低廉的农副产品加工下脚料为主,如酒渣、豆渣、棉籽皮等,根据短期育肥羊特点添加精料补充料,瞄准30～50天育肥出栏,更新日粮搭配,一旦有好的原料和新配方能迅速得以推广。

(四)注意发挥政府功能

盐窝市场的发展除历史、地域条件外,政府的协调服务功能发挥了重要作用。

1.制订保护鼓励政策

一是注重引导,少干预,条件成熟时及时因势利导帮助发展;二是加强管理,防市霸、防垄断发生;三是加强服务,尽量减少收费项目,时刻保护客户利益。

2.增加投入,帮助市场进行更新改造

不断增加基础设施投入。从2009年开始对肉羊加工市场进行更新改造,建设自动化生产线两条,排酸及贮存冷冻库9座。目前每天出售及宰杀肉羊5 000多只。实现机械化流水作业后,每只羊加工费用由手工宰杀时15元降至10元(赶羊费1元、宰杀费1元、加工费5元、检疫费1元、市场管理费2元)。肉羊加工产品质量、销售价格显著提高,育肥效益由2008年每只30～50元提高到100元以上,总养殖效益可达1.5亿元。

三、肉羊规模育肥典型村经验

山东省冠县烟庄乡后十里铺村是一个典型的回族村，全村 380 户，总人口 1 235 人，总耕地 1 194.46 亩，人均占有耕地 0.97 亩。村民依据自身特点，发挥养殖肉羊和加工营销的传统优势，把活羊采购—饲养育肥—屠宰加工—羊产品销售等环节有机结合起来，形成了以村为中心的养羊产业链条。

(一)肉羊育肥规模及数量

目前该村有 280 户从事肉羊育肥，占全村总户数的 73.7%，其中大户育肥规模每批在 1 000 只左右，中等户每批在 400 只左右，小户在 100 只以上。每年育肥 4 批次，育肥时间 2.5～3 个月。2010 年户均育肥出栏羊 4 000 余只，户均年育肥收入 4 万元，每育肥 1 只羊收入 100 元左右，全村育肥总收入达到 1 400 多万元。

(二)育肥羊屠宰、销售

全村有 280 户从事育肥羊屠宰加工项目，从业村民 800 多人，占全村总人口的 64.77%。户均年屠宰育肥羊 500 只，户均年屠宰羊收入 4 000 元，每屠宰 1 只育肥羊收入 8～10 元。2010 年全村屠宰羊总收入达到 110 万元。

屠宰胴体销售价格依据胴体大小、质量有所不同，为每千克 20～24 元不等。羊皮 78 元/张，羊下货 7.6 元/千克。产品主要销往北京、广州、上海、济南、郑州、新乡等大中城市，目前每天外销牛羊肉 30 多吨。

(三)具体做法

养殖户从我国内蒙古、东北地区及当地周边地区选购体重 15～25 千克的蒙古羊、小尾寒羊及杂交后代，购回后实施防疫和驱虫，在棚架上集中育肥(图 8-1)。根据每批育肥数量,分群饲养。常用粗饲料有玉米秸秆、花生秧、甘薯秧、小麦秸等;常用精饲料有玉米、花生粕、豆粕、棉籽粕;糟渣有酒糟、豆腐渣等。一般搭配比例:酒糟 30%,豆腐渣 30%,草粉 20%,玉米 10%,麸皮 2.5%,棉籽粕 2.5%,大豆(熟)2.5%,预混料 2.5%。日喂 2 次,每天每只 2.5 千克左右,育肥期 75~90 天,平均日增重 200 克左右,出栏体重 35~50 千克。育肥除去饲料、人工等成本后平均每只羊能赚 50~100 元。出栏羊自己屠宰、加工,产品直接出售或于本村清真冷库暂存待售(图 8-2)。屠宰环节每只收入 8~10 元。

图 8-1　棚架育肥

四、种养结合,规模经营,推进城郊型羊产业可持续发展

上海永辉羊业有限公司位于上海嘉定区徐行镇安新村,是上海地区从事种草养羊、羊产品加工配送、粮食与饲料生产及有机肥加工相结合的农业产业化龙头企业。

公司总部占地 253 亩,有 15 幢彩钢结构标准羊舍(图 8-3)和配套

图 8-2　屠宰加工待存胴体

建筑 1 万米²，现存栏湖羊 1 万只，年出售种羊 6 000 多头；年生产粮食 1 800 吨，生产青绿饲料 5 万吨；年屠宰上市羊胴体 1 万多头；年产 2 万吨有机肥。全年总产值在 3 000 万元以上。主要经验和做法如下。

图 8-3　彩钢结构标准羊舍

1. 立足本地特色，发挥良种优势

嘉定区土地肥沃、气候温和、风调雨顺，适宜农作物生长，也适宜种草养羊。本地湖羊是世界著名的多胎绵羊品种，一是性情温顺、耐湿耐热、习惯舍饲圈养；二是四季发情，两年三胎，繁殖率高；三是个体较大，产肉量是山羊的1倍，适于专业化、规模化、标准化养殖。公司以湖羊为当家品种，建立了湖羊保种群，良种繁殖群，杂交利用群组成的繁育体系。年存栏基础母羊3 000多只，其中核心群达1 500只以上。并引进杜泊、夏洛莱等著名肉羊品种，利用杂交优势生产优质羊肉。

2. 坚持种养结合，凸现良性循环

公司选择黑麦草、墨西哥玉米、杂交狼尾草、苏丹草等优良牧草品种种植，不仅产量高，而且品质好。如黑麦草秋播每期收割4～5茬，亩产鲜草10 000千克，粗蛋白质含量15.3%～18.6%，高于稻米和麦类，还含有多种维生素和矿物质，为羊业的可持续发展奠定了坚实基础。

公司建起了一个有机肥加工厂（图8-4）。羊场的粪尿经漏缝地板排入粪池，定期清除并堆放于贮粪场，加入生物菌和秸秆粉拌匀，再经发酵、粉碎、造粒成为优质肥料，提供给种植业。形成种草养羊、羊粪肥田的良性循环，不仅变废为宝，降低了生产成本，而且羊场粪污达到了零排放，既保护了土地、水体资源不受污染，又改善了种养业的生态环境，实现了生态高效。

图8-4　有机肥加工

3.依靠科技创新，提升产业水平

主要做了以下几方面工作。一是建设青绿饲料种植基地，改善田间水利设施，引进优良牧草品种，实现牧草种植收割机械化，确保优质高产旱涝保收。收割后制成青贮饲料饲喂羊群。并在混合精料中加入2.0%～3.0%的小苏打中和胃酸，缓解由于长期饲喂可能引起的酸中毒。二是选留培育优良湖羊群体，在保持高繁殖力性能的同时，提高生长速度和羊肉的品质。目前高繁核心群平均每胎产羔3只以上，快长核心群平均日增重250克以上(55天内)。三是饲养标准化、管理规范化。建设标准化羊舍14幢，每幢配置自动饮水系统和排风降温系统，实现雨污分离、粪尿分离、净道污道分离，采用全舍饲高床饲养，实行种羊、肉羊分阶段流水式生产。四是推广应用选种选配、杂交组合、人工授精、早期断奶、青贮、自动饮水、快速育肥和计划免疫、定期驱虫等技术，形成高效、安全、配套的技术体系。

4.落实经济责任，加强饲养管理

公司对场长实行岗位责任制，签订经济承包合同，以年出栏率为主要依据，进行全面考核；场长对各业务主管，按不同的岗位要求以及联产计酬的量化指标考核；饲养主管负责饲养管理、生产统计和考核，考核以繁活率、死亡率为主要依据，每月考核与年度考核相结合，计酬方法是基本工资加考核奖金。

饲养管理方面坚持贯彻“吃饱饮足”、“周年选配”两个原则，做到“一分四统一”，即分群管理，统一日粮配方、统一操作程序、统一羔羊护理、统一防疫消毒。

5.带动农户增收，实现互利双赢

公司在“永辉羊业”的基础上，先后组建养羊、种粮、农机三个农民专业合作社，其中上海云辉畜牧养殖专业合作社入社农户60家，通过提供种羊—技术服务—回收肉羊，调动了农民养羊积极性。按照“公司＋合作社＋农民”模式，带动区内外养殖场(户)342家，扩大养羊规模2.5万只，年收购商品肉羊1.5万只，促进农民增收750万元，经济效益和社会效益十分显著。

第三节 有机羊肉生产加工技术

一、产地环境要求

有机食品的生产要求要比无公害食品及绿色食品严格得多，在生产中除了严格遵守无公害产品和绿色食品生产各个环节的标准和要求外，必须严格执行有机产品的标准和规定。

（一）生产基地的选择

有机生产首先要确保养殖场及周边环境不被污染，同时养殖场自身的环境保护也要得到很好的解决。有机羊场以及牧草和饲料生产基地应选择在没有污染源的区域，无水土流失、风蚀及其他环境问题，远离交通要道、旅游景点、公共场所、居民区、学校和医院。饲养场地应保证动物在活动场所能呼吸到新鲜空气，能得到直接的阳光照射；并要经过转换期和有机食品基地生产认证，方可从事有机食品生产。有机生产与非有机生产体系之间应有界线明确的过渡地带，即缓冲带，用来预防附近地区可能袭来禁用物质的污染。

（二）环境质量要求

（1）环境空气质量　有机羊场（或企业）和有机羊产品的产地环境空气质量应符合《环境空气质量标准》（GB 3095）中一级标准的有关规定。

（2）水质要求　羊的饮用水、有机牧草和饲料的灌溉用水，水质应分别符合《生活饮用水卫生标准》（GB 5749—2006）和《农田灌溉水质标准》（GB 5084）的有关规定。

(3)土壤环境质量 种植有机牧草、饲料的土壤应耕性良好、无污染,土壤环境质量必须符合《土壤环境质量标准》(GB 15618)的规定。

二、羊的有机生产技术

(一)转换期

转换期是指从开始有机管理至获得有机认证之间的时间。

(1)饲草料产地 牧草、饲料生产基地必须符合有机农场的要求,一年生牧草的转换期一般不少于24个月,多年生作物的转换期一般不少于36个月,新开荒地或撂荒多年的土地也要经过至少12个月。

(2)羊 转换期因动物种类和用途不同而异,肉羊4个月,奶山羊3个月。

(3)产品 饲养的羊只经过其转换期后,其产品方可作为有机产品出售。

(二)羊只引入

羊场(或企业)每年引入的常规羊只不能超过有机食品发展中心(OFDC)认证的同种成羊数量的10%。在特定的情况下,颁证委员会可以允许引入的常规羊只超过10%,任何情况下不得超过40%。而且引入的常规羊只必须经过相应的转换期。

引入羊只的品种要能适应当地的自然环境,抗逆性强,并且在当地可获得足够的生产资料。从无病害的种畜场选择6月龄以下、已断奶的健壮羊只,使用清洁的运输工具和合理的运输方式运到饲养场。要有设计合理的饲养程序和与之相配套的饲粮配方。

可从任何地方引入种公羊、母羊,但是引入后必须按照有机方式饲养;所有引入羊都不能受到来自基因工程产品的污染,包括涉及基因工程的育种材料、药物、代谢调节剂和生物调节剂、饲料和饲料添加剂。

(三)饲料与饲料添加剂

1.饲料

对于生产有机羊只所需饲料原料、浓缩饲料、配合饲料和饲料加工过程的要求、试验方法、检验规则、标签、包装、储藏、运输等方面问题，国家都有严格的规定。有机羊只的饲养必须饲喂有机饲料，如在特殊情况下，允许养殖场在限定时间、限定范围内饲喂一定比例的非有机饲料。

绵羊、山羊应以OFDC认证的或OFDC认可的或其他认证机构认证的有机饲草料饲养，其中至少50%的饲草料必须来自本农场或相邻农场。生产过程中应尽量在当地建立自己的饲草料基地或与当地的有机饲料生产基地建立密切的合作关系，以确保有机饲草料的供应。在羊场实行有机管理的第一年，羊场自产的饲草料可以作为有机饲草料饲养羊场自己的羊只，但不能作为有机饲草料出售。在有机饲草料供应短缺时，颁证委员会可以允许羊场购买常规饲草料。饲喂常规饲草料时必须详细记载，并且要事先征得OFDC的许可。但常规饲草料消费量在全年消费量中所占比例不得超过10%(以干物质计)，且日最高摄食常规饲草料量不超过每日总饲草料量的25%。

不可预见的严重自然或人为灾害、极端的天气情况、该地区有机农业尚处在初级发展阶段时，可以允许例外，但必须同时规定时间限制和条件。

必须保证羊只每天都能得到基本满足其基础营养需要的粗饲料。初生羔羊在初乳期必须由母羊喂养并能吸吮母乳;禁止羔羊在6周内断奶，或用奶替代品喂养羔羊。

有机饲草料生产过程中禁止使用以下产品：

①动物及其动物制品，以及动物废料(如屠宰场废物)。

②未经加工或经过加工的任何形式的动物粪便。

③经化学溶剂提取的或添加了化学合成物质的饲料，如经过溶剂处理、提取(豆粉或油菜籽)或其他化学物质的饲料。

④化学合成的生长促进剂(包括用于促进生长的抗生素、激素和天然物质)。

⑤化学合成的开胃剂。

⑥人工合成的镇静剂。

⑦防腐剂(作为加工助剂时例外)。

⑧化学合成色素。

⑨非蛋白氮(如尿素)、化学提纯的氨基酸。

⑩转基因生物或其他产品。

2. 饲料添加剂

(1)允许使用的物质　经 OFDC 许可,允许和限制使用的畜禽饲料添加剂见表 8-2。

表 8-2　允许和限制使用的畜禽饲料添加剂

物质名称	使用条件	物质名称	使用条件
贝壳粉		鱼肝油	
海草		海盐	
石灰石		粗岩盐	
白云石		乳清	
泥灰石		糖	
氧化镁		甜菜浆	
绿砂		面粉	
硒	根据推荐剂量注射或由畜禽摄入	糖蜜	
发芽的粮食		酶	
人工合成的维生素和微量元素	只限在冬季时间长、山区或由于气候恶劣使牧草供应不足,或其他方法无法满足畜禽营养需求的情况下,才允许使用,并须得到 OFDC 的许可	酵母	
		蚁酸菌、乙酸菌、乳酸菌、丙酸菌	饮料发酵
		蚁酸、乙酸、乳酸、丙酸	只限于天气条件不适合发酵时使用

(2)禁用物质　禁止使用人工合成的生长促进剂(包括用于促进生长的抗生素、激素和微量元素)、合成的开胃剂、防腐剂(作为加工助剂时例外)、合成的色素、尿素、动物粪便(未经加工或经过加工的)、经化学溶剂提取的或添加了化学试剂的饲料、纯氨基酸、基因工程生物或其产品,禁止饲喂动物副产品。

3.配合饲料

(1)安全要求　所有主料的配料必须与获得OFDC或OFDC认可组织的认证。配合饲料中的配料加上添加的矿物质元素和维生素不能低于95%。添加的矿物质元素和维生素可以来自天然或合成产物,但不能含有禁止使用的添加剂或保护剂。

(2)营养要求　饲料必须满足羊的营养需求和饲养目标,并为以下2种证明方式中的一种所证实。

①各种成分满足国家相关管理规定或国家有关权威机构规定的要求。

②除水以外,以配合饲料作为唯一的营养来源饲养健康羊,经国家有关管理机构规定的程序测试,能够满足羊的各生命阶段的营养需求。

(四)饲养管理

1.环境要求

羊的圈舍、围栏等饲养环境必须满足羊的生理和行为需求,应当有足够的活动空间和休息场所,足够的垫料、饮水和饲料,空气流通,自然光线充足;避免过度的太阳照射及难以忍受的温度、风和雨,避免使用对人或羊的健康明显有害的建筑材料和设备;必要时可以用人工照明来延长光照时间,但一般每天不得超过16小时。

幼羊对环境适应能力较弱,容易遭受外界环境不良因素影响而死亡,因此幼羊要早喂初乳,以获得抗体,增强抵抗力,及早补饲。成年羊只,实行分段饲养,科学投料。通过日粮营养调控,改善畜产品品质,延长货架期。

含有大量氮、磷、有机悬浮物的羊粪尿,如果不妥善处理和利用,会对水质、空气、土壤造成严重的污染，甚至会引起病疫的蔓延和传播，因此要做好羊只排泄物的高温发酵和其他无害化处理，避免其对环境的污染。羊只使用过的垫料等废物应及时正确处理，保证饲养环境的清洁。

2.饲养方式

在羊只的饲养过程中实行全程质量控制，除选用抗病力强的品种外，尽量为羊只提供适宜的生活条件，在适当的季节，必须对所有羊进行户外放养，使动物按照自身生物习性生活。提高动物自身福利待遇，尽最大可能减少因为饲养管理给动物带来的应激。禁止采用羊无法接触土地的饲养方式和完全圈养、舍养、拴养、笼养等限制羊的自然行为等的饲养方式。羊不能单独饲养，在不影响羊只健康的条件下同一圈舍至少要饲养 2 只羊。但患病的公羊及母羊应单栏饲养。应做好全年的饲草料供应计划，禁止强迫喂食，不允许对羊只进行断尾手术。

3.饲养数量

必须保证饲养羊的数量不超过本羊场及其合作单位草场的最大载畜量，要充分考虑饲草料生产能力、羊只健康和对环境的影响。如果因为过度放牧导致对环境的不利影响，则不能获得认证。

4.粪便处理

必须保证羊粪便的储存设施有足够的容量，以免通过直接排放、地表径流或土壤渗滤污染水体，定期清除羊的粪便。

（五）繁殖

提倡自然繁殖，允许采用不对绵羊、山羊的遗传多样性产生严重限制的各种繁殖方法，但禁止使用胚胎移植手术。

（六）疫病防治

（1）防治原则

①选择适宜的绵羊、山羊品种。

②根据每个品种的需要，采用相应的饲养管理方法，增强对疫病的

抵抗力和对传染因素的预防。

③采用优质饲料，结合有规律的舍外活动，促使羊只增强抗病力。

④确定合理的饲养密度，防止羊只密度过大导致健康问题。

(2)卫生消毒　允许在饲养场所使用《OFDC有机认证标准》附录E所限定的清洁剂和消毒剂，以及附录B中的物质(表8-3)。消毒处理时，应将羊事先迁出处理区。

表 8-3　允许在饲养场使用的清洁剂和消毒剂

物质名称	物质名称	物质名称
软皂	天然植物香精	硝酸
水和蒸汽	柠檬酸	磷酸
石灰水	过乙酸	甲醛
生石灰	蚁酸	碘酒
次氯酸钠	乳酸	高锰酸钾
氢氧化钠	草酸	碳酸钠
氢氧化钾	乙酸	
过氧化氢	酒精	

(3)兽药使用　限制使用常规兽药。当必须要对病羊使用常规兽药时，则必须经过该药物降解期(半衰期)的2倍时间之后，这些羊及其产品才能作为产品出售。禁止为了提高羊群体的生产力而使用抗生素、抗寄生虫药和其他生长促进剂。禁止使用激素控制羊的生殖行为(如诱导发情、同期发情、超数排卵)，但激素可在兽医的监督下用于对个别动物进行疾病治疗。

(4)预防接种　当羊场有发生某种疫病的危险而又不能用其他方法控制时，允许采用预防接种(包括为了促使母体抗体物质的产生而采取的接种措施)技术。允许进行法定的预防接种。

(5)自然疗法　羊群疾病的防治，主要采用中兽医、顺势疗法、微生态制剂和家畜管理实践经验等方法。一旦发现疫病，应对症下药，优先使用天然药品和方法或选用毒副作用小的药物(如盐酸氨丙啉等饮水剂)，并通过改变管理措施防止将来重新发生。允许采用自然疗法，如使用植物制剂、针灸和顺势疗法医治羊的疾病。

(6)标记与档案记录　对于接受过常规兽药治疗的羊只应逐个标记。饲养者必须对所用物质以及疾病诊断结果、剂量、给药方式、给药时间、药物降解期进行记录。

(7)非治疗性手术　为了保持产品质量和传统生产习惯而进行的阉割、断角,为了防止蝇蛆病而进行的羔羊断尾等情况下,允许采用非治疗性手术,但应尽量减少给动物带来的痛苦。必要时可使用麻醉剂。

养殖场发生疫病或怀疑发生疫病时,应根据《中华人民共和国动物防疫法》及时采取以下措施。

①驻场兽医应及时诊断,并尽快向当地畜牧兽医管理部门报告疫情。

②确诊发生疫情时,养殖场应配合当地畜牧兽医管理部门,对病畜群实施严格的隔离、扑杀措施;全场进行彻底的清洗消毒,病死或淘汰羊只的尸体应进行无害化处理。

综上所述,有机养殖场健康管理最低标准见表 8-4。

表 8-4　有机养殖健康管理标准

最低标准要求	注解
养殖场必须采取切实的措施,通过预防性饲养方法,确保动物健康和福利	预防为主
若采取了预防措施,动物仍生病或受伤,则必须采取迅速而适当的治疗措施,如有必要隔离病羊,应将其安置在合适的圈舍里。如治疗会导致动物失去有机状态,养殖场也不得停止治疗	不允许为了保护动物的有机认证状态而停止治疗
只有在下列情况下,养殖场可以使用兽药或抗生素,实施化学对抗疗法:①多种预防性的措施仍对治疗疾病或损失无效;②这些方法是在兽医指导下使用,且停药期必须为法定停药期的 2 倍,或者至少 48 小时,以时间长者为准	有些标准规定了最高允许的常规兽药治疗次数,例如欧盟和中国标准
禁止使用合成物质刺激或抑制自然生长	不允许人为缩短动物生长期
疫苗限于在下列情况下使用:①已知某种传染病在本地区存在或预期将成问题,且不能通过其他管理技术控制时;②法定疫苗接种;③要求不是基因工程疫苗	

资料来源:赵克强,有机食品的标准认证与质量管理,2005。

三、有机羊肉加工技术

有机羊只在待宰和屠宰、装卸、运输期间必须有专人负责照料。

(一)运输

羊在运输过程中必须认真清楚地标记。当用车辆运输时,运到屠宰场的时间不应超过 8 小时,但可能有例外时,必须供给羊只饲草和水。必须提供适当的条件,使羊只能够承受运输造成的应激,例如:改善运输方式和操作设备的质量,保持现存的群体联系,避免饥渴或接触到正在屠宰的动物或死亡动物(通过眼、耳或气味),提供适宜的温度和相对湿度,缓解应激的休息时间,考虑每个动物的个别需要等。禁止在运输前和运输过程中对动物使用镇静剂或兴奋剂,运输距离和次数应尽量减少,以减少应激,减少因装卸和卸载等因素造成的不良影响。禁止使用电棒及类似设备驱赶羊。

(二)屠宰

屠宰的有机肉羊来自有机养羊场。有机肉羊必须在国家卫生防疫部门批准的屠宰场宰杀,且应与常规羊只分别屠宰,屠宰后应分别存放并清楚标记。禁止在羊只失去知觉之前进行捆绑、悬吊和屠宰。羊只在宰前要进行疫病检验,若在检查中发现羊快疫、羊肠毒血症、羊痘等疾病时要按下列规定处理:病羊用密闭工具送急宰间,采取不放血方式扑杀,然后销毁;管理区进行严格消毒后,继续生产,同群羊只可继续送宰。

(三)加工

有机加工方式应保持食品的天然营养特性和自然风味。参加生产的所有员工必须参加生产操作、质量管理、技术标准、企业规范制度和有机食品知识培训,经考试合格后方可上岗。加工人员要参加身体检查，持健康证上岗，且在生产过程中工作人员不得在手部使用化妆品。生产人员必须穿戴工作服、工作帽、口罩，生产人员工作间不得相互讲话，不得随地吐痰。生产车间要实行封闭式生产，生产人员一律不准离开车间，应保持车间内卫生。

在加工中，要防止或尽量减少加工中营养物质的损失、氧化、降解，最大限度地保留其营养价值。有机食品加工过程中既要保证食品质量，又要控制二次污染，在保证食品不受任何污染的同时，也要保证在食品加工过程中不对环境和人类产生其他形式的污染与危害，做到既不污染自己，也不污染别人。

有机食品加工方法标准见表 8-5。

表 8-5 有机食品加工方法标准

最低标准要求	注解
加工有机食品必须使用生物、物理和机械的方法。任何添加剂、加工助剂或食品发生化学反应或改变有机食品性质的物质都必须符合相关准则 只能用水、乙醇、动植物油、醋、二氧化碳、氮或羧酸溶剂作为提取溶剂。这些溶剂的质量必须满足使用要求	有机加工者应注意有些产品本来是允许使用的，但经过有机溶剂提取后就成禁用物质了 指用放射性核素（如^{60}Co 和^{137}Cs）发生的高能辐照，改变食品的分子结构，以控制食品中的微生物，达到保存食品的目的
禁止使用辐照的方法 必须限制使用在分子水平上会与有机食品起化学反应或改变其性质的过滤方法。过滤设备中禁止含有石棉，或使用对产品造成负面影响的技术和方法 允许使用下列储藏方法：气调、温度控制、干燥、湿度调节 允许使用乙烯气体催熟	

资料来源：杜相革，有机农业概论，2001。

附　录

附录一　羊用棚圈建设技术规程(试行)

1. 范围

本规程规定了羊用棚圈建设的基本要求、建筑要求、施工技术及使用注意事项。

本规程适用于牧区、半农半牧区舍饲养羊,农区也可参照本标准执行,适于存栏 50～1 000 只羊群规模使用,其他规模可参照使用。

2. 规范性引用文件

GBJ 202—1983 地基与基础工程施工及验收规范

GBJ 206—1983 木结构工程施工及验收规范

GBJ 18—1987 冷弯薄壁型钢结构技术规范

GBJ 17—1988 钢结构设计规范

GBJ 39—1990 村镇建筑设计防火规范

GB 50205—1995 钢结构工程施工及验收规范

GB 50203—1998 砌体工程施工及验收规范

3. 基本要求

根据羊的生物学特性及对温度、湿度、光照等环境的要求,结合当地气候条件,建造羊用棚圈。采用透光性能好、易封闭的覆盖材料,尽可能地利用太阳辐射热和畜体本身所散发的热量。棚圈应便于通风换气,防止舍内结露,但要避免贼风,创造有利于羊只生长发育和生产的小环境;减少能量损耗,降低维持需要。

4. 建筑要求

4.1　棚址选择

应选择地势较高、向阳、背风、干燥、水源充足、水质良好、地段平坦且排水良好之处，应避开冬季风口、低洼易涝、泥流冲积的地段，并要考虑放牧、饲草（料）运送和管理方便。

4.2　建筑朝向

坐北朝南或南偏东不大于15°。

4.3　建筑形式

棚圈可采用地面饲养或高床饲养（楼式羊舍）。建筑形式有开放式、半开放式；接羔舍宜采用半开放式或密闭式。屋顶可采用单坡、双坡、不等坡或拱形。

4.4　舍内平面布置

采用单列北走道形式，走道宽以1.0～1.2米、饲槽宽以0.6～0.8米为宜。

4.5　建筑尺寸

棚舍跨度不宜过小。单坡屋顶的跨度以6米左右为宜，北侧檐高不小于1.8米，南侧檐高不应低于2.5米。双坡、不等坡屋顶的跨度以9米左右为宜；拱形屋顶的跨度以9、12米为宜，檐高不小于2.4米。如采用高床饲养，床面距地面及距屋架下弦以1.7～1.8米为宜。棚舍长度可根据场地的地形走势、建筑结构材料、饲养规模来综合考虑。

羊群在200只及其以下时设一个圈门；超过200只，每200只设一圈门。门宽不小于2.0米，高1.8～2.0米。

4.6　棚圈占地面积

每只成年羊所需的饲养面积以0.8～1.0米^{2}为宜，每栋棚圈的建筑面积不宜超过300米^2。棚圈南侧设运动场，运动场面积以棚舍建筑面积的2～3倍为宜。接羔舍所需面积可按羊舍建筑面积的1/10计算。

草料堆放可采用草垛或草料库，布置在距棚圈20米以上的侧风向处，占地面积按每100只羊20米^{2}计算。羊群规模在500只以下时，若不设单独的草料库，可考虑在棚圈内临时堆放部分草料，其棚圈建筑面积可在原有基础上作适当增加。不同规模羊群所需面积参见下表。

面积/米²	规模/只				
	50	100	200	500	1 000
建筑面积	45～55	90～110	180～220	400～500	800～1 000
运动场面积	90～150	180～300	360～650	800～1 500	1 600～3 000
草料堆放占地面积	10	20	40	100	200

4.7　通风与采光

为满足采光、冬季保温排湿、夏季降温及排除舍内污浊空气的需要，应加强通风换气，棚圈不宜封闭，宜在南墙和北墙开设窗户。南墙可通风面积不宜少于舍内地面面积的 10%，北墙可通风面积取南墙的 50%～60%。

4.8　湿度

舍内相对湿度不宜超过 75%。

4.9　抗风雪

不低于当地民用建筑抗风雪强度设计规范要求。

4.10　抗震

抗震裂度设计可按低于当地民用建筑 1 度设防。

4.11　栋间距

羊群规模较大需建设 2 栋以上棚圈时，栋与栋之间应保持 3～5 倍檐高的间距。

4.12　供水

有稳定的水源，水质良好。冬季水槽中的水温应保持在 0℃以上。

4.13　粪污处理

宜在距棚圈 50 米以上的下风向设堆粪场，对粪便集中处理，经自然堆沤腐熟后作为肥料使用。

4.14　防疫

应严格按照兽医卫生防疫要求进行。注意净污分道，防止交叉；不从疫区购买羊只；对病羊及外来羊只，在远离棚圈 20 米以上的下风向处利用活动围栏进行隔离观察；做好羊群、人员、圈舍、设备、运输车辆等的清洗消毒，入口处设消毒槽；在饲养区四周宜设置防疫沟或隔离带。具体可参见畜禽场场区设计技术规范中的有关规定。

4.15 防火

应达到 GB 50039—2010 的要求。草料堆或草料库宜设在棚圈侧风向处,并保持 20 米以上距离。确保安全用电,并配备必要的防火设施、设备及工具等。

5 建筑材料

5.1 墙体

宜用砖或复合夹芯板等新型材料,也可用片石、土坯、草泥、土板等。

5.2 门窗

宜采用塑钢等新型材料,也可用木料、竹等材料。

5.3 屋面

保温部分采用草泥或复合夹芯板等新型材料,采光部分采用塑料中空板、塑料薄膜等透光材料。

5.4 地面

采用三合土、砖等。

5.5 结构骨架

采用钢、木、竹、玻璃钢等。

6 施工技术要点

6.1 场地平整

在主体建筑施工前应进行场地平整,场地应设 1%～2%的排水坡度。

6.2 地基与基础

地基开挖前应按图纸定位放线;开挖后应验槽,遇土质土层结构复杂情况时,应采取专门的地基处理方法处理。具体施工可按 GB 50202—2002 中次要建筑的要求执行。对个别特殊地区可按当地习惯施工。

6.3 墙体

用复合夹芯板等新型材料时,施工可根据厂家提供的建设安装要求进行，并用隔栏对墙体进行局部保护。用砖、毛石、砌块等砌筑的承重墙体，施工时可按 GB 50203—2011 中次要建筑执行。建造土板或土坯墙时，表面可用草泥或沙灰抹面，但须进行防水处理。留门洞口应避开冬季主导风向。

6.4　地面

地面应铺设在均匀密实的基土上，遇不良基土时应换土或进行加固。地面材料宜选用保温和排水均良好的三合土或砖。三合土可按石灰：砂：骨料[体积比(1：2：4)～(1：3：6)]的比例，虚铺厚度为220 毫米，夯至 150 毫米为宜；黏土砖地面下应设 150 毫米灰土垫层。

6.5　骨架结构

简易的钢、木、竹骨架结构，施工时应用铁钉、铁丝、木楔、螺丝钉等连接固定，与两端墙体连接用草泥固定密封。骨架采用轻钢结构和木结构时，施工可分别按 GB 50205—2001、GB 50018—2002 和 GBJ 206—2002 中的次要建筑执行，但轻钢结构骨架的耐腐蚀、耐久性要求应适当高于次要建筑标准。

6.6　其他围护结构

在支架上覆盖塑料薄膜时，周围余出 300～400 毫米搭在围墙、屋檐上，拉紧铺平并固定。可用以下三种方法固定：用板条、铁钉、绳子等固定在支架上，四周封严；将做支架用的木杆、钢筋等两端固定在屋檐和墙上用草泥抹平后再覆膜，在塑料薄膜上面每隔两杆间压上直径为40～60 毫米的木杆，最后压实封严；用细尼龙绳编成 500 毫米×500 毫米的网罩在薄膜上，四周固定；若覆双层膜，两层膜间隔 30～100 毫米。双层塑料中空板、聚苯夹心板等新型覆盖材料的安装参见生产厂家的安装技术要求。

6.7　门窗结构

圈门必须坚固灵活，门向外开，不设门槛或台阶。窗户宜采用卷帘、推拉窗或旋转窗，安装高度距室内地面不小于 1.2 米。北侧窗洞口应便于冬季采用泥草等材料进行封闭，防止形成贼风。

7　工程质量验收

工程质量应按批准的工程设计图纸要求进行验收。

8　注意事项

8.1　棚圈基础施工应在结冻前完成。

8.2　棚圈建成后，风干后方可使用。

8.3　使用前，应进行彻底消毒。检查圈舍、设施、设备是否完好，是否有引起羊只损伤的利器、钝器等物件。特别要注意易损部件如门窗等是否有保护措施。

8.4　冬季为降低舍内湿度，防止结露，可通过加强通风、铺设干燥羊粪和碎草混合厚垫料(30 厘米以上)加以解决。

附录二　肉羊常用饲料成分及营养价值表

饲料编号	饲料名称	样品说明	干物质/%	粗蛋白质/%	粗脂肪/%	粗纤维/%	无氮浸出物/%	粗灰分/%	钙/%	磷/%	消化能/(兆焦/千克)	代谢能/(兆焦/千克)	可消化粗蛋白质/(克/千克)
青绿饲料	马铃薯秧	黑龙江哈尔滨,后期	12.1	2.7	0.6	2.5	4.5	1.8	0.23	0.02	1.09	0.88	14
	三叶草	宁夏,红三叶	18.6	4.9	0.6	3.1	7.0	3.0	—	0.01	2.30	1.88	38
	沙打旺	辽宁,第2年生,盛花期	31.5	3.6	0.5	10.4	14.4	2.6	—	—	2.89	2.38	25
	甜菜叶	新疆,饲用种	8.7	2.0	0.3	1.0	3.5	1.9	0.11	0.04	0.96	0.79	13
	紫云英	8省市,8样品平均值	13.0	2.9	0.7	2.5	5.6	1.3	0.18	0.07	1.76	1.42	21
	苜蓿	吉林佳木斯种,营养期	25.0	4.9	—	8.2	—	—	0.37	0.05	2.68	2.18	35
	甘薯蔓	11省市,15样品平均值	13.0	2.1	0.5	2.5	6.2	1.7	0.20	0.05	1.17	0.96	
青贮饲料	草木樨青贮	青海西宁,已结籽,pH 4.0	31.6	5.4	1.0	10.2	10.9	4.1	0.58	0.08	3.26	2.68	39
	胡萝卜青贮	甘肃	23.6	2.1	0.5	4.4	10.1	6.5	0.25	0.03	2.72	2.22	10
	胡萝卜秧青贮	青海西宁,起苔,pH 5.4	19.7	3.1	1.3	5.7	4.8	4.8	0.35	0.03	2.05	1.67	20
	马铃薯秧青贮	青海西宁	23.0	2.1	0.6	6.1	8.9	5.3	0.27	0.03	1.72	1.42	8

续表

饲料编号	饲料名称	样品说明	干物质/%	粗蛋白质/%	粗脂肪/%	粗纤维/%	无氮浸出物/%	粗灰分/%	钙/%	磷/%	消化能/(兆焦/千克)	代谢能/(兆焦/千克)	可消化粗蛋白质/(克/千克)
	苜蓿青贮	青海西宁,盛花期,pH 4.0	33.7	5.3	1.4	12.8	10.3	3.9	0.50	0.10	3.26	2.68	34
	玉米青贮	4省市,5样品平均值	22.7	1.6	0.6	6.9	11.6	2.0	0.10	0.06	2.72	2.22	8
	玉米青贮	山东省	22.7	2.1	0.3	7.9	9.6	2.1	0.11	0.05	2.26	1.85	15
块根块茎类	甘薯	7省市,8样品平均值,鲜样	25.0	1.0	0.3	0.9	22.0	0.8	0.13	0.05	3.68	3.01	6
	胡萝卜	青海西宁,黄色	8.8	0.5	0.1	1.4	6.1	0.7	0.11	0.07	1.34	1.09	4
	胡萝卜	山东	10.3	1.4	—	1.1	—	—	0.08	0.06	1.63	—	7
树叶干草类(含牧草)	杨树叶	内蒙古,落叶,风干样	92.6	23.5	—	22.8			—	—	7.03	5.77	92
	紫穗槐叶	宁夏,初花期,风干样	88.0	20.5	2.9	15.5	43.8	5.3	1.20	0.12	10.79	8.83	135
	黑麦草	吉林	87.8	17.0	4.9	20.4	34.3	11.2	0.39	0.24	10.88	8.90	105
	碱草	内蒙古,抽穗期	90.1	13.4	2.6	31.5	37.4	5.2	0.47	0.63	10.46	8.58	120
	紫花苜蓿	山东	88.9	18.4	—	26.7	—	—	1.07	0.32	9.26	8.32	138
	苜蓿	内蒙古,花期	90.0	17.4	4.6	38.7	22.4	6.9	1.07	0.32	7.87	6.49	89
	沙打旺	吉林,开花期	85.8	15.7	1.6	25.8	—	—	0.36	0.18	10.46	8.58	118
	雀麦草	黑龙江	94.3	5.7	2.2	34.1	46.1	6.2	—	—	8.49	6.95	16
	苏丹草	黑龙江	85.8	10.5	1.4	28.6	45.6	2.2	0.33	0.14	9.50	7.78	66
	羊草	黑龙江,4样品平均值	91.6	7.4	3.6	29.4	46.6	4.6	0.37	0.18	8.74	7.15	37

续表

饲料编号	饲料名称	样品说明	干物质/%	粗蛋白质/%	粗脂肪/%	粗纤维/%	无氮浸出物/%	粗灰分/%	钙/%	磷/%	消化能/(兆焦/千克)	代谢能/(兆焦/千克)	可消化粗蛋白质/(克/千克)
	羊草	东北,三级草	88.3	3.2	1.3	32.5	46.2	5.1	0.25	0.18	6.53	5.36	16
	野干草	吉林,山草	90.6	8.9	2.0	33.7	39.4	6.6	0.54	0.09	7.99	6.57	53
	青干草	山东	91.0	7.2	—	34.5	—	—	0.41	0.08	8.32	6.56	53
	豆秸	山东	86.5	5.9	—	39.1	—	—	0.2	0.02	6.5	5.94	31
	大豆荚	吉林怀德	85.9	6.5	1.0	27.4	38.4	12.6	0.64	0.10	7.24	5.94	31
	大麦秸	新疆	88.4	4.9	2.9	33.8	38.7	8.1	0.05	0.06	7.49	6.14	
	小麦秸	山东,冬小麦	88.4	2.5	1.9	37.2	38.9	7.9	0.05	0.03	6.73	5.52	4
农副产品类	谷草	黑龙江,粟秸,2样品平均值	90.7	4.5	1.2	32.6	44.2	8.2	0.34	0.03	7.32	6.02	17
	莜麦秸	内蒙古,打谷场副产品	84.9	4.4	3.0	28.1	33.2	16.2	0.11	0.16	6.36	5.21	
	稻草	浙江	90.2	4.9	1.4	29.9	35.4	18.6	0.10	0.13	5.98	4.91	
	油菜秆	新疆	94.4	3.0	1.3	55.3	31.0	3.8	0.55	0.03	6.94	5.68	2
	花生秧粉	山东	89.4	8.8	1.7	30.4	37.7	7.7	1.86	0.05	8.0	6.8	36
	甘薯秧粉	山东	92.2	8.5	3.2	30.1	41.3	8.9	1.83	0.06	8.83	7.1	33
	玉米秸	辽宁,3样品平均值	90.0	5.9	0.9	24.9	50.2	8.1	—	—	8.61	7.06	21
	玉米秸	山东	88.8	5.9	—	21.0	—	—	1.4	0.02	8.37	7.1	18

续表

饲料编号	饲料名称	样品说明	干物质/%	粗蛋白质/%	粗脂肪/%	粗纤维/%	无氮浸出物/%	粗灰分/%	钙/%	磷/%	消化能/(兆焦/千克)	代谢能/(兆焦/千克)	可消化粗蛋白质/(克/千克)
谷实类	大麦	20省市,49样品平均值	88.8	10.8	2.0	4.7	68.1	3.2	0.12	0.29	13.93	11.42	85
	高粱	17省市,18样品平均值	89.3	8.7	3.3	2.2	72.9	2.2	0.09	0.28	13.89	11.41	58
	粟	6省,13样品平均值,谷子	91.9	9.7	2.6	7.4	67.1	5.1	0.06	0.26	11.67	9.58	70
	小麦	15省市,28样品平均值	91.8	12.1	1.8	2.4	73.2	2.3	—	0.36	14.73	12.09	94
	稻谷	成熟晒干,二级	86.0	7.8	1.6	8.2	63.8	4.6	0.03	0.36	12.64	10.36	
	糙米	良,成熟,未去米糠	87.0	8.8	2.0	0.7	74.2	1.3	0.03	0.35	14.27	11.70	
	燕麦	11省市,17样品平均值	90.3	11.6	5.2	8.9	60.7	3.9	0.15	0.33	13.18	10.84	97
	玉米	23省市,120样品平均值	88.4	8.6	3.5	2.0	72.9	1.4	0.04	0.21	15.40	12.64	65
糠麸类	大豆皮	内蒙古	92.1	12.3	2.7	36.4	35.7	5.0	0.64	0.29	9.29	7.61	90
	谷糠	内蒙古	91.9	7.6	6.9	22.6	45.0	9.8	—	—	8.54	6.98	33
	黑麦麸	甘肃山丹,粗麸	91.7	8.0	2.1	19.1	57.9	4.6	0.05	0.13	9.15	7.44	46
	青稞麸	甘肃山丹,白色	90.6	12.7	4.2	12.7	58.4	2.6	0.20	0.41	11.88	9.74	
	小麦麸	24省市,115样品平均值	88.6	14.4	3.7	9.2	56.2	5.1	0.18	0.78	11.09	9.08	108
	玉米皮	内蒙古	86.1	5.8	3.6	12.0	61.5	—	0.08	0.48	10.79	8.87	33
	次粉	黑面,二级	87.0	13.6	2.1	2.8	66.7	1.8	0.08	0.48	13.60	11.15	
	米糠	新鲜,不脱脂,二级	89.0	12.8	16.5	5.7	44.5	7.5	0.07	1.43	13.77	11.29	

续表

饲料编号	饲料名称	样品说明	干物质/%	粗蛋白质/%	粗脂肪/%	粗纤维/%	无氮浸出物/%	粗灰分/%	钙/%	磷/%	消化能/(兆焦/千克)	代谢能/(兆焦/千克)	可消化粗蛋白质/(克/千克)
豆科子实	大豆	16省市,40样品平均值	88.0	37.0	16.2	5.1	25.1	4.6	0.27	0.48	17.60	14.46	333
	黑豆	7省市,9样品平均值	90.0	37.7	13.8	6.6	27.4	4.5	0.25	0.50	17.26	14.13	339
饼粕类	菜籽饼	13省市,27样品平均值,机榨	92.2	36.4	7.8	10.7	29.3	8.0	0.73	0.95	14.85	12.18	313
	豆饼	13省市,42样品平均值,机榨	90.6	43.0	5.4	5.7	30.6	5.9	0.32	0.50	15.94	13.10	366
	豆粕	2省,4样品平均值,浸提	92.4	47.2	1.1	5.4	32.6	6.1	0.32	0.62	15.65	12.84	401
	花生粕	山东	90.0	48.3	6.8	5.1	24.4	5.4	0.23	0.26	16.18	13.26	439
	胡麻饼	8省市,11样品平均值,机榨	92.0	33.1	7.5	9.8	34.0	7.6	0.58	0.77	14.48	11.88	285
	棉籽饼	13省市,23样品平均值	92.2	33.8	6.0	15.1	31.2	6.1	0.31	0.64	13.72	11.25	267
	向日葵饼	内蒙古,带壳	93.3	17.4	4.1	39.2	27.8	4.8	0.40	0.94	7.02	5.77	151
	玉米胚芽饼	新疆	91.9	14.6	6.1	5.6	60.3	5.3	0.05	1.17	13.56	11.09	105
	芝麻饼	10省市,13样品平均值,机榨	92.0	39.2	10.3	7.2	24.9	10.4	2.24	1.19	14.69	12.05	357

续表

饲料编号	饲料名称	样品说明	干物质/%	粗蛋白质/%	粗脂肪/%	粗纤维/%	无氮浸出物/%	粗灰分/%	钙/%	磷/%	消化能/(兆焦/千克)	代谢能/(兆焦/千克)	可消化粗蛋白质/(克/千克)
	玉米蛋白粉	去胚芽淀粉的面筋部分	90.1	63.5	5.4	1.0	19.2	1.0	0.07	0.44	18.37	15.06	
糟渣类	豆腐渣	宁夏银川	15.0	4.6	1.5	3.3	5.0	0.6	0.08	0.05	2.55	2.05	40
	粉渣	内蒙古，马铃薯粉渣，风干样	81.5	2.3	0.6	8.0	66.6	4.0	—	—	11.08	9.07	14
	甜菜渣	宁夏银川	10.4	1.0	0.1	2.3	6.7	0.3	0.05	0.01	1.42	1.17	6
	酱油渣	宁夏银川，豆饼3份，麸皮2份	24.3	7.1	4.5	3.3	7.9	1.5	0.11	0.03	4.06	3.33	
	酒糟	内蒙古	45.1	5.8	4.1	15.8	14.9	4.5	0.14	0.26	2.51	2.05	35
	啤酒糟	山东，8样品平均值	92.3	25.8	3.3	13.5	46.8	3.0	0.33	0.35	2.83	2.32	173
矿物质饲料	磷酸氢钙	山东		—	—	—	—	—	21.0	16.5	—	—	—
	石粉	山东		—	—	—	—	—	37.0	—	—	—	—

附录三　羊的传染病及其防治

病名	病原及流行特点	症状及诊断	防治措施
1. 羊快疫	病原：腐败梭菌，革兰氏染色阳性。 流行特点：自然感染多经消化道，常见于气温变化大的秋、冬及早春季节，经常流行于低洼地区	症状：突然发病，在未出现临床症状前就突然死亡。常在放牧时死在牧场上或在早晨发现死于羊圈内。有些死前有疝痛症状，臌气，结膜发红，磨牙，最后痉挛而死	预防：注射三联四防疫苗，用量及注射方法参照疫苗说明书。 治疗：(1)青霉素，肌肉注射，每次 80 万～160 万单位，每日 2 次。(2)复方磺胺嘧啶钠注射液，肌肉注射，按每千克体重 15～20 毫克，每日 2 次，连用 3～4 天
2. 羊猝狙	病原：C 型魏氏梭菌，革兰氏染色阳性。 流行特点：主要经消化道感染，常发生于 1～2 岁的成年绵羊。以冬春季节低洼、沼泽地区多发	症状：多数病羊突然死亡，不表现症状。病程短促时，可见病羊掉群、卧地、表现不安、衰弱和痉挛，常在数小时内死亡	参照羊快疫的防治措施
3. 羊肠毒血症	病原：D 型魏氏梭菌，革兰氏染色阳性。 流行特点：春末夏初及秋季多发，以 1～2 岁绵羊为主	症状：(1)急性。步行蹒跚、角弓反张、侧身倒地、口吐白沫，蹄腿乱蹬，全身肌肉战栗。(2)病程稍缓。腹痛、腹胀、离群呆立，嚼食泥土或其他异物	参照羊快疫的防治措施

续表

病名	病原及流行特点	症状及诊断	防治措施
4.羔羊痢疾	病原：B型魏氏梭菌，革兰氏染色阳性。 流行特点：主要发生于7日龄的羔羊，其中以2～5日龄发病最多，以剧烈腹泻为特征，常引起羔羊大批死亡	症状：(1)急性型。羔羊突然死亡。其病程只有数小时到十几小时。(2)亚急性型。精神委顿，低头弓背，不愿吃奶，腹泻，粪便恶臭，呈黄白色；后期粪便带有黏液，颜色呈黄绿或灰黄色，含有血液，直至成为血便。肛门及尾根常沾满粪便，逐渐虚弱，卧地不起	预防：每年秋季可给母羊注射三联四防疫苗，产前2～3周再接种一次。 治疗：(1)长效土霉素，按每千克体重20毫克，肌肉注射，每48～72小时1次。(2)恩诺沙星，按每千克体重5毫克，肌肉注射，每日1次，连用3～5天
5.羊大肠杆菌病	病原：致病性大肠杆菌，为革兰氏染色阴性。 流行特点：患病羊、带菌羊是主要传染源，传播途径为消化道。主要侵害6周龄内的羔羊，多发于冬、春季节	症状：(1)肠型。体温升高，腹泻、下痢，有时混有血液和黏液。(2)败血型。体温升高，精神委顿，四肢僵硬，运动失调，头常弯向一侧，视力障碍，继之卧地，磨牙，头向后仰，一肢或数肢作划水动作。很少或无腹泻	预防：加强饲养管理和卫生管理，抗菌消炎。 治疗：(1)庆大霉素，每千克体重8 000～10 000单位，肌肉注射，每日2次，连用3～5天。(2)恩诺沙星，每千克体重3～5毫克，肌肉注射，每日2次，连用3～5天
6.羊放线菌病	病原：林氏放线杆菌。 流行特点：主要通过污染的饲料、水源和土壤传播，也可经口腔黏膜损伤而感染引起本病发生	症状：最初唇部和面部的皮肤增厚，皮下组织中形成直径5厘米左右、单个或多个的坚硬结节，有时皮肤化脓破溃形成瘘管。病羊不能采食，消瘦，衰弱。舌和咽部感染时，组织肿胀变硬，流涎，咀嚼困难	治疗：(1)较大脓肿，切开冲洗，并向伤口内塞入碘酊纱布，1～2天更换1次，直到伤口愈合。(2)内服碘化钾，每日1～1.5克，每日3次。(3)重症可静脉注射10%碘化钠溶液20～25毫升，隔日1次

续表

病名	病原及流行特点	症状及诊断	防治措施
7. 羊破伤风	病原：破伤风梭菌，革兰氏染色阳性。 流行特点：本病为散发，没有季节性，必须经创伤才能感染。组织有坏死病变、水肿；贫血时，有利于破伤风梭菌的繁殖而增加发病危险	症状：潜伏期 1～2 周。病初症状不明显，只见精神呆滞，起卧困难。随着病情发展，四肢逐渐强直，运步困难，步行时呈现高跷样步态；头颈伸直，角弓反张，肋骨突出，开口困难，采食和咀嚼障碍，严重时牙关紧闭，不能采食和饮水，流涎，常有瘤胃臌气，体温一般正常，死亡率很高	预防：发生外伤后及时清创、消毒，同时注射破伤风抗毒素 1 200～3 000 国际单位。 治疗：(1)中和毒素。静脉注射抗破伤风血清，羔羊用量 10 万～20 万国际单位，成年羊用量 20 万～40 万国际单位，全量血清分 3 天注射，也可一次用足治疗量。(2)解痉。用 25%硫酸镁溶液 20 毫升，静脉注射
8. 布鲁氏杆菌	病原：布鲁氏杆菌，革兰氏阴性。 流行特点：母羊较公羊易感性高，羔羊对本病具有抵抗力。病羊和带菌羊是主要传染源。消化道、皮肤黏膜是主要传染途径，其次是生殖道经配种感染	症状：怀孕羊发生流产是本病的主要症状，但不是必有的症状。流产多发生在怀孕后的 3～4 个月，有时病羊发生关节炎和滑囊炎而导致跛行。公羊发生睾丸炎，少部分病羊发生角膜炎和支气管炎。 诊断：空怀母羊不孕，怀孕母羊流产、胎衣滞留等有助于诊断本病，但只有通过实验室诊断才能确诊	预防：本病为人畜共患病，在饲养、接羔、诊断和治疗过程中要搞好防护和消毒工作，严防感染此病。应坚持自繁自养，必须引进羊时，将羊隔离饲养 2 个月，经两次检疫为阴性者，才可与原有羊只合群。本病无治疗价值，一经发现，应立即找专业技术人员淘汰处理

续表

病名	病原及流行特点	症状及诊断	防治措施
9. 炭疽病	病原：炭疽杆菌，革兰氏染色阳性的大杆菌。 流行特点：病羊是主要传染源。感染途径为消化道，也可经呼吸道和吸血昆虫叮咬感染。一年四季均可发生，以雨季多发	症状：本病的潜伏期1～5天。羊突然发病，行走不稳或倒地，磨牙，全身痉挛，呼吸急促。口、鼻、肛门流出黑红色血液，血液不易凝固，几分钟或数小时内死亡	预防：Ⅱ号炭疽芽孢苗。皮下注射1毫升/只。病羊的尸体及粪便、垫草等进行焚烧处理。被病羊污染的圈舍、场地、饲具等用2%～3%火碱水彻底消毒。 治疗：疑似感染可用青霉素治疗，第1次用160万单位，以后每隔4～6小时用80万单位，肌肉注射
10. 结核病	病原：结核杆菌，为革兰氏阳性菌。 流行特点：传染途径为呼吸道和消化道	症状：病灶多见于肺部和胸部淋巴结、脾和肝脏、肺和肺门淋巴以及肝脾等处，可见针尖大或粟粒大的结节，切面呈钙化样变	预防：及时隔离、淘汰病羊。对污染场地和用具进行严格消毒。 治疗：链霉素肌肉注射，同时用异烟肼片100毫克、利福喷丁胶囊0.3克、盐酸乙胺丁醇片0.25克、吡嗪酰胺片0.25克组成方剂，灌服
11. 口蹄疫	病原：口蹄疫病毒。 流行特点：传染源为患病羊。主要通过消化道、呼吸道传染，也可接触传染。流行特点是偶蹄兽发病，多发于秋冬和早春	症状：体温升高，食欲降低，精神沉郁，流涎。绵羊水疱多见于四肢，可有轻度跛行。水疱经1～2天自行破裂，形成烂斑，然后逐渐愈合。若护理不当，继发感染化脓菌，则形成溃疡、坏死。若不发生其他并发症，一般愈后良好，死亡率较低	预防：(1)免疫接种，每年定期给羊群注射同型口蹄疫疫苗。(2)发生疫情，应立即上报，迅速隔离病羊，封锁疫区。对疫区和受威胁区未发病羊进行紧急免疫接种。病羊污染的地方用2%火碱水彻底消毒

续表

病名	病原及流行特点	症状及诊断	防治措施
12. 传染性结膜角膜炎	病原：病毒、立克次氏体或细菌。 流行特点：通过接触传染，传染速度快	症状：病初呈结膜炎症状，流泪、羞明、疼痛、眼睑半闭，眼内角流出多量浆液性或黏液性分泌物，治疗不及时，可转变成脓性分泌物	治疗：用0.9%生理盐水或0.1%高锰酸钾水冲洗眼睛，擦干后用氯霉素或氧氟沙星眼药水点眼
13. 传染性脓疱病（羊口疮）	病原：脓疱病毒。 流行特点：病羊和带毒羊是该病的传染源，感染途径主要是损伤的皮肤、黏膜，多为群发。以羔羊、幼羊和经长途运输的羊易感，常呈流行性	症状：潜伏期为4～7天。发生部位主要在嘴唇、口角、鼻孔周围，其次是乳房、外阴及蹄部。发病后首先出现丘疹，继而形成水疱，脓疱，破溃流黄水，最后结痂。痂皮为褐色或黑色的疣状物，揭开痂皮出现黄水或脓样物质，严重时采食困难，精神不振，体温升高。羔羊多因机体衰竭而导致死亡	预防：（1）不从疫区引进羊只。（2）避免饲喂带刺的草或在有刺植物的草场放牧。（3）改善运输条件。治疗：揭去痂皮，用温盐水或0.1%高锰酸钾溶液等清洗疮口，涂上碘甘油，同时每只羊内服或肌肉注射病毒灵0.4～0.6克，每日2次，连用3～5天
14. 蓝舌病	病原：蓝舌病毒。病羊是主要传染源，可通过库蠓传播。 流行特点：主要发生在夏末秋初季节。绵羊感染不分品种、性别和年龄，以1岁左右的绵羊最易感	症状：病羊体温升高可达40～42℃，口腔黏膜充血、淤血、水肿、糜烂，唇、舌、鼻腔肿胀，舌面糜烂，表面附着灰黄色坏死组织，部分病羊的胃肠道黏膜有溃疡性炎症。病程6～14天，发病率30%～40%，病死率20%～30%	预防：（1）加强运输检疫，严禁从疫区引进羊和冻精。（2）消灭吸血昆虫库蠓。 治疗：目前尚无有效治疗方法，只能对症治疗。（1）用0.1%高锰酸钾液冲洗口腔；再用碘甘油涂在糜烂面。（2）蹄部患病先用3%来苏儿液清洗，再涂抹碘甘油或土霉素软膏，然后用绷带包扎

续表

病名	病原及流行特点	症状及诊断	防治措施
15.绵羊痘	病原：绵羊痘病毒。 流行特点：病羊或带毒羊为传染源，经呼吸道感染，也可经损伤的皮肤、黏膜感染。常呈地方性流行	症状：病初体温升高，精神不振，食欲减退，呼吸、脉搏次数增加，结膜潮红，鼻孔流出浆液或脓性分泌物。而后在全身皮肤的无毛或少毛部位相继出现红斑、丘疹、水疱、脓疱。结痂脱落后并遗留一红色或白色瘢痕后痊愈。此病传入新疫区，感染者死亡率较高	预防：接种羊痘弱毒疫苗，大小羊均在尾部内侧皮内注射0.5毫升。免疫期1年。 治疗：皮肤上的痘疱，涂碘酒或紫药水；黏膜上的病灶，用0.1%高锰酸钾溶液充分冲洗后，涂碘甘油或紫药水。继发感染，肌肉注射青霉素160万单位，每日2次
16.传染性胸膜肺炎（烂肺病）	病原：山羊丝状霉形体（支原体）革兰氏染色阴性。 流行特点：主要存在于病羊的肺、胸水和纵隔淋巴结中。在自然条件下，经病羊飞沫感染	症状：病羊初期体温高达41℃以上，精神委顿，离群呆立，懒于采食。两眼无光，被毛粗乱，发抖，呼吸加快。咳嗽次数增加，有浆液性或脓性鼻液，呈铁锈色。病情恶化，则呼吸困难，弓背，颈伸直，衰弱，最后倒地，窒息死亡。有的发生口腔溃烂，唇、乳房皮肤出现疹块，孕羊发生流产	预防：(1)用山羊传染性胸膜肺炎氢氧化铝菌苗皮下或肌肉注射，免疫期为1年。(2)购入羊时，隔离观察确认无病后方可放入羊群。病羊的羊舍及用具等用2%火碱水彻底消毒。 治疗：(1)长效土霉素，每千克体重10～20毫克，肌肉注射，每48小时1次。(2)氟苯尼考，每千克体重20毫克，肌肉注射，每2天1次
17.羊衣原体病	病原：鹦鹉热衣原体。 流行特点：患病羊和带菌羊为主要传染源。主要经呼吸道、消化道及损伤的皮肤、黏膜感染；也可通过交配或用患病公羊的精液人工授精发生感染	症状：发热、流产、死胎、产弱羔。 剖检：(1)流产型。流产母羊胎膜水肿、增厚。流产胎儿水肿，皮肤、皮下组织及淋巴结等处有点状出血。(2)关节炎型。关节囊扩张，发生纤维素性滑膜炎。(3)肺炎型。可见肺部病灶，眼部表现角膜炎	预防：(1)用羊流产衣原体灭活苗对母羊和种公羊进行免疫接种。(2)污染的羊舍、场地等用2%火碱水彻底消毒。 治疗：(1)肌肉注射青霉素，每次80万～160万单位，每日2次。(2)泰诺星，按每千克体重20毫克肌肉注射

附录四　羊的寄生虫病及其防治

病名	病原及流行特点	症状及诊断	防治措施
1. 肝片吸虫	病原：肝片吸虫虫体扁平，呈柳叶状。 流行特点：成虫寄生在宿主的肝脏胆管里，可寄生3～5年。一般呈地方性流行	症状：(1)急性型。精神沉郁，体温升高，食欲减退或废绝，离群；排黏液样血便，全身颤抖；肝区压痛明显，肝肿大，黄疸，迅速发生贫血，黏膜苍白。(2)慢性型。精神沉郁，食欲减退或废绝，逐渐消瘦，贫血，黏膜苍白黄染。眼睑、颌下、胸腹下出现水肿，被毛粗乱无光，步行缓慢，便秘与下痢常交替发生。最后因极度衰竭死亡	预防：(1)消灭螺蛳是预防本病最彻底的办法。(2)不在有病原的牧场或低洼地带放牧或割草，保持饮水清洁。 治疗：(1)硫双二氯酚(别丁)，每千克体重35～75毫克，配成悬浮液口服。(2)三氯苯酚（肝蛭净），每千克体重12毫克，一次口服
2. 双腔吸虫病	病原：羊双腔吸虫，寄生于羊肝脏和胆囊内。 流行特点：一般夏、秋季感染，冬、春季发病	症状：轻度感染时症状不明显。严重感染时，可视黏膜黄染，消化紊乱，颌下水肿，下痢，逐渐消瘦，有的体温升高，最后陷于疾病恶化而死亡。 剖检：胆管出现卡他性炎症，管壁增生、肥厚，胆汁暗褐色，胆管周围结缔组织增生，胆管和胆囊内有大量棕红色狭长虫体	预防：定期驱虫，灭螺、灭蚊、合理放牧，注意饮水卫生。 治疗：(1)吡喹酮，每千克体重用50～70毫克，一次口服；油剂腹腔注射，每千克体重用50毫克。(2)丙硫苯咪唑，每千克体重用30～40毫克，配成5%混悬液，一次灌服

续表

病名	病原及流行特点	症状及诊断	防治措施
3. 阔盘吸虫病	病原：羊双腔科阔盘属的吸虫，寄生于羊胰管内。 流行特点：主要流行季节为春、秋两季，尤以秋季为主	症状：(1)慢性消耗性症状。食欲减退、消瘦、贫血、颌下水肿、腹泻，体温一般正常；大量童虫在皱胃、小肠、胆管和胆囊内移行和寄生时，引起临床症状，甚至导致死亡。(2)严重感染。食欲废绝，极度贫血、消瘦，体温升高，最后卧地不起，衰竭死亡	预防：(1)灭螺人工捕捉，集中火烧或砸碎深埋。(2)划区放牧，防止再感染。 治疗：吡喹酮，每千克用 65～80 毫克，一次内服；油剂腹腔注射，每千克体重用 30～50 毫克，可用灭菌液体石蜡或植物油按 1∶5 配制
4. 前后盘吸虫病	病原：前后盘吸虫，外形呈圆锥状，腹吸盘发达，虫体呈粉红色。 流行特点：多发生在夏秋两季	症状：多数幼虫寄生时，出现鼻镜干燥，鼻镜或鼻翼上发生大小不等的浅溃疡，食欲减退，反刍减弱，逐渐消瘦和贫血。顽固性腹泻，粪便呈粥样或水样，眼睑、胸部及下颌水肿。后期全身衰竭死亡	预防：注意环境卫生，遵守消毒制度和程序，加强饲养管理。 治疗：(1)氯硝柳胺(灭绦灵)，每千克体重用 60～80 毫克，一次口服。(2)伊维菌素，每千克 0.2 毫克，皮下注射
5. 绦虫病	病原：莫尼茨绦虫，虫体为乳白色，扁平带状，寄生于羊的小肠内。 流行特点：本病多发生在夏、秋两季	症状：食欲减退，出现贫血与水肿。羔羊腹泻时，粪中混有虫体节片(呈大米粒样)，有时还可见虫体的一段吊在肛门外。有时病羊出现转圈、肌肉痉挛或头向后仰等神经症状。后期仰头倒地，经常作咀嚼运动，口周围有泡沫，对外界反应几乎丧失，直至全身衰竭而死亡	治疗：(1)氯硝柳胺(灭绦灵)，按每千克体重 100 毫克，羔羊每只最低剂量 1 克，一次灌服。(2)硫双二氯酚(别丁)，按每千克体重 100 毫克，一次灌服。(3)吡喹酮，按每千克体重 75 毫克，灌服

续表

病名	病原及流行特点	症状及诊断	防治措施
6. 脑多头蚴病	病原：多头绦虫的幼虫，呈豌豆到鸡卵大的囊泡，其中充满液体。 流行特点：充满虫卵的体节被羊吃入后，随血流带到脑内，形成多头蚴，寄生于羊脑内，俗称“脑包虫病”	症状：羊多在感染后2周左右出现寄生虫性急性脑膜炎症状。较轻病例，病羊离群，行动迟缓、笨拙，垂头呆立，嗜睡，不爱吃草或表现出无规律的强制运动。重型病例，精神高度沉郁、颈弯向一侧，流涎，磨齿，眼斜视，脉搏加快。有些羊突然离群，前冲、后退或急转圈，头不断摇摆，伴发抽搦或痉挛	预防：患病动物的头颅脊柱应予以烧毁；患多头绦虫的犬、猫必须驱虫。 治疗：(1)硫双二氯酚，每千克体重用0.1克，内服。(2)丙硫咪唑，每千克体重用10毫克，内服。(3)伊维菌素，每千克体重用0.2毫克，皮下注射
7. 血吸虫病	病原：日本分体吸虫。该虫为雌雄异体。雄虫呈乳白色或微灰白色，粗短。成虫寄生在终末宿主肠系膜静脉或门静脉内	症状：轻度感染时无明显症状。严重感染时呈急性经过，表现食欲不振，精神沉郁，行动迟缓，呆立不动。进而腹泻，粪中含有黏液、血液，气味腥臭，体温升高，消瘦，衰弱，结膜苍白，终因衰竭而死亡	预防：消灭钉螺，保护水源。加强环境卫生及羊群管理。 治疗：(1)吡喹酮，每千克体重用30～60毫克，一次口服。(2)硝硫氰胺，每千克体重60毫克，口服
8. 血矛线虫病	病原：血矛线虫，虫体呈毛发状，因吸血而显现淡红色，主要寄生于羊的真胃内。 流行特点：主要发生在温暖季节，6～9月份为高发期。经食草和饮水感染	症状：病羊精神不振，食欲减退，贫血、消瘦、下颌水肿，生长受阻，被毛干枯无光泽，眼结膜苍白，最后极度贫血，衰弱而死亡。 剖检：羊的真胃内有血矛线虫	预防：避免在低洼草地放牧，饮水要清洁。 治疗：(1)阿维菌素或伊维菌素，每千克体重2毫克内服或每千克体重0.2毫克皮下注射，间隔7天再注射一次。(2)丙硫咪唑，每千克体重10～20毫克灌服或拌料喂服

续表

病名	病原及流行特点	症状及诊断	防治措施
9. 羊鼻蝇蛆病	病原：羊鼻蝇幼虫（即羊蝇生的蛆），寄生在羊的鼻腔和其相通的腔窦内。 流行特点：多发生在夏季	症状：病羊表现不安、摇头、奔跑、低头以鼻端贴地，磨牙切齿，呼吸困难，打喷嚏，咳嗽等。鼻腔黏膜发炎、肿胀。流出黏脓性的分泌物，有时混有血液，引发假晕旋病	治疗：(1)阿维菌素，每千克体重0.2毫克，皮下注射。(2)每侧鼻孔内喷0.1%～0.2%辛硫磷10～15毫升，(3)氯氰柳胺，按每千克体重5毫克口服，或2.5毫克皮下注射
10. 羊螨病	病原：疥螨和痒螨。 流行特点：寄生在羊体表面引起的慢性寄生性皮肤病	症状：主要特征是剧痒、皮肤发生湿疹性炎症、皮肤增厚、脱毛和消瘦。经检查，发现虫体后方能确诊。 剖检：病部皮屑多，肿胀或有水疱，水疱破溃后结成干灰色痃痂，内有虫体	预防：加强饲养管理，注意清洁卫生。羊舍和用具要定期消毒。 治疗：(1)用0.5%～1%敌百虫水溶液药浴。(2)伊维菌素，每千克体重0.2毫克，皮下注射。(3)2%敌百虫水溶液涂搽局部
11. 羊硬蜱病	病原：硬蜱，躯体呈卵圆形	诊断：硬蜱侵袭羊体后，由于吸血时口器刺入皮肤可造成局部损伤，组织水肿，出血，皮肤增厚。有的还可继发细菌感染引起化脓、肿胀和蜂窝织炎等。当幼羊被侵袭时，由于过量吸血，加之硬蜱的唾液内的毒素进入机体后破坏造血器官，溶解红细疱，形成恶性贫血	治疗：(1)阿维菌素，每千克体重0.2毫克皮下注射。(2)药浴，可选用0.05%双甲脒、0.1%马拉硫磷、0.1%辛硫磷、0.05%毒死蜱。1%西维因等对羊进行药浴。(3)粉剂涂擦，2%敌百虫、3%马拉硫磷、5%西维因等涂擦体表，每只使用30克，在蜱活动季节，每隔7～10天处理一次

附录五 羊的普通病及其防治

病名	病原及流行特点	症状及诊断	防治措施
1. 感冒	病因：由于气候突然发生变化，机体受寒冷刺激而引起。夏、秋季节羊遇到风吹雨淋，以及剪毛后天气突然降温等都会引起感冒	症状：病羊精神沉郁，头低耳耷，食欲减退或不食，鼻腔分泌浆液性黏液，咳嗽，打喷嚏；眼结膜潮红，流泪；体温升高，寒战，呼吸急粗。 诊断：听诊有湿性啰音，严重时，步态僵直，喜卧不站	预防：注意天气变化，做好防寒保暖工作，防止冷风侵袭；夏季防止急剧降温和风吹淋雨。 治疗：解热镇疼，安乃近、安痛定、复方氨基比林等3～6毫升，肌肉注射，每日1次，青霉素30万～100万单位、链霉素100万单位，肌肉注射，每日2次
2. 风湿病	病因：羊舍潮湿、阴冷、空气污浊，或受到贼风侵袭，都容易诱发该病；饲料调配不匀，缺乏必需的营养物质（如矿物质、维生素等），不注重饲养管理，也容易发生该病	症状：表现四肢僵硬，行动不便或者跛行。有时关节肿大，体温升高。急性病例常突然跌倒，不能起立，经数日症状消失。当受冷时，易复发，疼痛部位易转移。 诊断：触诊患部肌肉有疼痛感，紧张而坚实，有时在肌肉上出现凸凹不平或小结节	预防：羊舍要保持干燥、清洁，门、窗不要对开。保温防寒、防潮湿，精心饲养，可防止和减少风湿病的发生。 治疗：治疗原则是消炎、镇痛、抗过敏。10%水杨酸钠注射液，每千克体重1.5毫升，静脉注射，安乃近或安痛定10～15毫升，肌肉注射
3. 口炎	病因：原发性口炎多由外伤引起。如采食尖锐的植物枝杈等。继发性口炎多发生于羊患口疮、口蹄疫、羊痘，过敏反应和羔羊营养不良时	症状：原发性口炎病羊采食减少或停止，口腔黏膜潮红、肿胀、疼痛、流涎，甚至糜烂、出血和溃疡等。继发性口炎多见有体温升高或伴有全身反应。如羊口疮时，口黏膜及上下嘴唇、口角处呈现水疱疹、出血或干痂样坏死；羊痘口腔黏膜有典型痘疹	预防：防止粗硬饲料和高浓度刺激性药物对口腔的损害；注重环境卫生，做好消毒工作。 治疗：轻度口炎，可用0.1%高锰酸钾液冲洗；发生糜烂用2%明矾液冲洗；全身反应明显时，用青霉素80万～160万单位，链霉素100万单位，肌肉注射，连用3～5天

续表

病名	病原及流行特点	症状及诊断	防治措施
4. 食道阻塞	病因：主要由于过度饥饿的羊吞食了过大的块状饲料，未经咀嚼而吞咽，阻塞于食道某一段酿祸成疾	症状：一般多突然发生。病羊采食停止，头颈伸直，伴有吞咽和作呕动作；口腔流涎，骚动不安。 诊断：当阻塞物发生在颈部食道时，局部突起，形成肿块，手触可感觉到异物形状	预防：防止羊偷食未加工的块根饲料；补充无机盐，防止异嗜癖。 治疗：阻塞物塞于咽或咽喉时，可装上开口器，保定好病羊，用手直接掏取或用铁丝圈套取；阻塞物在近贲门部时，可先将2%普鲁卡因溶液5毫升、石蜡油30毫升混合，用胃管投送至阻塞物部位
5. 前胃弛缓	病因：主要是饲喂粗硬难以消化的饲草；供给精料过多，运动不足；饲料品质不良；长期饲喂单调和缺乏刺激性的饲料等	症状：(1)急性：食欲废绝，反刍停止，瘤胃蠕动减弱或停止；瘤胃内容物腐败发酵，产生多量气体，左腹增大，叩触不坚实。 (2)慢性：病羊精神沉郁，倦怠无力，喜卧地；被毛粗乱，食欲减退，反刍缓慢；瘤胃蠕动音减弱，次数减少	治疗：采用饥饿疗法，禁食2～3次，然后供给易消化的饲料。 用10%氯化钠20毫升、生理盐水100毫升、10%氯化钙10毫升，混合后1次静脉注射或氯化氨甲酰甲胆碱注射液，按每千克体重0.15～0.25毫克，肌肉注射，每天1次，连用3～5天；或2%毛果芸香碱1毫升，皮下注射
6. 瘤胃积食	病因：主要见于采食过多粗硬易膨胀的饲料，或采食干料而饮水不足等。另外，过食谷物引起消化不良，导致机体酸中毒和瘤胃炎	症状：发病较快，采食、反刍停止，病初不断嗳气，随后嗳气停止。腹痛摇尾，或后蹄踏地，弓背，咩叫。后期精神委靡，左侧腹部轻度膨大，触摸稍感硬实。当过食谷物引起瘤胃积食时，精神沉郁，瘤胃松软积液，病羊喜卧	预防：不喂粗硬和不易消化的草料。防止偷食含能量和蛋白质过高的饲料，注意多给羊饮水。 治疗：消导下泻，用液状石蜡或植物油100～200毫升，一次内服。应用泻剂后，皮下注射毛果芸香碱，每千克体重用0.2毫克。酸碱平衡失调时，用5%碳酸氢钠注射液100毫升，肌肉注射。5%糖盐水200毫升静脉注射

续表

病名	病原及流行特点	症状及诊断	防治措施
7. 急性瘤胃臌气	病因：羊采食大量易发酵草料、霜冻饲料、酒糟或霉败变质饲料；抢食过量精料；绵羊发生肠毒血症、肠扭转等也可致瘤胃臌气	症状：病羊表现不安，回头顾腹，拱背伸腰，肷窝突起；反刍和嗳气停止。 诊断：触诊，腹部紧张性增加；叩诊，呈鼓音；听诊，瘤胃蠕动音减弱。黏膜发绀，心律增快，呼吸困难，步态不稳，发生窒息或心脏麻痹而导致死亡	治疗：急性瘤胃臌气，可用穿刺法放气。在左肷部剪毛，消毒，然后用兽用16号针头刺破皮肤，插入瘤胃放气。放气后，顺便注入0.5%的普鲁卡因青霉素80万～240万国际单位，或酒精20～30毫升；也可灌服豆油、花生油、棉籽油50～100毫升，防腐止酵
8. 瓣胃阻塞（百叶干）	病因：该病主要由于饮水失宜和饲喂秕糠、粗纤维饲料而引起；或饲料和饮水中泥沙混入食糜，沉积于瓣叶之间而发病	症状：初期瘤胃蠕动音减弱，瓣胃蠕动消失，并可继发瘤胃臌气及瘤胃积食。触压病羊右侧第七至九肋间肩关节水平线上下时，疼痛不安。后期停止排粪；随着病程延长，瓣胃小叶可发炎坏死，或引起败血症死亡	治疗：准备25%硫酸镁液30～40毫升，石蜡油100毫升。在右侧第九肋间隙和肩关节交界下方2厘米处，选用12号7厘米长针头，向对侧肩关节方向刺入4厘米深，先注入20毫升生理盐水，再将上述准备好的药液交替注入；于第2日可重复注射1次。同时用10%氯化钠液50～100毫升对病羊输液
9. 皱胃阻塞	病因：多因羊的消化机能紊乱，胃肠分泌和蠕动机能降低造成；或因长期饲喂细碎的饲料、单纯而粗硬的饲草或吞食异物所致	症状：病羊食欲减退，排粪量少，以至停止排粪，粪便干燥，其上附有多量黏液或血丝；真胃区增大，瘤胃充满液体，触诊真胃有坚实感，且有腹疼反应	预防：对饲料的品质、加工等要特别注意；定时定量喂料，供给充足清洁的饮水。 治疗：用25%硫酸镁溶液50毫升、甘油30毫升、生理盐水100毫升，混合进行真胃注射。10小时后，选用氯化氨甲酰甲胆碱注射液（每千克体重0.05毫克），少量多次皮下注射

续表

病名	病原及流行特点	症状及诊断	防治措施
10. 胃肠炎	病因：原发性胃肠炎是由于饲料品质不良、过食、饲料突然变换、受到冷水刺激引起。继发性胃肠炎常见于传染病（如口蹄疫）和寄生虫病（如肝片吸虫病等）	症状：病羊精神沉郁，食欲减退或废绝。黄白舌苔，口臭，腹泻，粪便呈水样、或混有黏液、血液和脱落的黏膜组织，有腥臭味。伴有腹痛，肌肉震颤，体温升高，眼结膜暗红或发绀，眼窝下陷，尿量减少等症状。病羊迅速消瘦，最后因全身衰竭死亡	预防：严格控制饲草饲料质量，不饲喂霉变饲料，不让羊采食有毒物质和有刺激性的化学物质；防止应激因素刺激。 治疗：庆大霉素，每千克体重 1 500～3 000单位，或诺氟沙星每千克体重 10 毫克，肌肉注射。磺胺脒 4～8 克内服
11. 肠扭转	病因：肠管痉挛性收缩，或因腹痛躯体滚转、腹压增高后肠管互相挤压等。剪毛时羊采食过饱，倒羊动作粗暴等均可造成肠扭转	症状：病羊精神不安，回头顾腹，不时摇尾和翘唇，不排粪，不排尿；随时间延长症状加剧，病羊急起急卧，腹围逐渐增大，叩之如鼓，瘤胃蠕动音及肠音减弱或消失。体温 40.5～41.8℃；呼吸急促，心跳快而弱，节律不齐。后期病羊腹部严重臌气，精神委靡，结膜苍白，食欲废绝。腹腔穿刺时，有液体流出	治疗：由助手两手抱住病羊胸部，将其抱起，使羊臀部着地，羊背部紧挨助手腹部和腿部，呈人伸腿坐地状。术者蹲于羊前，两手握拳，分别置拳头于病羊左右两腹壁中部，使拳头紧挨腹壁；然后两拳交替推擦腹部，每分钟 60 次左右，推揉 5～6 分钟后，放下病羊让其站立，持鞭驱赶使之奔跑 8～10 分钟，然后观察结果。若病羊嗳气，瘤胃臌气消散，腹壁紧张性减轻，可视为施术成功的征兆。也可手术整复，胃肠扭转的位置

续表

病名	病原及流行特点	症状及诊断	防治措施
12. 传染性支气管肺炎	病因：多因羊受寒感冒；受物理、化学等因素的刺激；受条件性病原菌的侵害等感染	症状：初期呈急性支气管炎症状，即咳嗽，体温升高，呈弛张热型，高达40℃以上；呼吸浅表，呈混合性呼吸困难。 诊断：胸部叩诊，出现不规则的半浊音区。听诊肺区肺泡音减弱或消失	预防：保持圈舍卫生，防止贼风侵袭。勿使羊受寒感冒，杜绝传染病感染。 治疗：(1)长效土霉素每千克体重20毫克，肌肉注射，每48～72小时1次。(2)庆大霉素按每千克体重6 000～10 000单位和恩诺沙星按每千克体重2.5～3.0毫克，皮下或肌肉注射，每日2次，连用3～5天
13. 有机磷中毒	病因：误食喷洒有机磷农药的种子、作物秸秆等；应用有机磷杀虫剂剂量过大或使用方法不当；羊接触有机磷杀虫剂污染的各种工具器皿等	症状：病羊临床以流涎、腹泻和肌肉强直性痉挛等副交感神经系统兴奋为特征	预防：健全农药的保管使用制度；喷洒过有机磷的植物茎叶，必须在药效期过后并冲洗干净再作饲料；不随便乱放配制及喷洒农药的器具。 治疗：解磷定、氯磷定，按每千克体重15～30毫克溶于5%葡萄糖100毫升内，静脉注射。以后每2～3小时注射一次，剂量减半，根据症状缓解情况，可在48小时内重复注射。同时，用硫酸阿托品按每千克体重10～30毫克，肌肉注射
14. 氢氰酸中毒	病因：由于高粱苗、亚麻叶和亚麻饼含有氰甙，羊采食后在胃内由于酶的水解和胃酸作用，产生游离的氢氰酸而致病	症状：氢氰酸中毒发生迅速，病羊表现兴奋不安，流涎，腹痛，瘤胃臌气，呼吸、心跳次数增加，可视黏膜呈鲜红色，常呼出带有杏仁味的气体，很快转入沉郁状态，表现极度衰弱，呼吸浅表，随即昏迷死亡	预防：不喂含有氰甙的高粱苗、玉米苗、胡麻苗等作饲料。 治疗：发病后迅逗静脉注射3%亚硝酸钠溶液，剂量为每千克体重6～10毫克，然后再静脉注射5%硫代硫酸钠，剂量为每千克体重1～2毫升。或10%对二甲氨基苯酚，剂量为每千克体重10毫克，静脉注射

续表

病名	病原及流行特点	症状及诊断	防治措施
15. 母羊不孕症	病因：先天性不孕是由生殖器官的发育异常或卵子、精子及合子具有生物学上的缺陷，而丧失繁殖能力；后天性不孕有饲养管理不当性、繁殖技术不良性、衰老性和疾病性等原因	症状：育成母羊到配种年龄不发情，发情母羊屡配不孕	预防：对先天性不孕羊只及时淘汰。 治疗：对后天性不孕羊只对症治疗。(1)子宫内膜炎引起的不孕症。清洗子宫，用0.1%高锰酸钾溶液或0.1%～0.2%雷佛奴尔灌入子宫腔内，然后用虹吸法排出，每日1次，连做3～4次。青霉素80万单位、链霉素50万单位，用生理盐水稀释注入宫内，每日1次。(2)卵巢疾病：己烯雌酚1～2毫克，肌肉注射；或用孕马血清200～1 000单位，肌肉注射。(3)用三合激素2毫升，皮下注射
16. 流产	病因：传染性流产病因：病原体有布鲁氏菌、鹦鹉衣原体等。非传染性流产病因：饲养管理不当，机械性损伤，胎儿及胎膜异常，母羊患病等可致流产	症状：妊娠初期流产者，胎儿及胎盘尚小，故经过迅速。妊娠后期，偶然可见乳房膨大，乳头充血。母羊食欲、反刍、体温和脉搏等虽无多大异常，但举动不安，为流产征兆。以后阴户流血，或有丝状黏液自阴户下悬，最后胎儿与胎衣先后排出	预防：对于布鲁氏杆菌检测呈阴性者，可用布鲁氏杆菌猪型2号弱毒苗或羊型5号弱毒苗进行免疫接种。对检测呈阳性的羊只应及时隔离，并及早淘汰。预防衣原体性流产，可用羊衣原体流产病油乳剂灭活苗，皮下注射3毫升/只，免疫期7个月。经细菌检验确定弯杆菌引起的流产病，可用呋喃西林全群预防性治疗，每只母羊0.6～0.7克，连服3天。对于非传染性流产病，应以加强饲养管理，消除病因

续表

病名	病原及流行特点	症状及诊断	防治措施
17. 难产	病因：母羊子宫阵缩和努责微弱，骨盆和产道狭窄。胎势、胎位、胎向不正、胎儿过大、胎儿畸形等，均可导致母羊难产	症状：妊娠羊表现不安，不时徘徊，阵缩及努责，阴道流出胎水、污血和黏液，时而回头顾腹，有的外阴部露出胎儿的头或腿，长时间不能产出。随时间延长羊精神变差，痛苦加重，心率、呼吸加快、阵缩减弱。后期卧地不起，甚至昏迷	预防：防止母羊过早交配；坚持正确的选配原则：大配大、大配中、中配小；做好妊娠期母羊的饲养管理工作。 助产：术者先将手臂消毒并作好防护，接着对局部消毒；检查胎儿姿势及胎位是否异常，胎儿是否死亡。阵缩及努责微弱者，可皮下注射缩宫素 2 毫升。子宫颈扩张不全或子宫颈闭锁，胎儿不能正常产出的可施行剖腹产
18. 胎衣不下	病因：产后子宫收缩不足；胎儿胎盘和母体胎衣发生愈着	症状：未脱下的胎衣经常垂吊在阴门之外。羊的精神不振，食欲减少，体温升高，呼吸加快，乳量降低或泌乳停止，并从阴道中排出恶臭的分泌物	预防：加强孕羊的饲养管理，保证适当的运动。 治疗：皮下注射催产素 2～3 国际单位（注射 1～3 次，间隔 8～12 小时）；及时防治败血症
19. 阴道脱	病因：饲养管理较差，营养不良，饲草单一，圈养运动不足；胎儿过大，分娩或胎衣不下时努责过强；助产时拉出胎儿过急等容易发生本病	症状：病初当羊卧下时可看到阴道上壁黏膜向外突出，起立时又缩回（阴道不完全脱出）。继续发展时，则突出一个大而圆的肿瘤样物，呈粉红色。当羊站立时也不能复原（阴道完全脱出），产生淤血，呈暗紫色	治疗：体温升高者，用磺胺双甲基嘧啶5～8 克，每日 1 次灌服；或应用青霉素和链霉素肌肉注射。整复脱出的阴道：可用手垫上消毒纱布捧住脱出的阴道，由脱出基部向骨盆腔内推入，至快送入时，用拳头顶进阴道；然后用阴门固定器压迫阴门，牢固固定阴门固定器。对形成习惯性脱出者，可用外科粗缝合线对阴门四周做减张缝合

续表

病名	病原及流行特点	症状及诊断	防治措施
20. 子宫内膜炎	病因：由于阴道炎、阴道脱、子宫脱、胎衣不下及胎儿死于腹中，或由于分娩、接产、助产及配种等过程中消毒不严等因素，导致细菌感染引起	(1)症状：急性。病羊体温升高，食欲减少，反刍停止，精神委靡。常从阴门流出污红色腥臭的排出物，阴门周围及尾部有干痂附着；(2)慢性。多由急性转变而来，食欲稍差，阴门排出少量卡他性或脓性渗出物，发情不规律或停止发情，不易受胎	预防：加强饲养管理，加强接产、助产过程的卫生消毒工作；预防和扑灭引起流产的传染性疾病。 治疗：可用 0.1% 高锰酸钾 100～200 毫升、1% 的盐水或含有 0.05% 的呋喃西林盐水冲洗子宫，每日 1 次或隔日 1 次，连续 3～5 天；冲洗后子宫内注入青霉素 80 万单位、链霉素 50 万单位，每日早晚各 1 次，连用 5～7 天；或甲磺酸培氟沙星，每千克体重 2.0～3.0 毫克，肌肉注射，每日 1～2 次，连用 3～5 天
21. 乳房炎	病因：本病多由挤奶技术不熟练，损伤了乳头、乳腺体；或挤奶人员不卫生，使乳房受到细菌感染；或羔羊吃奶时咬伤乳头引起	症状：轻者症状不明显，仅乳汁有变化。严重时，表现红、肿、热、痛、乳量减少。挤奶或羔羊吃奶时，母羊抗拒、躲闪	预防：将奶挤净，防止奶汁潴留；保持清洁，经常用 0.1% 温高锰酸钾水清洗乳头；保持羊舍清洁干燥；挤奶员应技术熟练，姿势正确。 治疗：急性乳房炎初期可冷敷，之后挤净乳汁，用 0.25～0.5% 普鲁卡因 10 毫升，加青霉素 40 万单位，于乳腺组织多点封闭注射。或用青霉素 80 万单位，链霉素 100 万单位用生理盐水稀释后注入乳头孔内

续表

病名	病原及流行特点	症状及诊断	防治措施
22. 羔羊白肌病	病因：与母乳中缺乏维生素 E，或饲料中缺硒、钴、铜和锰等微量元素有关。常出现地方性同群发病	症状：急性患羔生前无任何症状突然死亡。病程稍长的羔羊，表现后肢走步不灵活，四肢颤抖，步行蹒跚，磨牙。病羔体温不高，有的在下颌间隙、鼻、背、胸前出现水肿。严重病羔无力站立，食欲废绝、口流白沫呈昏睡状，死亡率较高	预防：供给豆科牧草，母羊产羔前补硒，可在饲料中混入含硒丰富的复方微量元素添加剂。 治疗：对病羔应用 0.2％亚硒酸钠溶液 2 毫升，每月肌肉注射 1 次，连用 2 次；或亚硒酸钠＋维生素 E 注射液（每毫升含亚硒酸钠 1 毫克、维生素 E 50 毫克），羔羊肌肉注射 1～2 毫升
23. 酮尿病	病因：主要由于蛋白质、脂肪和糖代谢发生紊乱而导致的以酮血、酮尿、酮乳和低血糖为特征的代谢性疾病。多发生于冬末春初，常见于妊娠后期和哺乳前期	症状：初期掉群，视力减退，呆立不动，步态摇晃。后期意识紊乱，口流泡沫状唾液。常表现为头部肌肉痉挛，头后仰，或偏向一侧，亦可见到转圈运动，突然倒地死亡。在病程中病羊食欲减退，黏膜苍白或黄疸；体温正常或低于正常；呼出气及尿中有丙酮气味	预防：加强饲养管理，冬季设置防寒棚舍，春季补饲青干草.冬季补饲甜菜根、胡萝卜。 治疗：采用 5％碳酸氢钠注射液 200～300 毫升静脉注射，每日早晚各 1 次。或口服碳酸氢钠片 20～30 片，每日 2～3 次，效果明显
24. 脱毛症	病因：该病与缺乏无机盐特别是微量元素铜、钴、镁有关；牧草含硫量不足也是原因之一	症状：被毛无光泽，营养不良，贫血，有的出现异食癖，互相啃食背毛。羔羊毛弯曲度不够，松乱脆弱，大面积秃毛	预防：加强饲养管理，改换放牧地，增加维生素或无机盐微量元素，增喂精料。 治疗：清理胃肠，维持心脏机能，防止病情恶化。可用鱼石脂 10 克、酒精 50 毫升、蒸馏水 100 毫升，作成溶液，每日早晚各涂搽一次脱毛处

续表

病名	病原及流行特点	症状及诊断	防治措施
25. 尿结石	病因：溶解于尿液中的草酸盐、尿酸盐等在凝结物周围沉积形成结石；由尿路炎症引起尿潴留或尿闭，可促进结石形成；饲料和饮水中含钙、镁盐类较多、肾炎、膀胱炎等可导致该病的发生	症状：尿道结石，引起尿闭、尿痛、尿频，病羊排尿努责，痛苦咩叫，尿中混有血液。尿道结石可致膀胱破裂。膀胱结石在不影响排尿时，不显临床症状。肾盂结石可进入输尿管，使之扩张，可使羊发生疝痛症状	预防：不长期饲喂高蛋白、高热能、高磷的精饲料及块根类饲料；及时对泌尿器官疾病进行治疗。 治疗：对于症状较轻的，可大量饮水和饲喂液体饲料，同时投服利尿药及消炎药物（青霉素、链霉素、乌洛托品等），如恩诺沙星按每日每千克体重 5 毫克，肌肉注射，连用 3～5 天；对于药物治疗效果不明显或完全阻塞尿道的羊只，可进行手术治疗
26. 佝偻病	病因：主要是饲料中钙磷比例不当；维生素 D 含量不足及日光照射不够；圈舍潮湿、阴暗，羊消化不良，营养不佳，可成为该病的诱因	症状：表现为生长迟缓，异嗜，喜卧不活泼，卧地起立缓慢，出现跛行，行走腿软无力，步态摇摆，四肢负重困难。触诊，关节有疼痛反应。病程稍长则关节肿大，以腕、跖关节较明显；四肢腿骨弯曲变形，前后肢呈“O”形	预防：改善和加强母羊的饲养管理，增加羔羊的日照时间；加强运动，注意喂给青绿多汁饲料及含钙磷丰富的矿物质饲料。 治疗：可用维生素 A、维生素 D 注射液 3 毫升，肌肉注射，或精制鱼肝油 3 毫升灌服或肌肉注射，每周 2 次。也可静脉注射 10%葡萄糖酸钙液 5～10 毫升，同时补充钙制剂

参考文献

[1] 赵有璋.羊生产学.3版.北京:中国农业出版社,2011.

[2] 许家骐.实用动物育种学.北京:中国农业出版社,1995.

[3] 赵兴绪.羊的繁殖调控.北京:中国农业出版社,2008.

[4] 冯仰廉.反刍动物营养学.北京:科学出版社,2004.

[5] 李拥军.肉羊健康高效养殖.北京:金盾出版社,2010.

[6] 薛慧文.肉羊无公害高效养殖.北京:金盾出版社,2003.

[7] Freer M,Dove H.绵羊营养学.周道玮,孙哲,译.北京:中国农业出版社,2005.

[8] 王金文.肉用绵羊舍饲技术.北京:中国农业科学技术出版社,2010.

[9] 安立龙.家畜环境卫生学.北京:高等教育出版社,2004.

[10] 李建国,田树军.肉羊标准化生产技术.北京:中国农业大学出版社,2003.